本書學習地圖

什麼是 AI

AI 演算法可以處理資料來解決各種困難的問題。不同種類的問題需要用到不同的演算法。還能同時使用多種演算法來解決更複雜的問題。

搜尋基礎

無資訊的搜尋演算法是透過搜尋所有可能的路徑來找到最佳解，但運算成本相當昂貴。這件事強調了其他 AI 演算法需要更合用的資料結構。

進階搜尋

有資訊的搜尋演算法運用啟發法來搜尋更佳解，且可被用於須將其他代理視為因子的對抗問題中。

群體智能：螞蟻

蟻群最佳化是根據真實世界中蟻群的運作而來，相關概念可用於探索新路徑並記得過往已發現的較佳路徑。

進化演算法

基因演算法運用了演化的概念將可能的解決方案編碼起來，並經過多個世代的演化來找出效能更好的解決方案。

群體智能：粒子

粒子群體最佳化是根據真實世界中鳥群的移動方式而來，相關概念可用於探索區域的解空間，並記下群體已發現的良好解。

機器學習

迴歸與分類演算法可學習資料中的樣式來針對變動數值或案例類別進行預測。良好機器學習模型的關鍵在於對於資料的充分理解與妥善準備。

類神經網路

類神經網路可說是人腦與神經系統運作方式的鬆散建模結果。神經網路會接收、加權並處理訊號，最後根據在輸入訊號中所找到的關聯性來提供一個結果。

強化學習搭配 Q- 學習

強化學期運用了試誤法搭配在環境中執行動作之後所收到的獎勵與懲罰，藉此學習為了達成某個目標所需的良好動作。

凡人也能懂的
白話人工智慧演算法

Rishal Hurbans 著／ CAVEDU 教育團隊 曾吉弘 譯

凡人也能懂的白話人工智慧演算法

作　　者：Rishal Hurbans
譯　　者：CAVEDU 教育團隊 曾吉弘
企劃編輯：莊吳行世
文字編輯：詹祐甯
設計裝幀：張寶莉
發 行 人：廖文良

發 行 所：碁峰資訊股份有限公司
地　　址：台北市南港區三重路 66 號 7 樓之 6
電　　話：(02)2788-2408
傳　　真：(02)8192-4433
網　　站：www.gotop.com.tw
書　　號：ACD022500
版　　次：2022 年 12 月初版
建議售價：NT$580

國家圖書館出版品預行編目資料

凡人也能懂的白話人工智慧演算法 / Rishal Hurbans 原著；曾吉
　弘譯. -- 初版. -- 臺北市：碁峰資訊, 2022.12
　　面 ； 公分
　譯自：Grokking Artificial Intelligence Algorithms
　ISBN 978-626-324-373-6(平裝)
　1.CST：人工智慧 　2.CST：演算法
312.83　　　　　　　　　　　　　　　　　111018860

讀者服務

- 感謝您購買碁峰圖書，如果您
  對本書的內容或表達上有不清
  楚的地方或其他建議，請至碁
  峰網站：「聯絡我們」\「圖書問
  題」留下您所購買之書籍及問
  題。(請註明購買書籍之書號及
  書名，以及問題頁數，以便能
  儘快為您處理)
  http://www.gotop.com.tw

- 售後服務僅限書籍本身內容，
  若是軟、硬體問題，請您直接
  與軟體廠商聯絡。

- 若於購買書籍後發現有破損、
  缺頁、裝訂錯誤之問題，請直
  接將書寄回更換，並註明您的
  姓名、連絡電話及地址，將有
  專人與您連絡補寄商品。

本書獻給我的父母，*Pranil* 與 *Rekha*。感謝他們所做的正面影響。

目錄

3 智慧搜尋   63

4 進化演算法   95

前言

本書前言意在說明科技的演進、對於自動化的需求，以及在使用 AI 塑造未來時，我們有責任作出符合道德倫理的決定。

對於科技與自動化的迷戀

綜觀歷史長河，我們始終渴望能夠解決各種問題，還要減少體力勞動與人力介入。我們一直為著生存而努力，也透過開發各種工具與任務自動化來保留自身能量。有些朋友可能抱持不同觀點，認為我們是藉由在解決問題或在創作文學、音樂與藝術之過程中尋求創新的美好意志，但本書並非要討論人類本身的哲學問題。本書提供了對於許多人工智慧（artificial intelligence, AI）方法的總覽，並可有效處理許多真實世界的問題。我們解決了許許多多困難的問題來讓生活更輕鬆、安全、健康、更滿足，當然也更快樂。所有你在過去歷史與現今全世界所看到的發展，當然也包含了 AI，都是為了滿足個人、群體與國家的各種需求。

為了塑造未來，我們就必須理解過往的一些關鍵里程碑。在多次技術革命中，人類的創新不但改變了生活方式，也造就了我們與世界的互動方式，以及我們對其的思考方式。我們不斷改良所使用的工具來做到這件事，也因此開啟了更多未來的可能性（圖 0.1）。

以下關於歷史與哲學的簡圖，單純是想幫助你建立對於科技與 AI 的最基礎理解，並在製作專案時鼓勵你做出負責任的決策。

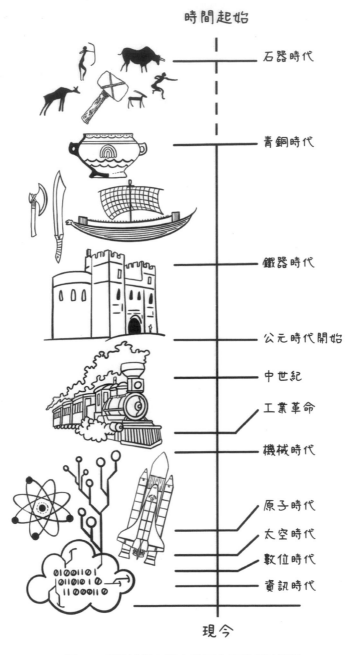

圖 0.1 科技演進在歷史長河中的簡易時間軸

在上述時間軸中，請注意較接近現今的里程碑變得愈來愈密集。過去的 30 年中，最顯著的進展就是微晶片的大幅改良、個人電腦大量普及、連網裝置遍地開花，以及產業數位化之後打破了實體疆界，並將世界連接了起來，這也正是為何 AI 成為一個值得追尋的可行領域。

- 網際網路已連通全世界，使得大量收集幾乎是所有事物的資料變為可行。

- 運算硬體的效能演進，使我們得以使用已往所收集的巨量資料來執行各種早期的演算法，同時還能在過程中探索新的演算法。

- 各個產業已看到進一步運用資料與演算法的重要性，希望能做出更優質的決策、解決更困難的問題、提供更好的解決方案，以及讓我們的生活更好，如同最初的人類所做的一樣。

雖然我們傾向於把科技發展的過程看為線性的，但回顧歷史，這個過程更像是指數型成長，未來也會是這樣（圖 0.2）。科技的進展一年比一年更快，雖然一直都要去學新的工具與技術，但支撐這一切的依然在於**解決問題的基本原則**。

本書彙整了一些有助於解決困難問題的最基本概念，但同時也希望能讓一些困難的概念變得更易理解。

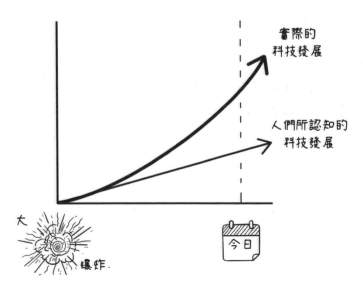

圖 0.2 人們所認知的科技發展與實際的科技發展

不同的人對於自動化的理解可說是大不相同。對技術人員來說，自動化可能是指透過程式腳本來讓軟體開發、部署與發佈更順暢無縫以及更少出錯。對工程師來說，則可能是提高工廠生產線的效率，使其產出更高或更少瑕疵。對農夫來說，又變成了透過自動拖拉機與灌溉系統搭配相關工具來讓作物產出最佳化。相較於人力介入所能達到的程度，自動化是透過減少人力需求來提高生產力或增加更多附加價值的絕妙解方（圖 0.3）。

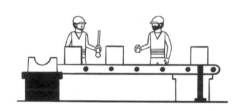 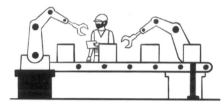

單調的手動流程　　　　　　　　　　　　自動化流程

圖 0.3 手動流程與自動化流程

如果要想出一個反自動化的理由，最主要的理由是當這個任務需要在狀況中考量到多種看法、需要抽象化創意思考，或需要理解社交互動與人性本質時，我們人類可以把事情做得更好、不易出錯，精確率也更高。護理師不僅僅是完成工作而已，還會關心與照顧他們的病人。相關研究也顯示，照顧他人這類的人際互動是康復過程的關鍵因素。老師也不僅僅是傳遞知識而已，還要找到極富創意的方式來呈現知識、指導，並根據學生的能力、人格與興趣來引領他們。也就是說，藉由科技所達成的自動化有其一席之地，當然也有一塊是留給我們人類的。有了今時今日的各種創新，透過科技所達成的自動化將成為所有職業的親密戰友。

道德規範、法律問題與我們自身的責任

你可能會好奇為什麼在技術書籍中會有一段講到道德與責任。好吧,隨著我們逐漸邁向一個生活方式與科技密不可分的世界時,創作某項科技的人所擁有的影響力實際上比它們自身所理解的來得更大。微小的貢獻就能造成巨大的連鎖效應。重點在於我們應該心存善意,並力求所做所為的產出不會造成其他傷害(圖 0.4)。

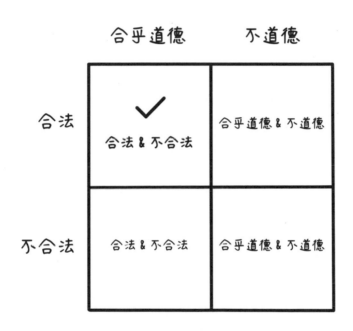

圖 0.4 致力讓科技應用既合法也合乎道德

意圖與影響:理解你的眼界與目標

在開發任何東西時,不管是新產品、服務或軟體,一定會面臨到的問題就是其背後的意圖。你所開發的軟體將會對世界帶來正面影響,還是你是心懷惡意的?你有思考過所開發的東西可能帶來更深遠的影響嗎?企業總是能找到能夠更賺錢更強大的方法,這也正是企業成長的意義所在。它們運用各種策略來找出最佳方法,諸如打敗對手、獲取更多顧客,以及變得更有影響力。也就是說,企業必須自問其出發點是否良善,不只是為了生存,更是要讓其顧客與整個社會更好。

許多有名的科學家、工程師與科技人士已同聲表達有必要管理 AI 的使用方式來避免誤用。即便是個人，我們也要負起道德上的義務來做那些對的事情，並建立強健的核心價值觀。當你被要求做一些違反自我原則的事情時，就有必要為這些原則大聲疾呼。

非預期用途：防範惡意使用

找出非預期用途並設法防範，是非常重要的。雖然這似乎很明顯也不難做到，但其他人將如何使用你的創作實際上是非常難以得知的，更難的是去預測這是否符合你的，以及組織的價值觀。

以 Peter Jensen 在 1915 年發明的擴音器為例。擴音器原本是叫做 Magnavox，最初是在舊金山對廣大群眾播放歌劇音樂，算是相當善意的科技用途。不過德國的納粹政權則有不同的想法：他們將擴音器放在公共空間，這樣一來所有人只能被迫聽到希特勒的演說與宣言。也由於這些長篇大論根本避無可避，人們就更容易受到希特勒的主張所影響，而在這時間點之後，納粹政權在德國就獲得了絕大多數的支持。這並非 Jetson 對這項發明所能預見的用途，但他對此已無能為力了。

時代不斷改變，我們對於所製作的東西的掌握度愈來愈高，尤其是軟體。要得知你所創造的科技會如何被使用依然是一件難以想像的事情，但幾乎能拍胸脯保證的是，不論後果是好是壞，一定會有某人找到一個你從未想過的方式來使用它。在這個事實之下，我們身為所工作的科技產業與組織中的專業人士，一定得想方設法來減緩各種惡意用途。

非預期偏誤：做出所有人都適用的方案

在製作 AI 系統時，我們會用到自身對於相關脈絡與領域的理解。我們也會使用各種演算法來找出資料中的樣式並據以回應。無法否認的是，偏誤就在我們四周。偏誤（bias）是指對於某人或某一群人的偏見，包括但不限於他們的性別、種族與信仰。這些偏誤中許多都是來自全世界各種社交互動、歷史事件以及文化與政治觀點中的突發行為。這些偏誤會影響到我們所收集的資料。由於 AI 演算法正是要處理這些資料，會造成一個無可避免的問題：機器也將「學會」這些偏誤。

從技術觀點來說，我們當然有辦法讓系統完美運作，但到了最後，與這些系統互動的還是我們人類，因此把偏誤與偏見盡可能降到最低就是我們的責任了。我們所採用的演算法的表現，最多只能和提供給它的資料一樣好。理解資料與其所被使用的脈絡是對抗偏誤的第一步，而理解程度則能幫助你打造出更棒的解決方案，因為你對於所要處理的問題空間會更加熟練。提供良好平衡的資料並把偏誤降到最低，應該就能產出更好的解決方法。

法律、隱私與同意：理解核心價值的重要性

我們所做所為的法律觀點可說是重中之重。考量到社會的整體利益，法律規範了哪些事情是我們可以與不可以做的。由於許多法條是在電腦與網路之於生活相較於今日還不那麼重要時所訂定的，因此在如何開發相關科技以及該科技可被允許用來做哪些事情上，可能會有許多灰色地帶。也就是說在適應科技的快速創新方面，法律的變化相對是慢多了。

舉例來說，藉由在電腦、行動電話與其他裝置上的互動，我們幾乎無時無刻都在對自身的隱私做出讓步。我們正在把大量關於自身，有些甚至非常私密，的資訊傳送出去。這些資料是如何被處理與儲存的？在製作解決方案時應該要把這些事情考慮進去。人們應得以選擇要擷取哪些資料；如何處理以及如何儲存；資料的使用方式；以及誰有機會存取這些資料。在我的經驗中，人們幾乎都會接受那些會運用其資料來改良產品並在生活中加入更多價值的方案。最重要的是，當人們面對一個受到重視的選項時，他們會更樂意接受。

奇異點：探索未知

奇異點（*singularity*）的概念是我們做出了一款 AI，它的智能高到一個程度使得它能夠自我改良並擴充智能，至終到了一些階段，它成為了超級智慧。大家擔心的是，這個超出人類所能理解的影響層面可能會因為某些我們無法理解的原因，

使得人類文明遭到顛覆。某些人會擔心這樣的智能可能會將我們人類視為一種威脅；又有一些人的看法是，超級智能看待我們正如我們看待螞蟻，我們通常不會特別關心螞蟻或覺得牠們的生活方式與我們有什麼關係，但如果我們被牠們激怒的話，就會把牠們單獨處理掉。

不論這些假設對於未來的陳述是否正確，我們都必須對自己所做的決定負責並時時自省，因為它們至終會影響到個人、一群人甚至整個世界。

致謝

寫完這本書真是我至今以來最挑戰，但也最有收穫的事情之一了。我得在所剩無幾的時間中再擠一些出來，在處理諸多來龍去脈時找到正確的思緒，並在被現實生活追著跑的時候重新尋回動力。如果沒有一群好夥伴的話，我根本無法完成。透過這樣的經驗，我不斷學習與成長。

感謝 Bert Bates，你是一位超棒的編輯與良師益友，我從你身上學到了許多關於有效教學與書面溝通的事物。我們的討論、爭執，以及你在過程中所展現的同理心，都是為了幫助本書呈現出其應有的樣貌。

每個專案都需要有個人來了解周遭事物的最新進展。為此要感謝我的開發編輯 Elesha Hyde，能與妳共事實在非常榮幸，妳總是對我的作品給予指引以及有趣的見解。我們總會需要一些能夠回饋想法，且比朋友更方便去打擾的人。我要特別感謝 Hennie Brink，一直都是超棒的回饋者與支柱。接著我要感謝 Frances Buontempo 與 Krzysztof Kamyczek，他們從寫作與技術觀點都提供了極富建設性的批評與客觀回饋。你們的意見弭平了所有鴻溝，並讓教學變得更平易近人。另外，當然要感謝我的專案經理 Deirdre Hiam、校閱編輯 Ivan Martinovic、文字編輯 Kier Simpson，以及校對者 Jason Everett。

最後則是要感謝所有審查者，感謝你們在本書開發階段時費心閱讀書稿，並給予各種寶貴意見讓本書在各方各面都更臻完美：Andre Weiner、Arav Agarwal、Charles Soetan、Dan Sheikh、David Jacobs、Dhivya Sivasubramanian、Domingo Salazar、GandhiRajan、Helen Mary Barrameda、James Zhijun Liu、Joseph Friedman、Jousef Murad、Karan Nih、Kelvin D、Meeks、Ken Byrne、Krzysztof Kamyczek、Kyle Peterson、Linda Ristevski、Martin Lopez、Peter Brown、Philip Patterson、Rodolfo Allendes、Tejas Jain 與 Weiran Deng。

本書運用了各種相關比喻、實用範例與視覺說明,希望能讓人工智慧演算法對於科技產業的一般人士來說,在理解、實作及解決問題等方面得以更平易近人。

本書是為誰所寫

本書針對各種理論以及數學證明提供了實用範例與視覺說明,寫給想要明白人工智慧相關概念與演算法的軟體開發者以及軟體產業人士。

只要對於電腦程式概念有基本理解,包含變數、資料型態、陣列、條件敘述、遞迴、類別與函式,有任何一種程式語言的經驗便已足夠;另外也適合具備基本數學觀念的讀者,例如資料變數、函數表示法以及把資料與函數繪製成圖表。

本書架構

本書包含了十個章節,各自聚焦在不同的人工智慧演算法或方法論。本書首先介紹了基礎演算法與相關概念來打好基礎,以便學習後續章節所介紹的各種複雜演算法。

- 第 *1* 章 —— **人工智慧的基本觀念**，介紹了關於資料、問題類型、演算法的分類與範例，以及人工智慧演算法用途等等的基本常識與概念。

- 第 *2* 章 —— **搜尋演算法基礎**，介紹了資料結構的核心觀念、簡易搜尋演算法的原理與其用途。

- 第 *3* 章 —— **智慧搜尋**，延續先前的簡易搜尋演算法，並進一步介紹在找解上更有效率，以及可在競爭型環境中找解的搜尋演算法。

- 第 *4* 章 —— **進化演算法**，深入介紹了基因演算法的運作原理，其中問題的解是藉由模仿自然界中的演化過程來迭代產生並改良。

- 第 *5* 章 —— **進階進化演算法**，本章是基因演算法的延續，並談到關於如何調整演算法各步驟的進階概念，藉此來更有效地解決不同類型的問題。

- 第 *6* 章 —— **群體智慧：蟻群**，本章談到了群體智能的基本觀念，並實際示範了蟻群最佳化演算法如何根據螞蟻的生活與工作方式來解決各種困難的問題。

- 第 *7* 章 —— **群體智慧：粒子**，接續群體演算法並深入說明何謂最佳化問題，以及由於粒子群體最佳化方法可在大型搜尋空間中找到良好解，因此也可用於處理這類問題。

- 第 *8* 章 —— **機器學習**，說明機器學習的工作流程，涵蓋資料準備、處理、建模、測試。談到了運用線性迴歸來解決迴歸問題，以及使用各種決策樹來處理分類問題。

- 第 *9* 章 —— **類神經網路**，說明了在訓練、運用類神經網路來找出資料中的樣式並進行預測時，所需的基本觀念、邏輯性步驟以及數學計算過程；同時也會強調類神經網路在機器學習流程中所扮演的角色。

- 第 *10* 章 —— **使用 *Q-* 學習進行強化學習**，介紹了強化學習的重要觀念，從行為心理學開始，一路談到如何使用 Q- 學習演算法讓代理學會其在環境中所做的決策品質好壞。

本書章節應從頭依序閱讀。相關的概念與理解會隨著章節一路往下而慢慢建立起來。讀完各章之後，參考本書 GitHub 所提供的 Python 程式碼來嘗試並獲得各演算法在實作上的實務性見解，這是相當有幫助的喔！

關於程式碼

本書整理了許多偽代碼，目的是為了專注於演算法背後所蘊含的基本觀念與邏輯思考，並確保不論喜歡哪一種程式語言，本書所提供的程式碼對大家來說都是可用的。偽代碼是在程式碼中說明相關指令的一種非正式方法。它希望能做到更易讀易懂；基本上就是對讀者更友善。

正因如此，本書所提到的所有演算法都在 GitHub 上提供了可執行的 Python 範例（http://mng.bz/Vgr0）。設定教學與相關註解都已在原始碼中說明了，以便在你的學習過程中給予幫助。本書建議的學習方式就是逐章閱讀，接著參考程式碼來加強對於相關演算法的理解。

Python 原始碼是作為實作演算法時的參考。這些範例是針對學習來最佳化，而非產品。本書程式碼只能當作教學輔助工具。在製作將會被商品化的專案時，建議使用既有的函式庫與框架，因為它們通常都已針對效能最佳化、經過良好測試並有完整的支援。

線上資源

本書程式原始碼：http://mng.bz/Vgr0

作者個人網站：https://rhurbans.com

關於作者

自孩提時期，Rishal 便已醉心於電腦、科技與各種瘋狂的點子。在他的職業生涯中，他帶領了許多專案團隊、軟體工程、策略規劃，以及針對許多國際企業來設計端對端的解決方案。他也曾經在其公司、社群與產業中積極推動關於實用主義、學習與技術發展的風氣。

Rishal 對於商業技巧與策略、帶領個人與團隊成長、設計思考、人工智慧與哲學有極大的熱情。Rishal 推出了多款數位產品來提高個人與企業的生產力，同時讓他們得以專注於最重要的事情。他也曾頻繁於全球各大研討會分享，致力讓複雜的觀念變得更好理解，以及幫助人們提升自我。

人工智慧的基本觀念 | 1

本章內容

- 已知關於人工智慧之定義

- 適用於人工智慧的基本觀念

- 於電腦科學與AI中的問題類型及屬性

- 簡介本書談到的AI演算法

- AI的實際應用

什麼是人工智慧？

所謂的智慧是一個謎，這個概念至今仍然沒有一個統一的定義。哲學家、心理學家、科學家與工程師對智慧是什麼，以及其出現的方式都有不同的看法。在周遭的自然環境中可以看到以人類的思維和行為方式來理解的智慧，例如一群分工合作的生物。一般來說，具備自主性與適應性的事物可視為具有智慧。**自主性**表示不需要持續的指令，而**適應性**則代表該事物會隨著環境或問題空間而改變行為。當我們在

1

觀察生物或機器時，會發現運作的核心要素是資料。所見所聞皆為資料，對於周圍一切事物之測量也全都是資料。我們使用、處理並根據這些資料做出決定，因此，對周邊資料的概念有基本的了解在理解人工智慧（AI）演算法上至關重要。

定義 AI

有些主張認為，我們根本不了解什麼是 AI，因為要定義智慧本身就很困難。薩爾瓦多‧達利認為抱負為智慧的特徵之一，他曾說：「聰明卻缺乏抱負，如同失去雙翅的飛鳥。」愛因斯坦相信想像力是智慧的重要因素之一：「智慧的真正象徵不是知識，而是想像力。」而說過「智慧是適應轉變的能力」的霍金，重視的則是應變的能力。這三位偉人對智慧都有不同的見解。雖然還沒有關於智能的明確答案，但至少可以說，我們對智能的理解出自於人類作為優勢（且最聰明）物種的這個地位。

為了大家好，並忠於本書的應用實例，在此粗略把 AI 定義為能夠表現出「智能」行為的綜合系統。與其試圖定義某種事物是否為 AI，不如來談談它與 AI 的相似性。某些事物可能會表現出部分智能，因為它可以幫助我們解決難題並提供價值與效益。通常，模擬視覺、聽覺等自然感官的 AI 實作會被視為類 AI。能夠在適應新資料與環境的同時自主學習的解也是類 AI。

以下為具備 AI 性質的一些例子：

- 可以玩多種複雜遊戲的系統。

- 癌症腫瘤檢測系統。

- 基於少量輸入資訊便可生成藝術作品的系統。

- 自動駕駛汽車。

侯世達（Douglas Hofstadter）曾說：「所有未竟之事都是 AI。」在上述舉例中，自動駕駛汽車因為還沒有被完善，所以看起來非常先進聰明。這和不久前能夠計算加法的電腦被認為非常聰明，現在卻被視為稀鬆平常是一樣的概念。

追根究柢，*AI* 是一個模稜兩可的詞彙，對不同人、行業或學科來說都有著不同的意義。本書中的演算法從以前到現在都被歸類為 AI 演算法，是否能夠賦予 AI 一個明確的定義其實並不重要，重點是它們能夠用於解決難題。

認知到資料是 AI 演算法的核心

資料為執行近乎神蹟的美妙演算法提供了輸入資訊。如果資料選擇不當、代表性不足或缺失，演算法便無法正確運算，因此輸入資料的品質關乎到結果的好壞。這個世界充滿了各種資料，有些甚至以我們無法感知的形式存在。資料能夠以數值的方式呈現，像是北極當前的溫度、池塘中有幾條魚、或是以天數為單位的目前年齡。上述舉例皆涉及根據事實而獲取的準確數值，因此很難誤判。特定時間地點的溫度是絕對真實的，不會受到任何偏差的影響。這類資料被稱為**定量資料**。

資料也可以代表觀察值，例如花香或是某人對特定政治家政策的認同程度。這類資料被稱為**定性資料**，有時候不好解讀因為它不是絕對真實，而是某個人對真相的感知。圖 1.1 舉例了生活中常見的定量與定性資料。

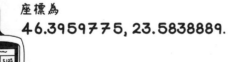
座標為
46.3959775, 23.5838889.

義大利麵吃起來
滑順濃稠。

目前溫度為攝氏 24 度。

這朵花聞起來很甜美。

圖 1.1　生活中的資料

資料為事物的原始事實，因此記錄通常不存在偏見。然而事實上，資料是在特定脈絡與使用方式等前提下被人們蒐集、記錄與連結。基於資料而建立有意義的觀點以回答問題的行為稱為建立資訊。基於過往經驗來活用**資訊**，並且有意識地應用資訊則產生了**知識**。這便是我們嘗試要以 AI 演算法模擬出來的部分。

圖 1.2 說明了如何解讀定量與定性資料。時鐘、計算機或磅秤等標準化儀器通常用於測量定量資料，而氣味、聲音、味道、觸感與視覺，乃至我們的固執成見，通常用於建立定性資料。

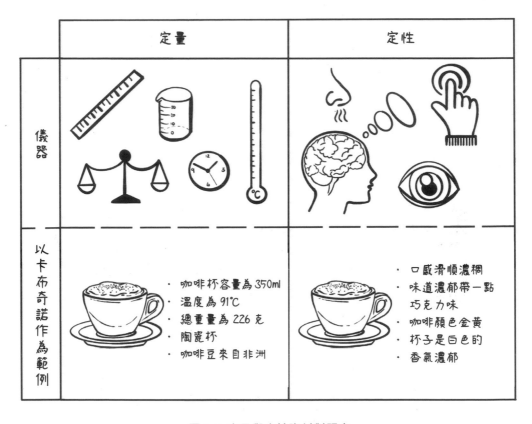

圖 1.2 定量與定性資料對照表

不同的人會根據各自對該領域的理解和對世界的看法對資料、訊息和知識做出不同的解釋，這無庸置疑地會影響到解的品質 —— 因此使得科學觀點在創造各種科技時變得額外重要。藉由遵循可重複的科學過程來獲取資料、實驗並精準報告，我們便可以確保在使用演算法處理資料時能得到更準確的結果與更優秀的解。

演算法如同食譜

現在我們對 AI 有了大概的定義，也明白資料的重要性了。由於本書將討論到數種 AI 演算法，因此清楚地理解演算法是什麼會很有幫助。**演算法**是指為了實現特定目標而提出的一連串指令與規則的設定。通常，演算法接收到輸入後，會在不同狀態下進行幾個有限的步驟以產生輸出。

即使是像閱讀這麼簡單的事情也可以用演算法來表示。以下是閱讀本書所涉及到的幾個步驟：

1.　找到「**凡人也能懂的白話人工智慧演算法**」一書。

2.　打開書本。

3.　仍有尚未閱讀的內容時：

    a.　閱讀當前內容

    b.　翻頁

    c.　思考學到的事情

4.　思考如何將所學應用在現實世界中。

如以下圖 1.3 所示，演算法就像一份食譜。食材和用具為輸入，烹飪特定料理的步驟為指令，而最終的菜餚便是輸出。

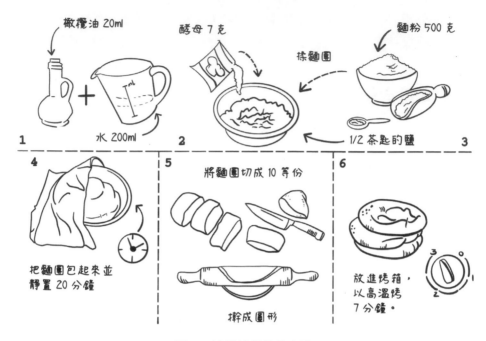

圖 1.3 演算法就像是食譜

演算法已被用於許多不同的解。例如，透過壓縮演算法便可以讓世界各地的人即時視訊聊天，藉由即時選路演算法讓我們可以透過地圖應用程式在城市中導航。即使只是一個簡單的「Hello World」程式，背後也涉及了許多不同的演算法，好將人類可讀的程式碼語言翻譯成機器可讀的程式碼以便在硬體上執行指令。只要仔細看，您可以在任何地方找到演算法的蹤跡。

圖 1.4 所描述的猜數字遊戲可以幫助您進一步瞭解本書將談及的演算法。電腦在指定範圍內隨機挑出一個數字，而玩家要試著猜出來。請注意這個演算法具有離散性的步驟，在進行下一個操作之前會先執行動作或做出決定。

基於我們對技術、資料、智能與演算法的理解：AI 演算法為一組指令，使用資料建立可表現出智能行為並解決難題的系統。

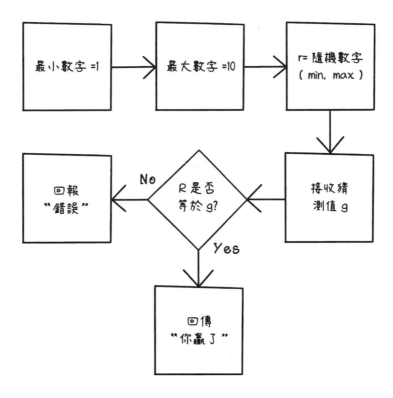

圖 1.4 猜數字遊戲演算法之流程

人工智慧簡史

回顧過去我們在 AI 中取得的進展，有助於了解如何結合舊技術和新想法以創造出新的解。AI 並非全新的概念，歷史中充滿了關於機器人和會自己「思考」的機器的故事。回首過去，不難發現自己其實是站在巨人的肩膀上看世界。也許我們也都可以為人類共同的知識寶庫做出一點貢獻。

檢視過去的發展可以凸顯出理解 AI 基礎知識的重要性，幾十年前的演算法在現代 AI 實作中至關重要。本書將從有助於建立解決問題概念的基本演算法開始，然後慢慢進入更有趣且更現代的方法。

圖 1.5 並非所有的 AI 成果，這只是一小部分，還有許多其他的重大突破呢！

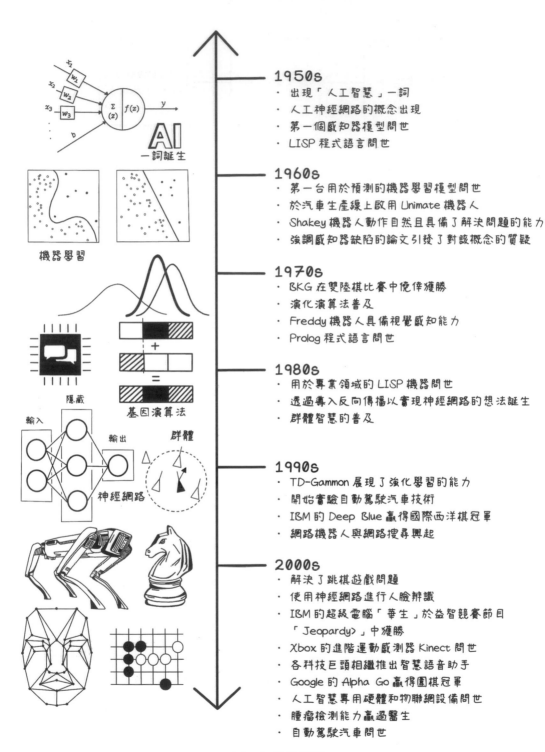

AI 一詞誕生

機器學習

隱藏

基因演算法

輸入 輸出 群體

神經網路

1950s
- 出現「人工智慧」一詞
- 人工神經網路的概念出現
- 第一個感知器模型問世
- LISP 程式語言問世

1960s
- 第一台用於預測的機器學習模型問世
- 於汽車生產線上啟用 Unimate 機器人
- Shakey 機器人動作自然且具備了解決問題的能力
- 強調感知器缺陷的論文引發了對該概念的質疑

1970s
- BKG 在雙陸棋比賽中僥倖獲勝
- 演化演算法普及
- Freddy 機器人具備視覺感知能力
- Prolog 程式語言問世

1980s
- 用於專業領域的 LISP 機器問世
- 透過導入反向傳播以實現神經網路的想法誕生
- 群體智慧的普及

1990s
- TD-Gammon 展現了強化學習的能力
- 開始實驗自動駕駛汽車技術
- IBM 的 Deep Blue 贏得國際西洋棋冠軍
- 網路機器人與網路搜尋興起

2000s
- 解決了跳棋遊戲問題
- 使用神經網路進行人臉辨識
- IBM 的超級電腦「華生」於益智競賽節目「Jeopardy〉」中獲勝
- Xbox 的進階運動感測器 Kinect 問世
- 各科技巨頭相繼推出智慧語音助手
- Google 的 Alpha Go 贏得圍棋冠軍
- 人工智慧專用硬體和物聯網設備問世
- 腫瘤檢測能力贏過醫生
- 自動駕駛汽車問世

圖 1.5 AI 的演變

問題類型與解決問題範式

AI 演算法很強大，但也不是可以解決所有問題的靈丹妙藥。但話說回來，什麼是問題？本章將著眼於在電腦科學中常見的各種類型問題，帶領讀者如何對這些問題產生基本概念。這種基本概念可以幫助我們在現實世界中辨別出問題，並引導我們選擇正確的演算法。

您會看到幾個在電腦科學和人工智慧中用於描述問題的術語，再根據其脈絡與目標來分類問題。

搜尋問題：找到通往解的路

搜尋問題用於可能出現多個解之情況，每個可能性都代表一條通往目的地的步驟（路徑）。有些可能包含了路徑中重疊的子資料集，有些路徑比其他選擇更好，而有些是比其他方案便宜。「比較好」的解取決於手上有哪些具體的問題，而「便宜」的方案表示執行計算上的花費較小。以從地圖上找到城市與城市之間的最短路徑為例，路徑可以有很多條，每一條的距離跟路況都不一樣，但其中有些路徑確實比其他選擇好。許多 AI 演算法都是以找到解空間的概念為基礎。

最佳化問題：找到一個良好解

最佳化問題通常存在著大量的有效解，但卻很難找到最好的。最佳化問題經常有著多到數不清的可能性，而每一種可能性在解決問題的能力上都有所不同。一個很好的例子是，想辦法將後車箱的空間利用最大化，好塞進所有行李。當然，這樣的排列組合多不勝數，但如果堆疊的方式越得當，可以放進去的行李就越多。

區域最佳解 vs 全域最佳解

由於最佳化問題存在著許多解，又因為這些解存在於搜尋空間的不同點上，因此區域最佳解和全域最佳解的概念便登場。區域最佳解是搜尋空間中特定區域內的最佳解，而全域最佳解則是在整個搜尋空間中最好的解。通常會有很多個區域最佳解，但只會有一個全域最佳解。這個概念可以理解為找出最適合的餐廳。您在住家附近找到的最好餐廳，不見得會是全國或全世界最好的。

預測與分類問題：從資料模式中學習

預測問題代表我們有關於某件事情的資料並試圖找出模式。例如，我們可能有關於不同車輛的資料、引擎大小和油耗數據。我們可以單就引擎的大小來預測出新車款的油耗嗎？如果引擎大小與油耗資料之間存在著某種關聯，那麼就有可能。

分類問題跟預測問題很像，但並非試圖找出像是油耗這種準確的預測，而是根據某事物的特徵試圖找出它的分類。如果單就車輛尺寸、引擎大小和座位數量，我們是否能夠判斷該車輛是摩托車、轎車還是跑車呢？分類問題需要在資料中找出分類案例的模式。 在尋找資料模式時，插補法是一個很重要的概念，因為我們是根據已知資料來估算新的資料點。

叢集問題：辨別資料中的模式

叢集問題需要從資料中發現趨勢和關係。可運用不同的方式搭配資料的各面向來將案例分組。例如，基於餐廳的成本與位置等資料，我們可能會發現年輕人傾向於光顧餐點較為便宜的地方。

叢集的目的是從資料中找出關聯性，即使尚未提出明確的問題。這個方法也能夠幫助我們理解資料的用途。

確定性模型：每次計算的結果皆相同

確定性模型是在提供特定輸入之下必定會得到相同結果的模型。例如，特定城市的中午時段一定會是白天；而如果是午夜時段，則必然會是黑夜。當然了，這個簡單的例子沒有考慮到地球兩極附近較為奇特的日照時間。

隨機／概率模型：每次計算的結果都可能不同

概率模型是在提供特定的輸入之下，從一組可能的結果中得到輸出的模型。概率模型通常具有可控的隨機性元素，有助於得到可能的結果。例如，假設時間為中午，天氣可能會是晴天、陰天或雨天，沒有固定的天氣。

人工智慧的基本概念

AI 跟機器學習與深度學習一樣是個熱門的話題。想要理解這些相似度很高的概念可能會讓人有點望而生畏，而且在 AI 的領域中，不同等級的智能水平之間還存在著顯著差異。

本節將揭開一些概念的神秘面紗，同樣也將勾勒出本書將涵蓋的範圍。

先來看看不同層級的 AI，如圖 1.6 所示。

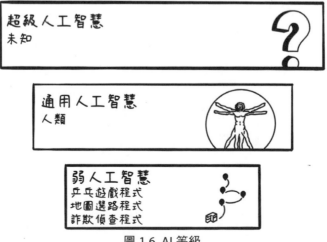

圖 1.6 AI 等級

弱人工智慧：特定用途的解

弱人工智慧系統能夠解決特定環境或領域中的問題。這些系統通常無法將同樣的概念應用到不同的環境中。例如，為了理解用戶互動與消費行為而開發的系統無法用於辨別出圖片中哪裡有貓。通常如果要有效地解決問題，需要一個非常特定的需求，也因此較難應用在其他問題上。

不同的弱人工智慧系統若組合得宜，便可產生出一個看似為通用人工智慧的強大系統。語音助理便是一個很好的例子。此系統可以理解自然語言，其本身為一個狹隘的需求，但是透過整合其他一樣狹隘的智慧系統，如網路搜尋或是音樂推薦，便可展現類似通用人工智慧的表現。

強人工智慧：人性化的解

強人工智慧（譯註：或稱「通用人工智慧」）為類人智慧。身為人類，我們能夠從生活中的各種經驗和互動中學習，並將對於某個問題的理解應用到其他問題上。例如，小時候如果曾經被某種東西燙到過，之後遇到其他高溫的東西便會假設它們也可能會燙到自己。然而，人類的一般智力不僅僅是推斷「可能被燙傷」。一般智力還包括了記憶、透過視覺輸入進行空間推斷、運用知識等等。短期內要在機器中實現一般性的智力似乎有點遙不可及，但透過量子計算、資料處理和 AI 演算法的進步，讓我們可以期待它在未來成為現實。

超級人工智慧：偉大的未知領域

關於超級人工智慧的想法曾大量的出現在許多末日科幻電影當中，其中所有機器都連網，且能夠計算超出人類理解範圍的事物並主宰人類。關於人類是否能夠創造出比自己更聰明的東西，以及就算可以，我們是否有自知之明這件事情上，在哲學上存在著許多爭議。超級人工智慧是一個巨大的未知數，且在未來很長一段時間中，任何定義都只是臆測。

新舊 AI

有時候我們會使用新舊 AI 這個概念。舊 AI 常見的定義是經由人類寫了程式而讓演算法表現出智慧行為的系統 —— 通常透過對問題的深入理解或反覆試驗。舊 AI 的一個例子便是手動建立決策樹，以及整棵樹中的規則和選項。新 AI 旨在建立可以從資料中學習的演算法和模型，並建立出自己的規則，其效能可能跟人類建立的一樣準確，甚至更好。不同之處在於後者可能會在資料中找到人類可能永遠都無法察覺，或者需要更多的時間才能找到的重要模式。

搜尋演算法通常被視為舊 AI，但對此演算法的深入了解，有助於學習更複雜的方法。本書將著重在介紹目前最常見的 AI 演算法，並逐步加深每個概念。圖 1.7 說明了人工智慧中不同概念之間的關係。

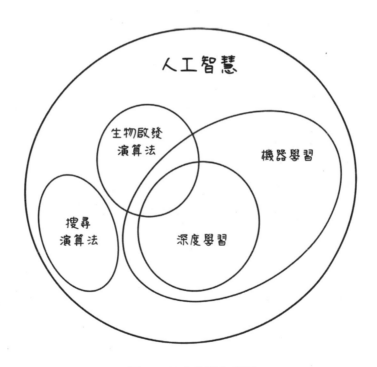

圖 1.7 AI 中的概念分類

搜尋演算法

搜尋演算法有助於解決需要數個動作才能完成目標的問題，像是找出迷宮路徑或決定遊戲的下一步該怎麼走。搜尋演算法會評估未來狀態並嘗試找出通往最有價值的目標的最佳路徑。一般來說，解的可能數量會多到根本無法暴力破解。即使要在很小的搜尋空間中找出最佳解可能也會花上數千小時。搜尋演算法可以聰明地評估搜尋空間。此類演算法可應用在線上搜尋引擎、地圖選路 app、甚至遊戲外掛程式。

生物啟發演算法

如果仔細觀察周圍的世界，可以注意到存在於各種動植物和生物體中不可思議的奇妙事物。例如螞蟻在收集食物時會分工合作、遷徙時的鳥群、估算大腦的運作方式、以及不同生物體為了繁衍出更強大的後代而產生的演變。透過觀察和學習各種現象，我們得以了解這些有機系統的運作方式，以及為何簡單的規則可以產生出智慧行為。其中一些現象啟發了可應用在 AI 中的演算法，例如進化演算法和群體智慧演算法。

進化演算法的靈感來自於達爾文的進化論。其概念為族群會透過繁殖來產生出新的個體，透過這個過程讓基因和突變混合，進而產生出比祖先更適合生存的後代。**群體智慧**指的是一群看似智商較低的個體共同展現出智能行為。本書將探討蟻群最佳化和粒子群最佳化這兩種較常見的演算法。

機器學習演算法

機器學習是以統計學的方式訓練模型從資料中學習。機器學習家族包含了多種演算法，用於增進對資料關聯性的理解、判斷並根據資料做出預測。

機器學習主要有三種：

- **監督式學習**代表在訓練資料針對所詢問問題之結果為已知的前提下，使用演算法來訓練模型。例如，透過一組包含了每個範例的重量、顏色、口感與果實標籤的資料來判定水果種類。

- **非監督式學習**可找出隱藏在資料中的關聯性和結構，指引我們提出與資料集相關的問題。這個方法可在類似的水果屬性中找出模式並分類，引導我們提出正確的問題。這些核心概念和演算法幫助我們奠定將來探索進階演算法時的基礎。

- **強化學習**來自於行為心理學。簡單來說，便是做出預期的正確動作便給予獎勵，反之則給予處罰。以人類為例，孩子如果成績亮眼，通常會得到獎勵，相反地表現不佳時則會受罰，藉此強化了孩子取得好成績的行為。強化學習有助於探索電腦程式或機器人如何與動態環境互動。比方說，負責開門的機器人如果沒有開門就會受到懲罰，若正確開門則給予獎勵。時間一久並經過多次嘗試後，機器人便「學會」了開門所需的一連串動作。

深度學習演算法

深度學習源於機器學習，為一種涵蓋範圍更廣的方法與演算法家族，用於實現弱人工智慧並努力朝向通用人工智慧邁進。深度學習通常代表該方法試圖以像是空間推理等更通用的方式解決問題，或者應用在更需要被泛化的問題上，例如電腦視覺或語音辨識。人類擅長解決通用性問題。例如，我們幾乎可以在任何背景下找出配對的圖形。深度學習還涉及監督式學習、非監督式學習和強化學習。深度學習方法通常會使用多層人工神經網路。透過各層的智慧元件，每一層解決一個特定的問題，整個網路便能夠一起解決複雜的問題，朝著更遠大的目標邁進。比方說，辨別圖中特定的物品為一種通用問題，但可以將其分解成辨認顏色、物體形狀以及物體間關係等部分以實現目的。

人工智慧演算法之用途

AI 技術的用途幾乎無窮無盡。哪裡有資料和待解決的問題，哪裡就有應用 AI 的可能性。有鑑於瞬息萬變的環境、人與人之間互動的演變，以及人類與產業需求的變化， AI 推陳出新的應用方式有助於解決現實世界中的許多問題。本段將介紹 AI 在不同產業中的應用。

農業：作物生長最佳化

農業是維持人類生命最重要的產業之一。我們需要種植出物美價廉的作物以供大眾消費。許多農民大規模地耕種作物好讓我們可以輕鬆地在商店中選購蔬菜水果。農作物的生長方式會受到農作物的類型、土壤養分、含水量、水中的細菌以及該地區的天氣條件等諸多因素的影響而有所不同。農民的目標是在單一季節中盡可能大量種植出優質的農產品，因為農作物通常具有季節性。

農民和其他農業組織多年來已累積了許多關於農場和作物的資料。透過這些資料，我們便可以利用機器找出作物生長過程中各種變數之間的模式和關係，並找到對作物成長貢獻最多的因素。此外，藉由現代常見的數位感測器，我們還能夠即時地記錄天氣狀況、土壤屬性、水情和作物的生長情況。結合這些資料與智慧型演算法，便能夠提供即時的調整建議讓作物長得更好（圖 1.8）。

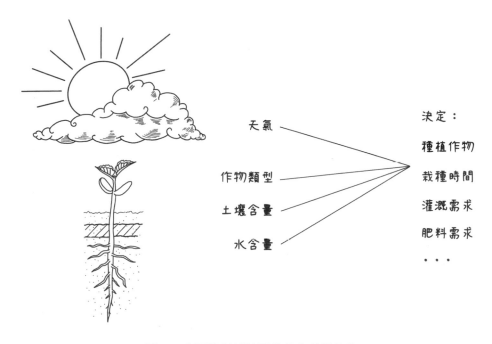

圖 1.8 利用資料以達到作物生長最佳化

銀行業：詐欺偵測

當為了交易商品和服務而必須找到一種通用且一致的貨幣時，就必然會用到銀行業務。多年來，銀行發生了許多改革以提供各種不同的儲蓄、投資和支付選擇，唯一不變的是不斷有人想方設法地想要騙過金融系統，其中一個最大的問題便是詐欺（不僅發生銀行業，也存在保險公司等大多數的金融機構）當某人不當或非法獲取不屬於自己的財物即為**詐欺**。詐欺通常發生在流程被鑽漏洞、或騙取他人資訊時。由於金融產業透過網路和個人裝置高度連結，因此透過電腦進行的數位交易遠多於面對面的真實交易。憑藉大量的交易資料，我們可以即時地找出特定個人消費行為中較為不尋常的模式。這些資料可以幫助金融機構節省大筆防詐欺的開銷，並保護毫無防備的消費者免於盜用之災。

網路安全：偵測與應對攻擊

網路興盛後產生了一個有趣的副作用 —— 網路安全。我們隨時隨地透過網路發送並接收敏感訊息，比如簡訊、信用卡資訊、電子郵件以及其他重要的機密資訊，一旦落入不肖之徒的手中便非常有可能被濫用。全球數以千計的伺服器正在接收、處理並儲存各種資料。駭客會試圖破壞這些系統以獲取對資料、設備甚至設施的權限。

透過 AI，我們可以識別並抵擋對伺服器的潛在攻擊。一些大型的網路公司還會儲存特定人士如何使用它們的網路服務，包括設備 ID、地理位置和使用行為，當偵測到異常時安全措施便會限制權限。在受到透過大量的假請求讓服務超載，試圖讓服務故障或阻擋真實用戶訪問的分散式阻斷服務（DDos）攻擊期間，一些網路公司還可以擋下或轉移惡意流量。透過了解用戶的使用資料、系統和網路狀況，便能夠辨識並轉移這些假請求，盡可能地降低攻擊帶來的影響。

健康照護：病患診斷

健康照護在人類歷史中一直是個焦點。在病況加劇甚至致命之前，我們需要在不同期間內對不同部位的各種疾病做出診斷和治療。在查看病患的診斷時，我們還可能需要查閱關於人體的大量知識、已知疾病與處置方式以及無數的身體掃描。傳統上，醫生需要藉由分析掃描影像來判斷腫瘤是否存在，但這個方式只能看出最大最明顯的腫瘤。深度學習的進展改善了從掃描影像檢測腫瘤的能力。現在，醫生可以更快發現癌症，這意味著患者可以及時得到應有的治療與更高的康復機會。

此外，AI 還可用於發現存在於不同病徵、疾病、遺傳基因、地理位置等等之中的模式。我們可以推測某人可能是某種疾病的高危險群，並在疾病發展之前進行健康管理。圖 1.9 為使用深度學習後腦部掃描的成熟辨識。

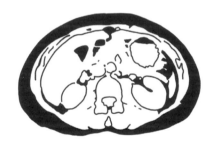
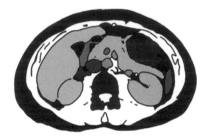

腦部掃描　　　　　　　　　　具特徵辨識的腦部掃描

圖 1.9 為腦部掃描運用深度學習技術之後的特徵辨識結果

物流：路線規劃與最佳化

物流產業是一個巨大的市場，不同類型的車輛配合各自的需求與期限將各種貨物運送到世界各地。想像一下大型電商網站交貨計畫的複雜度。無論貨品是消費品、建築設備、機械零件還是燃料，系統的目標都是盡可能達到最佳化，為求以最低成本滿足需求。

您可能聽說過旅行推銷員這個有名的難題：推銷員需要造訪多個地點以完成工作，而目標是找出完成工作的最短距離。物流問題有些類似，但由於現實世界變化多端，因此通常更為複雜。透過 AI，我們便可以就時間和距離上找到兩點之間的最佳路線。此外，還可以根據交通模式、施工封閉，甚至使用車輛的行走道路類型來找出最佳路線。我們甚至可以計算出每輛貨車該載什麼與怎麼裝，從而最佳化每一趟的配送。

電信：網路最佳化

電信業在連接世界上是不可或缺的角色。這些公司鋪設了昂貴的電纜、電塔和衛星等基礎設施來建立網路，讓廣大的消費者和組織可以透過網路或私有網路彼此通訊。這些設備的營運成本高昂，因此讓網路最佳化便可以讓更多連線與使用者使用高速網路。AI 可應用在監控網路行為並讓路由最佳化。此外，網路會記錄請求與回應，根據來自特定個人、地區和區域網路的已知負載，這些資料便可用在網路最佳化。網路資料還有助於瞭解人口結構，對城市規劃很有幫助。

遊戲：建立 AI 代理

自從家用和個人電腦普及之後，遊戲便一直都是電腦系統的一個賣點。遊戲從個人電腦歷史的初期便開始流行。回顧以往，我們曾經有過電動機台、電視遊樂器和可玩各種遊戲的個人電腦。西洋棋、雙陸棋等遊戲一直是由 AI 主宰。如果遊戲的複雜性夠低，那麼電腦很有可能比人類更快能找出所有可能性並做出決定。近期，電腦已經能夠在戰略性遊戲圍棋中擊敗人類的冠軍。圍棋的領土控制規則相當簡單，但為了獲勝而需要作出的決策卻非常複雜。由於搜尋空間太大，電腦無法生成可以擊敗人類冠軍的所有可能性，相反地，電腦會需要一種更通用的演算法，以抽象地「思考」、朝著目標制定策略與計畫。該演算法已經被發明出來並成功地擊敗了世界冠軍。它也被應用在其他遊戲上，例如小精靈和近期的多人遊戲等。這個系統就是 Alpha Go。

一些研究機構已經開發出能夠在高複雜度遊戲中表現得比人類玩家和團隊更優秀的 AI 系統。這些研究的目標是建立出可適用在不同環境中的通用方法。乍看之下，這些遊戲類的 AI 演算法似乎無關痛癢，但這些系統的開發結果可以衍生出能夠有效應用在其他重要問題空間上的方法。圖 1.10 說明了強化學習演算法如何學會玩像馬利歐等經典遊戲。

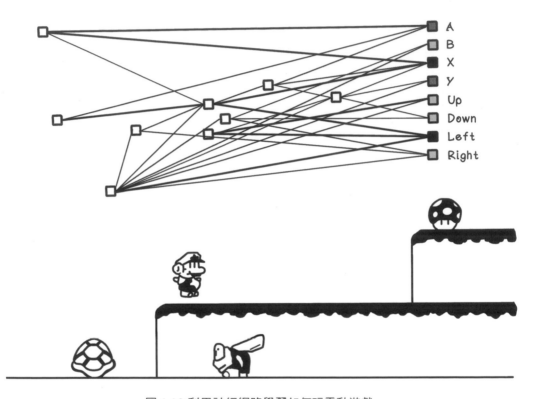

圖 1.10 利用神經網路學習如何玩電動遊戲

藝術：創造不朽的傑作

獨特且創意十足的藝術家創作出無數的美麗畫作。每個藝術家都有一套詮釋世界的方式，還有許多深受大眾喜愛的美妙樂曲。無論哪種情況，藝術都無法被量化，相反地它是以定性測量（也就是有多少人喜歡這個作品）。我們較難理解或捕捉所涉及的因素，因為作品的概念通常是由創作者的情感驅動。

許多研究項目致力於建立可以產生藝術作品的 AI。這個概念涉及了泛化。演算法需要對主題有廣泛與共通的理解才能建立出符合參數的東西。例如，梵谷 AI 便需要理解梵谷所有的作品並提取其風格和「感覺」，以便將這些資料應用在其他圖片上。同樣的想法也可以應用在捕捉隱藏於健康照護、網路安全和金融等領域中的模式。

大概理解了什麼是 AI、它的分類、問題目標和應用之後，我們將接著要深入探討模仿智能中最古老且最簡單的形式之一：搜尋演算法，它也將為本書其他更為複雜的 AI 演算法涉及到的一些概念提供良好的基礎。

人工智慧基本概念總結

AI 無法輕易地定義，尚無明確的共識

展現智能行為的類 AI 實作之簡介

許多學科都屬於 AI 範疇

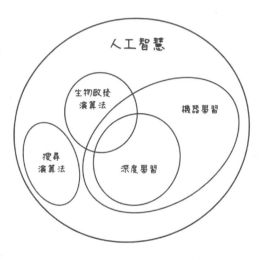

AI 實作還是有可能出錯，必須特別小心帶來的後果。

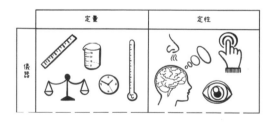

資料的質量和準備工作相當重要。

AI 有許多用途和應用，活用你的想像力！

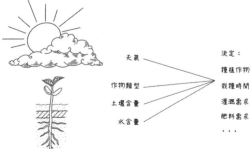

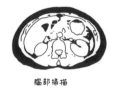

腦部掃描

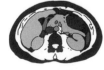

具特徵辨識的腦部掃描

開發新技術時勿忘社會責任。

搜尋演算法基礎 | 2

本章內容

- 規劃與搜尋的基本概念

- 辨別適合搜尋演算法的問題

- 以適合搜尋演算法的處理方式來呈現問題空間

- 認識和設計解決問題的基本搜尋演算法

什麼是計畫與搜尋？

如果要說是什麼讓人類顯得有智慧，行動前的規劃能力會是一個重要的象徵。無論是去另一個國家旅行，還是開始著手新的專案或編寫程式碼，我們都會先規劃一番。為了得到最好的結果，在執行與實現目標相關的任務時，於不同階段會出現不同細節程度的計畫（planning）（圖 2.1）。

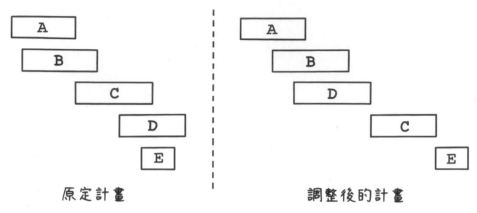

圖 2.1　專案中的計畫演變

幾乎所有計畫都不會如一開始設想的那麼完美。我們生活在一個瞬息萬變的世界中，因此不可能考慮到途中所有的變數與未知。不管一開始的計畫是什麼，總會因為問題空間的改變而偏離。因此需要（再次）根據當前狀況重新制定計畫，如果採取多個步驟之後又出現意外，便需要反覆重新規劃以實現目標。也因此，最終執行的計畫通常與一開始設想的大相逕庭。

透過在計畫中建立步驟來指引計畫的方法稱為**搜尋**。例如，當我們在規畫旅行時，會搜尋路線並評估沿途的停留點和可看性，接著搜尋符合喜好與預算的住宿和活動。計畫也因此隨著搜尋的結果而產生變化。

假設我們決定好要去 500 公里外的海邊度假，並規畫在途中停留兩個地方：可愛動物園和披薩店。抵達後，將投宿一間在海邊的旅館並參加三項活動。開車前往目的地大約需要花 8 個小時。用完餐之後我們還走一條捷徑，但這條私有道路只開放到下午 2 點。

開始旅行，一切都按計畫進行。我們如期前往可愛動物園，看到許多美麗的動物。繼續上路，這時開始覺得有點餓，差不多該去披薩店了。但出乎我們意料的是，餐廳在不久之前竟然歇業了。我們需要調整計畫並找別的地方用餐，這包括尋找位於附近且符合我們喜好的餐廳並調整之後的計畫。

在附近繞了一會兒，我們找到了另一間披薩店也享用了餐點並重新上路。結果快到私有道路的時候才發現已經 2 點 20 分了。捷徑已經關閉，不得已又得調整計畫。雖然很快地找到另一條路但會多開 120 公里的車程，因此在抵達海灘之前還必須先找一個地方過夜。我們尋找可以過夜的旅館並重新規劃路線。由於損失大把的時間，在目的地最終變得只能參加兩個活動。我們的原定計畫由於為了尋找滿足每個新狀況而大幅改變，讓前往海灘的路途意外成了一次美麗的冒險。

這個例子說明了搜尋是如何應用於計畫，並對實現理想結果的計畫產生影響。目標可能會隨著環境的改變而產生些微變化，路徑也因此必須做出調整（圖 2.2）。計畫的調整幾乎無法預期，且必須根據實際需求來制定。

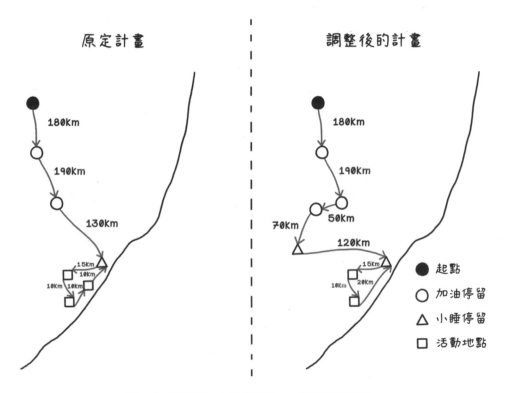

圖 2.2 公路旅行的原定計畫 v.s. 調整後的計畫

搜尋涉及針對目標評估後續的狀態，以找到完成目標的最佳途徑。本章將著重於
介紹不同類型問題所適用的搜尋方法。搜尋是一種古老又強大的工具，適合用來
開發解決問題的智慧演算法。

計算成本：使用智慧演算法的原因

在程式設計中，函數是由各種運算所組成。由於傳統電腦的運作方式，各種函數
的處理時間不盡相同，計算量越大，函數的成本就越高。**大 O 記法**可用來表示
函數或演算法的複雜性。隨著輸入大小的增加，大 O 記法會對所需的運算量來建
模。以下為範例與其複雜性：

- 顯示 Hello World 的單一運算 —— 僅有單一運算，因此計算成本為
  $O(1)$。

- 可迭代並顯示清單所有項目的函數 —— 運算數量取決於清單中的項目
  數，因此成本為 $O(n)$。

- 將清單中的每個項目逐一與另一個清單比對 —— 計算成本為 $O(n^2)$。

圖 2.3 為上述演算法各自的成本。您可以看出，如果運算量會隨著輸入量增加而
大幅上升，這類演算法的效能是最差的；反之當輸入量增加時，運算量上升相對
和緩之演算法的效能是更好的。

認知到不同演算法的計算成本不同這一點相當重要，因為能夠高效處理問題的智
慧演算法的唯一目的就是降低計算成本。理論上來說，幾乎任何問題都可以用土
法煉鋼的方式來找出所有可能性，直到找到最好的解決方式為止，但實際上，這
個做法可能要花上數以千計的計算時數，因此顯得不切實際。

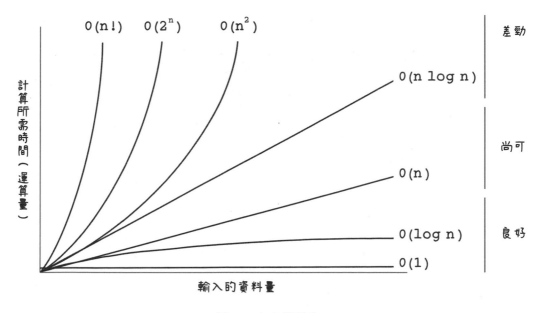

圖 2.3　大 O 複雜性

適用搜尋演算法的問題

幾乎任何需要一系列的決策才可以解決的問題都適用搜尋演算法。我們可以針對問題和搜尋空間的大小來使用不同的演算法。根據所選之搜尋演算法和配置，也許便可以找到最適合或最佳可用解法。換言之，我們能夠找到一個不錯的解，但不代表是最好的。當我們說「好方法」或「最佳解」時，指的是方案解決問題的能力。

找出最短的迷宮逃脫路線非常適合用搜尋演算法來處理。假設我們身處在一個 10 x 10 方塊的迷宮中（如圖 2.4），迷宮裡除了出口外還有一些不可跨越的障礙。目標是透過往東西南北方向移動並避開障礙，這要用最少步數抵達出口。另外在此範例中，玩家不可以走斜的。

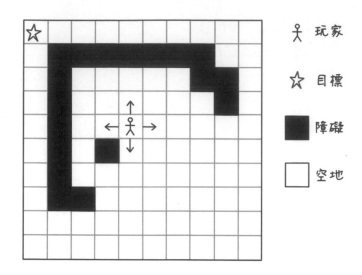

圖 2.4 迷宮問題範例

我們如何在避開障礙的同時找到前往出口的最短路線呢？身為人類，我們可以嘗試每一種走法並計算所需步數。因為這個迷宮比較小，所以只要多試幾次便可以找到最短路徑。

圖 2.5 描述了在迷宮範例中一些路徑的選項，雖然選項 1 並沒有抵達出口。

從不同去向來觀察迷宮並數方塊，我們可以找出幾種解法。在試了 5 次之後，我們從總數未知的可能解法中成功地找到了 4 個。若是要手動計算出所有可能的解的話會相當累人：

- 嘗試 1 不是一個有效的解。共走了 4 步，但沒有找到出口。

- 嘗試 2 是一個有效的解，共走了 17 步並成功找到出口。

- 嘗試 3 是一個有效的解，共走了 23 步並成功找到出口。

- 嘗試 4 是一個有效的解，共走了 17 步並成功找到出口。

- 嘗試 5 是最佳有效解，共走了 15 步並成功找到出口。雖然這是目前的最佳解，但純粹只是運氣好。

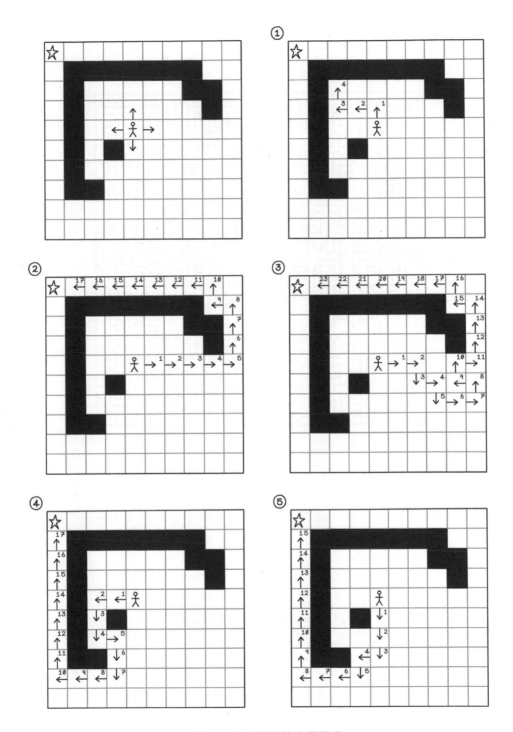

圖 2.5 迷宮問題的路徑選項

如果是像圖 2.6 的大型迷宮，手動計算出可能的最佳路徑將曠日廢時。這時候搜尋演算法就可以派上用場了。

圖 2.6　大型迷宮問題

人類可以直觀的感知與理解問題，並在既有的參數中找到解。人類還能以抽象的方式理解並解釋資料和訊息。電腦還沒辦法跟人類一樣自然地理解一般資訊。問題空間需要以適合計算與適合搜尋演算法處理的方式來呈現才行。

代表狀態：建立代表問題空間和解的框架

當我們要將資料和訊息以電腦可以理解的方式呈現時，需要先進行邏輯性的編碼，好讓它可被客觀地理解。儘管資料還是會由執行者的主觀來編碼，仍會被簡潔一致的方式呈現。

先解釋一下資料和資訊之間的差異。**資料**是關於某事物的原始事實，而**資訊**則是對這些事實做出的解釋，為資料在特定領域中的涵義。資訊需要理解資料的脈絡和處理方式才能產生意義。舉例來說，在迷宮範例中每段路徑的距離為皆為資料，而加總起來的距離則是資訊。根據詮釋角度、詳細程度和期望看到的結果，要把某件事物視為資料或資訊端看其脈絡和處理的人／團隊而定（如圖 2.7）。

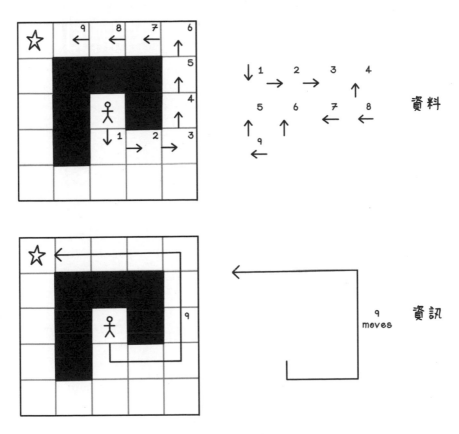

圖 2.7　資料與資訊

資料結構是指在電腦科學的概念中，將資料以適合演算法有效處理的方式呈現。資料結構是一種抽象的資料類型，由特定方式組織而成的資料和運算組成。問題的脈絡以及預期目標會影響所使用的資料結構。

一種單純的資料集合，**陣列**，便是資料結構的一種。不同類型的陣列屬性皆不盡相同，因此各有千秋。根據使用的程式語言，陣列可以讓每一個數值變成不同或相同的類型，也可以不讓重複數值出現。不同類型的陣列通常名稱也不一樣。不同資料結構的特徵和限制使得高效率的計算得以實現（圖 2.8）。

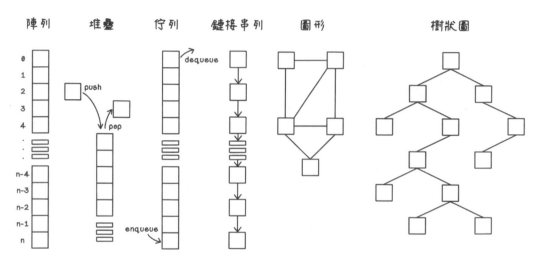

圖 2.8 演算法使用的資料結構

前四個資料結構適合用於規劃和搜尋。圖形和樹狀圖則可讓資料以適合搜尋演算法處理的方式呈現。

圖形：代表搜尋問題與解

圖形為一種包含了多種具關聯性的資料結構。圖形中的狀態被稱為**節點**（或**頂點**），而狀態之間的連結被稱為**邊緣**。圖形源自於數學的圖論，用於建立物件關係模型。圖形是非常好用也易於理解的資料結構，因為它直觀的表述和強大的邏輯特性，讓它適用於各種演算法（圖 2.9）。

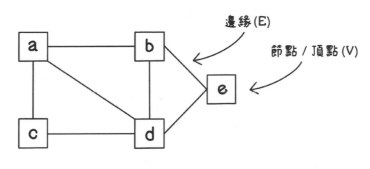

V = {a, b, c, d, e}

E = {ab, ac, ad, bd, be, cd, de}

圖 2.9 圖形表示法

圖 2.10 為本章第一段討論到的海灘之旅的圖形。每個停靠點都是圖形的一個節點；節點間的邊緣代表路線，而每條邊緣上的權重則代表距離。

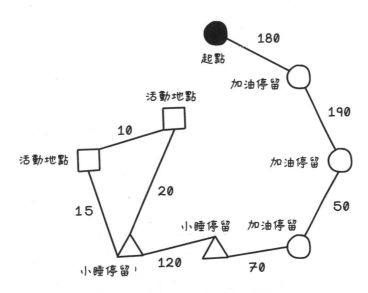

圖 2.10 以圖形表示公路旅行範例

以圖形表示具體的資料結構

為了讓演算法更有效地處理資料，圖形的表現方式相當多元。本質上，圖形可以用一組表示節點之間關係的陣列來代表，如圖 2.11 所示。有時候，用另一組陣列來列出圖形中的所有節點會很有幫助，這樣就不需要從關係中整理出不同的節點。

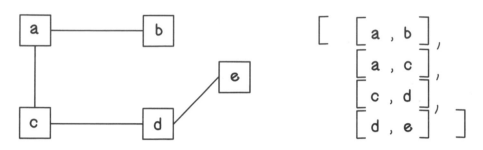

圖 2.11　以陣列表示圖形

其他圖形表示法包括了關聯矩陣、相鄰矩陣和相鄰串列。光從名稱上便可以看出，圖形節點的相鄰性很重要。相鄰節點意即直接與另一個節點相連的節點。

練習：以矩陣表示圖形

請使用邊緣陣列來表示以下圖形。

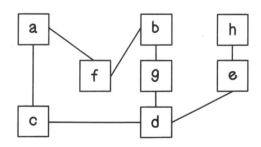

解答：以矩陣表示圖形

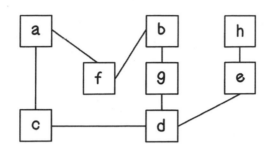

```
[ [a,c],
  [a,f],
  [b,g],
  [b,f],
  [c,d],
  [d,g],
  [d,e],
  [e,h]  ]
```

	a	b	c	d	e	f	g	h
a	0	0	1	0	0	1	0	0
b	0	0	0	0	0	1	1	0
c	1	0	0	1	0	0	0	0
d	0	0	1	0	1	0	1	0
e	0	0	0	1	0	0	0	1
f	1	1	0	0	0	0	0	0
g	0	1	0	1	0	0	0	0
h	0	0	0	0	1	0	0	0

邊緣陣列   相鄰矩陣

樹狀圖：用於表示搜尋解的具體結構

樹狀圖為一種常見的資料結構，用於模擬數值或物件之階層。階層為物件的排列順序，可表示單一物件與下層其他物件的關聯性。樹狀圖為一種連通的非循環圖 —— 每個節點都有連到另一個節點的邊緣，但不存在循環。

在樹狀圖中，於特定位置之數值或物件被稱為**節點**。樹狀圖基本上都有一個根節點，並包含零個或多個可以成為子樹的子節點。注意囉！接下來會討論到一些專有名詞。當一個節點與其他節點連接後，根節點便成為**親節點**（譯註：也稱為上代節點）。若以相同邏輯類推，那麼子節點中可能包含了其他含有子樹的子節點。每個子節點都會有一個親節點，而沒有任何子節點的節點被稱為葉節點。

樹狀圖也有高度，特定節點的層級被稱為**深度**。

在處理樹狀圖的時候會大量使用到表示家庭關係的術語。請將這些類比牢記在心，因為它有助於你理解樹狀資料結構的概念。請看下圖 2.12，根節點的高度與深度指數為 0。

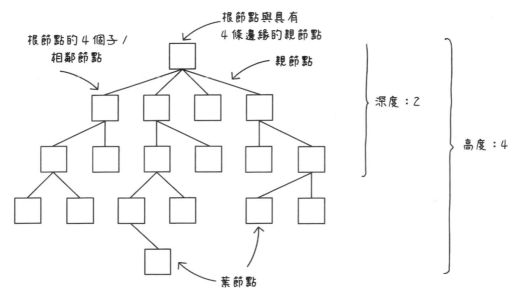

圖 2.12 樹狀圖的主要屬性

樹狀圖最頂端的節點被稱為**根節點**。直接連到一個或多個其他節點的節點為**親節點**。連接到親節點的節點被稱為**子節點**或**相鄰節點**。連接到同一個親節點的節點為**兄弟節點**。節點之間的連接則為**邊緣**。

一連串不直接相連的節點和邊緣的節點被稱為**路徑**。透過逐漸遠離根節點的路徑與其他節點相連的節點稱為**子孫節點**，反之，透過逐漸接近根節點之路徑與其他節點相連的節點則為**祖先節點**。沒有任何子節點的節點為**葉節點**。**度數**一詞用於描述一個節點的子節點數量，因此葉節點的度數為零。

圖 2.13 表示迷宮問題從起點到終點的路徑。此路徑包含了 9 個代表動作的節點。

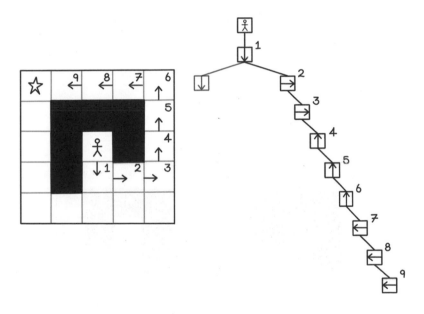

圖 2.13 以樹狀圖表示迷宮問題的解

樹狀圖是搜尋演算法基本的資料結構，接下來會深入探討。排序演算法在解決某些問題上很好用，且能夠更有效地計算解。如果您希望進一步了解排序演算法，請參考《*Grokking Algorithms*》（Manning Publications 一書）。

無資訊搜尋：盲目尋找解

無資訊搜尋又稱為非導引搜尋、盲目搜尋或蠻力搜尋。除了問題表示之外（通常是一棵樹），無資訊搜尋沒有其他任何關於問題領域的資訊。

想像一下您在探索想要學習的事物。有些人可能會廣泛涉略各種領域，但只學點皮毛，而有些人則會選擇深入鑽研幾件事情。這就是廣度優先搜尋（BFS）和深度優先搜尋（DFS）各自的概念。**深度優先搜尋**從一開始便選定一條特定路徑直到抵達位於深處的終點。**廣度優先搜尋**則會先探索特定深度中的所有選項之後再前往更深處的選項。

請回想一下迷宮的情境（如圖 2.14）。在嘗試找出通往終點的最佳路徑時，我們先假設**路線不可重複**這個簡單的限制以防止陷入無限迴圈以及在樹中出現循環。由於無資訊演算法會在每個節點上嘗試所有的可能性，因此容易產生循環並導致演算法徹底失敗。

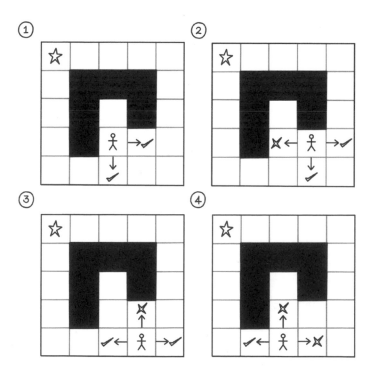

圖 2.14 迷宮問題的限制

此限制在迷宮問題中可以防止迴圈的出現。但如果是在另一個具有不同限制或規則的迷宮中，需要重複路徑才有辦法找到最佳解的話，這個限制就會帶來問題。

圖 2.15 的樹狀圖描述了所有可能的路徑。在路線不可重複的前題下，這棵樹共有 7 條可以抵達終點的路徑和 1 條無效的解。要明白因為這個迷宮很小，所以可以描述出所有可能性。然而搜尋演算法的重點在於不斷地搜尋並生成樹狀圖，因為要事先生成包含所有可能性的整棵樹的計算量太大，效率十分低落。

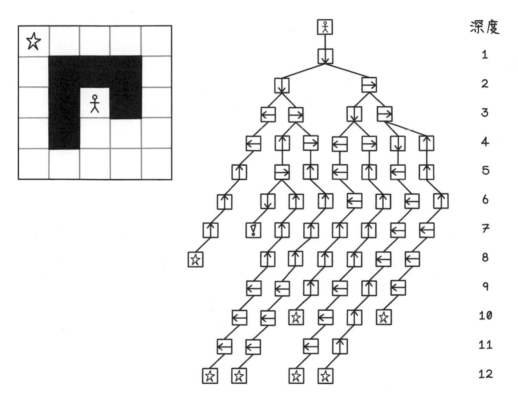

圖 2.15　以樹狀圖表示所有可能的選項

另外要注意「**訪問**」可用於代表不同事物。玩家於方塊中的移動可以是「訪問」，而演算法也會「訪問」樹中的節點。選擇的優先順序會影響節點被訪問的順序。迷宮範例中移動的優先順序是北、南、東、西。

了解了樹狀圖與迷宮範例背後的邏輯後，接著來看看演算法是如何生成樹狀圖以找尋路徑的。

廣度優先搜尋：先廣再深

廣度優先搜尋是一種用於遍歷或生成樹狀圖的演算法。此演算法會先從根節點開始，在進入下一層之前會先探索當前深度的每一個節點。基本上，它在訪問下一個深度的子節點之前會先訪問特定深度之節點的所有子節，直到找到代表終點的葉節點為止。

廣度優先搜尋演算法最好是用先進先出佇列實作，讓當前深度中的節點可先被處理，而它們的子節點排在後頭。這種處理順序正是我們在實作該演算法所需要的。

圖 2.16 為廣度優先搜尋演算法的流程圖。

以下為流程中每個步驟的說明與補充：

1. **將根節點排進佇列**。廣度優先搜尋演算法最好要用佇列實作。物件會依照排隊的順序來處理。這個過程又叫做**先進先出**（FIFO）。首先便是要讓根節點入列。此節點即為玩家在迷宮中的起始位置。

2. **標記根節點為已訪問**。既然根節點已進入佇列等待處理，便必須將其標記為已訪問以防重複訪問。

3. **佇列是否已清空**？如果佇列是空的（所有節點在多次迭代後都已處理完畢），且在演算法的步驟 12 中沒有回覆任何路徑，那麼表示尚未找到任何可以抵達終點的路徑。如果佇列中仍有節點等待處理，演算法便會繼續搜尋。

4. **回傳** No path to goal。如果不存在任何可以抵達終點的路徑，此訊息也可用於中止結束演算法。

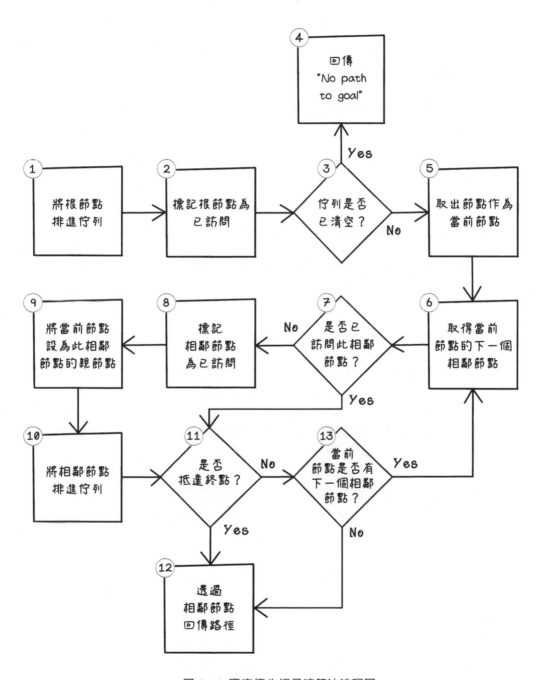

圖 2.16 廣度優先搜尋演算法流程圖

5. **取出節點作為當前節點。**透過取出佇列中的下一個物件並將其設為當前感興趣的節點以探索它的可能性。演算法開始後，當前節點便成為了根節點。

6. **取得當前節點的下一個相鄰節點。**此步驟會從目前所在位置以及可移動之方向判斷下一步。

7. **是否已訪問此相鄰節點？**如果尚未訪問當前相鄰節點，表示它還沒被探索過，可以接著處理。

8. **標記相鄰節點為已訪問。**此步驟表示已訪問過此相鄰節點。

9. **將當前節點設為此相鄰節點的親節點。**將起始節點設為當前相鄰節點的親節點。 此步驟對於追蹤從當前相鄰節點回到根節點的路徑很重要。從地圖上來看，如果起始節點是玩家移動前的位置，那麼當前相鄰節點便是玩家移動後的位置。

10. **將相鄰節點排進佇列。**我們將相鄰節點排進佇列以便稍後來探索它的子節點。這樣的排隊機制讓演算法可以依序探索位於不同深度的節點。

11. **是否抵達終點？**此步驟會決定當前相鄰節點是否包含演算法正在搜尋的目標。

12. **透過相鄰節點回傳路徑。**透過參考相鄰節點的親節點，以及該親節點的親節點，以此類推便可描述出從終點到根節點的路徑。根節點便是沒有親節點的節點。

13. **當前節點是否有下一個相鄰節點？**如果當前節點在迷宮中有多個動作選項，則跳回步驟 6。

讓我們用一棵簡單的樹來看看這些步驟。請注意，當演算法逐步探索樹狀圖並將節點排入先進先出佇列時，節點會按照佇列的順序來處理（圖 2.17 和 2.18）。

訪問第一個子節點，B

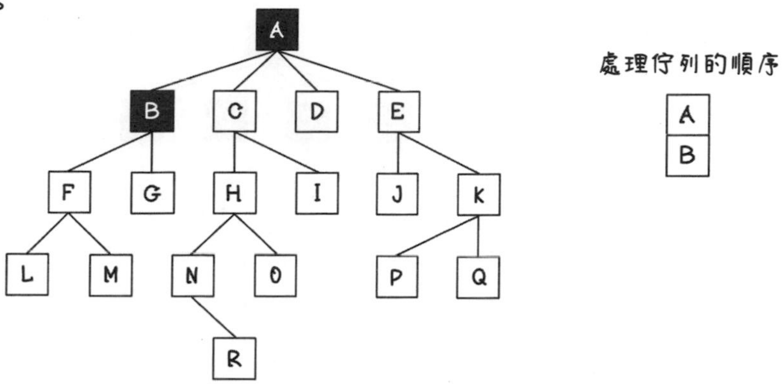

處理佇列的順序

訪問下一個子節點，C

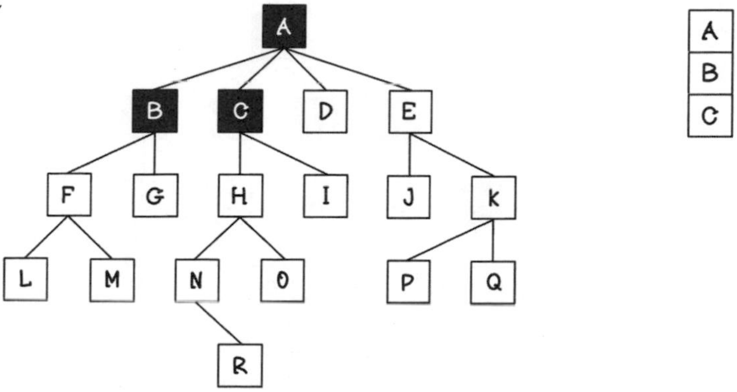

訪問下一個子節點，D

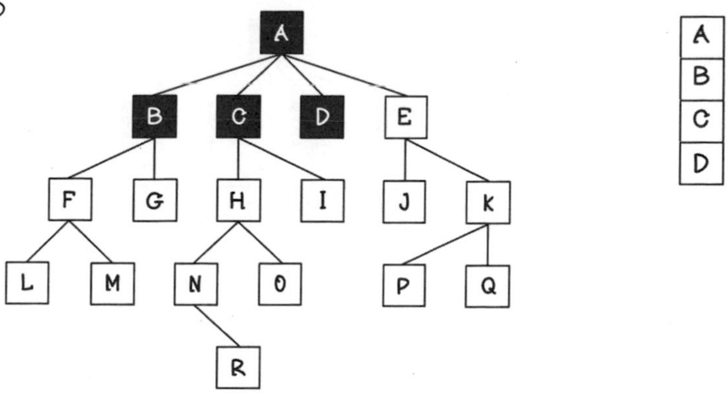

圖 2.17 使用廣度優先搜尋演算法的樹狀圖處理順序（第 1 部分）

訪問此深度的
最後一個節點，E

處理佇列的順序

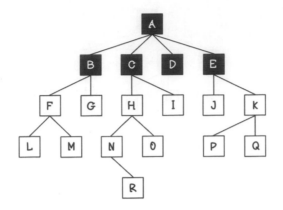

訪問 A 節點第一個
相鄰節點 B 的第一
個子節點 F

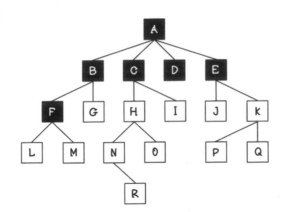

訪問 B 的下一個子
節點，G

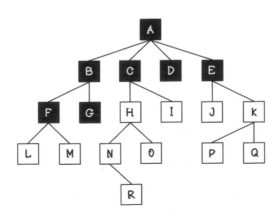

圖 2.18 使用廣度優先搜尋演算法的樹狀圖處理順序（第 2 部分）

練習：決定解的路徑

使用廣度優先搜尋以下樹狀圖時，請問訪問順序為何？

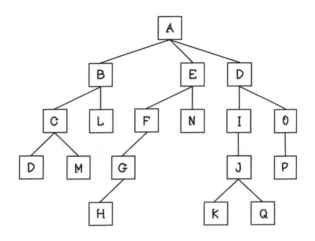

答案：決定解的路徑

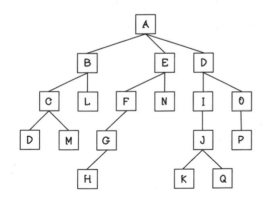

廣度優先搜尋順序：
A, B, E, D, C, L, F, N, I, O, D, M, G, J, P, H, K, Q

在迷宮範例中，演算法需要了解玩家目前所在的位置、評估所有可能的動作選項，並在抵達終點之前於每個動作選項上重複相同的邏輯。演算法藉此生成一棵具有通往終點之單一路徑的樹。

理解訪問節點的過程如何用於生成樹狀圖節點這點相當重要。我們只是透過某種機制來試圖找出相關節點。

通往終點的每一條路經都包含了一連串的動作。動作次數便是抵達終點所需的距離，也就是 **成本**。動作次數也等於從根節點到終點的葉節點這段路徑中訪問的節點數量。演算法會一層一層地往下直到找到終點，然後回傳找到的第一條路徑作為解。也許有一條更好更快的路徑，但由於廣度優先搜尋是盲目的，因此不一定可以找到。

> **NOTE** 在迷宮範例中，我們用的所有搜尋演算法一旦在找到解時便會停止。做點微調便可以讓這些演算法能夠找出多個解，但是搜尋演算法的最佳使用案例是找出單一目標，因為探索整棵樹所有可能性的成本實在太高。

迷宮中的各種動作生成了圖 2.19 中的樹。由於這棵樹是用廣度優先搜尋生成的，每個深度在進入下一層之前都會完整生成（圖 2.20）。

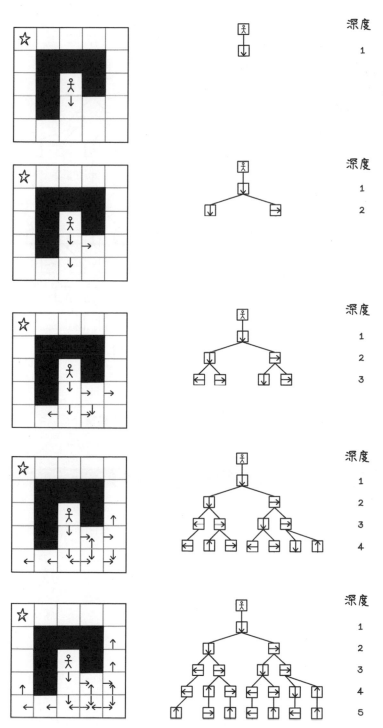

圖 2.19 使用廣度優先搜尋生成迷宮移動的樹狀圖

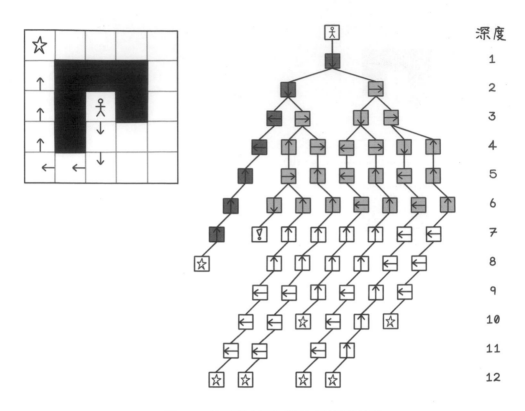

圖 2.20 使用廣度優先搜尋時訪問的節點

偽代碼

如之前所述,廣度優先搜尋使用了佇列來逐次生成一層深度的樹。為了防止陷入迴圈,擁有儲存已訪問節點的結構非常重要;且設定每個節點的親節點以決定從起點到終點的路徑也相當關鍵:

```
run_bfs(maze, current_point, visited_points):
  let q equal a new queue
  push current_point to q
  mark current_point as visited
  while q is not empty:
    pop q and let current_point equal the returned point
    add available cells north, east, south, and west to a list neighbors
    for each neighbor in neighbors:
      if neighbor is not visited:
        set neighbor parent as current_point
        mark neighbor as visited
        push neighbor to q
        if value at neighbor is the goal:
          return path using neighbor
  return "No path to goal"
```

深度優先搜尋：先深再廣

深度優先搜尋是另一種用於遍歷或在樹中生成節點和路徑的演算法。此演算法會先從特定的節點開始探索第一個子節點所連接的路徑，反覆執行同樣的操作直到抵達最遠的葉節點，然後回溯並透過其他已訪問的子節點探索其他可抵達葉節點的路徑。圖 2.21 為深度優先搜尋演算法常見的流程。

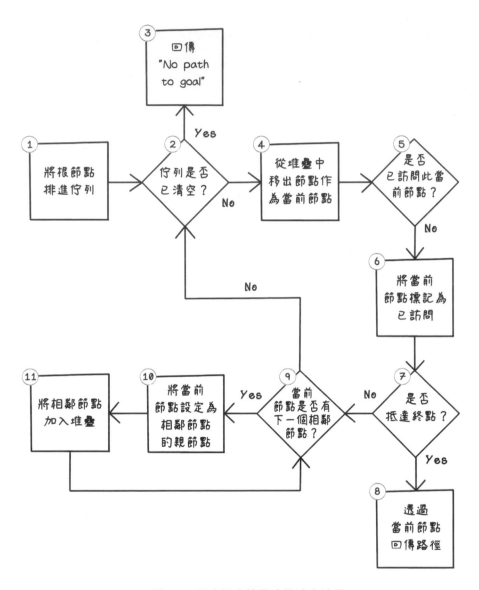

圖 2.21 深度優先搜尋演算法之流程

來看看深度優先搜尋演算法的流程：

1. **將根節點加入堆疊**。我們可以透過堆疊來實作深度優先搜尋演算法，最後加入堆疊的物件會先被處理。這又被稱為**後進先出**（**LIFO**）。首先第一步便是將根節點加入堆疊中。

2. **堆疊是否已清空？** 如果堆疊是空的且在演算法的步驟 8 沒有回覆任何路徑，則表示沒有可抵達終點的路徑。如果堆疊中仍有節點，演算法便會繼續尋找。

3. **回傳 No path to goal。** 如果不存在任何可以抵達終點的路徑，此訊息也可用於結束演算法。

4. **從堆疊中移出節點作為當前節點。** 透過從堆疊中移出下一個物件並將其設定為當前感興趣的節點以探索它的可能性。

5. **是否已訪問此當前節點？** 如果尚未訪問過當前節點，表示它還沒被探索過，可以接著處理。

6. **將當前節點標記為已訪問。** 將此節點標示為已訪問，以防不必要的重複處理。

7. **是否抵達終點？** 此步驟決定當前的相鄰節點是否包含了有演算法正在搜尋的目標。

8. **透過當前節點回傳路徑。** 透過參考相鄰節點的親節點，以及該親節點的親節點，以此類推便可描述出從終點到根節點的路徑。根節點便是沒有親節點的節點。

9. **當前節點是否有下一個相鄰節點？** 如果當前節點在迷宮中有多個可能的動作，便可以將該動作加入堆疊等待處理。否則演算法可跳轉到步驟 2，若堆疊尚未被清空便可接著處理下一個物件。由於 LIFO 堆疊的特性，演算法在回溯訪問根節點的其他子節點之前，會先深入處理所有節點至葉節點的深度。

10. **將當前節點設定為相鄰節點的親節點。** 將起始節點設為當前相鄰節點的親節點。此步驟對於追蹤從當前相鄰節點回到根節點的路徑很重要。從地圖上來看，如果起始節點是玩家移動前的位置，那麼當前相鄰節點便是玩家移動後的位置。

11. **將相鄰節點加入堆疊。** 將相鄰節點加入堆疊中，好讓它的子節點可以被探索。這種堆疊機制會讓演算法在處理淺層的相鄰節點之前，先探索當前節點到最深處。

圖 2.22 和 2.23 描述了如何利用 LIFO 堆疊按照深度優先搜尋所需的順序來訪問節點。請注意隨著訪問深度的推進，節點是如何被推入和從堆疊中移出。推入（*push*）指的是物件被加入堆疊中，而移出（pop）為移除堆疊最上層的物件。

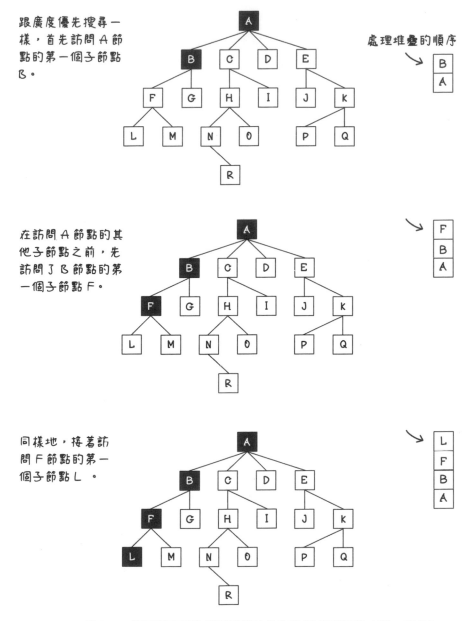

圖 2.22　使用深度優先搜尋演算法的樹狀圖處理順序（第一部分）

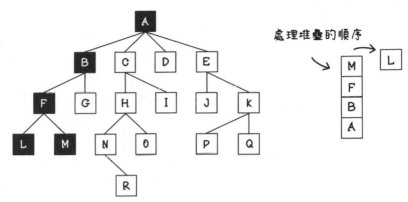

由於 F 是葉節點（沒有子節點），演算法回溯以訪問 F 的下一個子節點 M。

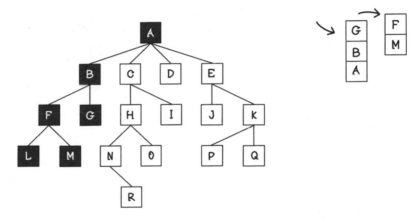

由於 M 也是葉節點，而 F 也沒有其他未訪問的子節點，因此演算法回溯到 B 以訪問 B 的下一個子節點 G。

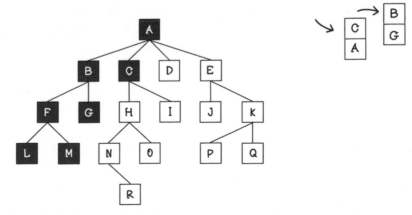

最後，由於 B 所有的子節點皆已訪問，演算法回溯到 A 以訪問 A 的下一個子節點 C。

圖 2.23 使用深度優先搜尋演算法的樹狀圖處理順序（第二部分）

練習：決定解的路徑

使用深度優先搜尋時，請問以下樹狀圖節點的訪問順序為何？

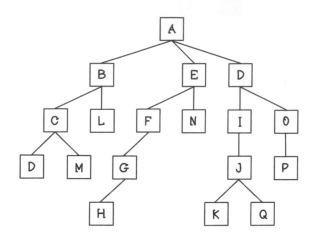

解答：決定解的路徑

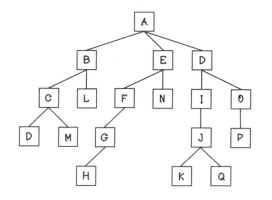

深度優先搜尋順序：
A, B, C, D, M, L, E, F, G, H, N, D, I, J, K, Q, O, P

在使用深度優先搜尋時，必須了解子節點的順序非常重要，因為演算法在回溯之前會探索第一個子節點直到葉節點的深度為止。

在迷宮範例中，動作順序（東南西北）會影響演算法尋找終點的路徑。改變順序便會導致不同的解。圖 2.24 和 2.25 中的分岔無關緊要，重點是動作選項的順序。

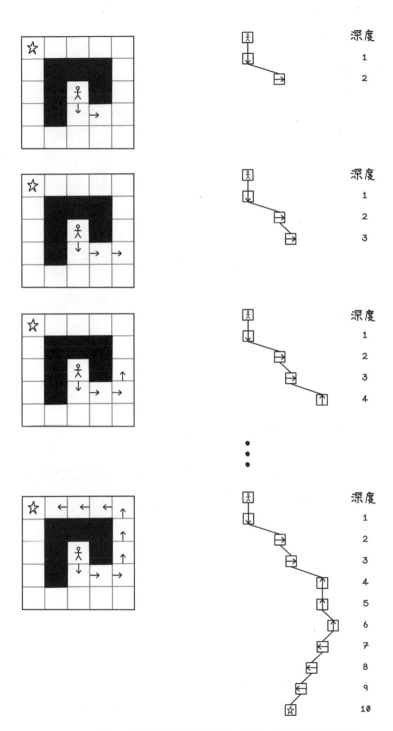

圖 2.24 使用深度優先搜尋時所生成的迷宮移動的樹狀圖

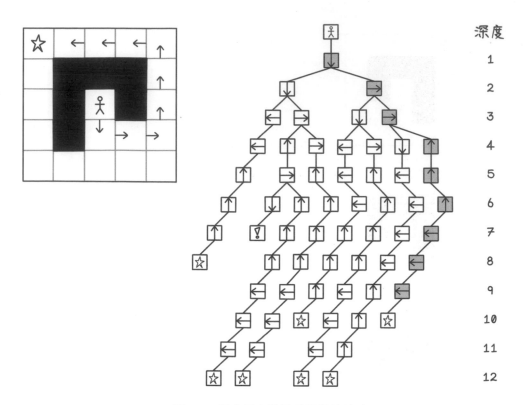

圖 2.25 深度優先搜尋訪問過的節點

雖然可以用遞迴函數來實作深度優先搜尋演算法，但這裡討論的是透過堆疊來實作的方法，它可以更好地呈現節點訪問和處理的順序。追蹤節點的訪問記錄很重要，以避免訪問到相同的節點而產生迴圈：

```
run_dfs(maze, root_point, visited_points):
  let s equal a new stack
  add root_point to s
  while s is not empty
    pop s and let current_point equal the returned point
    if current_point is not visited:
      mark current_point as visited
      if value at current_node is the goal:
        return path using current_point
      else:
        add available cells north, east, south, and west to a list neighbors
        for each neighbor in neighbors:
          set neighbor parent as current_point
          push neighbor to s
  return "No path to goal"
```

無資訊搜尋演算法的使用案例

無資訊搜尋演算法在現實生活中有它好用的地方，舉例如下：

- **尋找網路節點間的路徑** —— 當兩台電腦需要透過網路通訊時，連線會通過多個連線電腦和設備。搜尋演算法可以讓兩個設備在相同網路中建立路徑。

- **網路爬蟲** —— 網路搜尋讓我們能夠從大量網頁查詢資訊。為了索引這些網頁，網路爬蟲通常會仔細閱讀每個網頁上的訊息，並遞迴追蹤網頁裡每一個連結。搜尋演算法有助於建立爬蟲、元資料結構與內容關聯性。

- **尋找社交網路聯繫** —— 社交媒體應用程式包含了許多用戶之間的關係。舉例來說，小王和小美在某社交平台上是好友，但和小明還不是，於是小王和小明透過小美產生了間接相關。社交媒體程式此時便可以建議小王加小明好友，因為他們可能早已透過共同朋友小美而互相認識。

補充：圖形的種類

圖形在許多電腦科學與數學中助益良多，而由於不同類型的圖形具有不一樣的特性，不同原理和演算法適用特定類型的圖形。圖形是藉由整體結構、節點和邊緣數量以及節點間的相互連結性來分類。

以下圖形很值得進一步了解，因為它們很常見，有時候也會在搜尋或其他 AI 演算法中作為參考：

- **無向圖** —— 邊緣沒有指向性。節點間的關係是相互的。如同城市間的道路有些是雙向通行的一樣。

- **有向圖** —— 邊緣具指向性。節點間的關係很明確。如同在祖譜當中，小孩與雙親的關係的指向性是絕對的。

- **不連接圖** —— 一個或多個節點沒有任何邊緣連結。如同在地圖上繪製陸地物理上的接觸一樣，有些節點沒有任何連接。就像有些陸地是相連的，有些則隔著海洋。

- **非循環圖** —— 圖形不存在循環。如同我們目前對時間的認知，（還）沒有可以回到過去的迴圈存在。

- **完全圖** —— 所有節點都透過邊緣與其他節點相連。如同小型團隊中的溝通渠道，每個人都可以與其他人交談合作。

- **完全二部圖** —— 頂點分區為一組頂點。在一個頂點分區中，每一組分區中的節點都透過邊緣與其他分區中的節點相連。如同在起司試吃活動中，所有人都能品嘗到每一種起司。

- **加權圖** —— 節點間的邊緣有加權。如同城市間的距離，有些城市比較遠，加權便比較重。

了解不同類型的圖形有助於更精準地描述問題，並選出最有效的演算法來處理（圖 2.26）。部分圖形種類在接下來的章節中會討論到，例如第 6 章的蟻群演算法和第 8 章的神經網路。

無向圖

邊緣間沒有指向性。
節點間的關係是相互的。

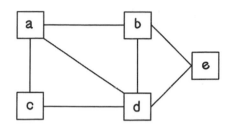

有向圖

邊緣具指向性。
節點間的關係很明確。

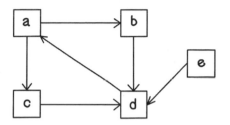

不連接圖

一個或多個節點
沒有任何邊緣連結。

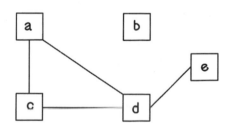

非循環圖

圖形中不存在循環。

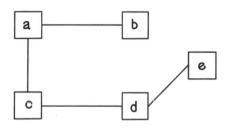

完全圖

所有節點都透過邊緣與
其他所有節點相連。

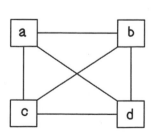

完全二部圖

每一組分區中的節點
都透過邊緣與其他分區中的
節點相連。

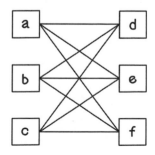

加權圖

節點間的邊緣具備權重。

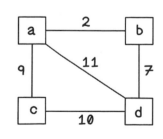

圖 2.26 圖形種類

補充：更多表現圖形的方法

根據問題脈絡，其他圖形編碼也許能更有效地處理問題或更容易使用，取決於您使用的程式碼語言和工具。

關聯矩陣

關聯矩陣（*incidence matrix*）的高度為圖形的節點數量，寬度為邊緣數量。每一行代表了節點與特定邊緣的關係。如果節點沒有透過特定邊緣與其他節點連結，則數值為 0。在有向圖中，如果節點透過特定邊緣接收到來自其他節點的連結，則數值為 -1。反之，若是透過特定邊緣去連到其他節點，或是在無向圖的情況下，則數值為 1。關聯矩陣可用來表示有向圖與無向圖（圖 2.27）。

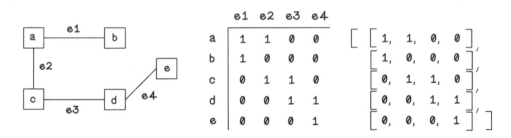

圖 2.27 以關聯矩陣表示圖形

相鄰串列

相鄰串列（*adjacency list*）使用了鏈接串列來表示，初始串列的大小為圖形節點的數量，而每個數值代表特定節點的連接數量。相鄰串列同樣可用於表示有向圖與無向圖（圖 2.28）。

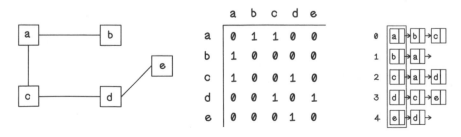

圖 2.28 以相鄰串列表示圖形

圖形也是有趣又實用的資料結構，因為它們可以輕鬆以數學方程式來呈現，也是所有演算法的基礎。本書將談論到更多關於圖形的知識。

總結搜尋演算法基礎

資料結構對於解決問題相當重要。

搜尋演算法在一些多變的環境中
有助於規劃與尋找解。

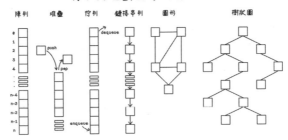

圖形與樹狀資料結構相當適用於 AI。

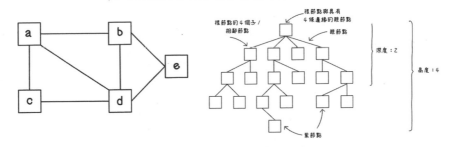

無資訊搜尋是盲目的，且計算成本高。
使用正確的資料結構將有所幫助。

深度優先演算法是先深再廣，
而廣度優先演算法是先廣再深。

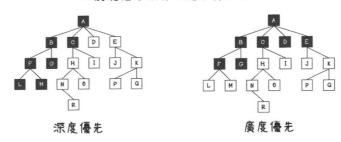

深度優先　　　　　　　廣度優先

本章內容

- 認識與設計引導搜尋之啟發

- 辨別適合利用引導搜尋方法解決的問題

- 認識與設計引導搜尋演算法

- 為雙人遊戲設計搜尋演算法

定義啟發：設計有根據的猜測

前一章介紹了無資訊搜尋演算法的工作原理，接下來會看到如何提供更多關於問題的訊息來改善演算法，這就是有資訊搜尋。**有資訊搜尋**表示演算法知道待解決之問題的一些脈絡。啟發便是表示上下文（或脈絡）的一種方式。**啟發**通常又被稱為**原則**，是用於評估狀態的一條或一組規則。可以定義狀態的滿足條件，或是作為特定狀態表現的衡量標準。當沒有明確的方法可以找到最佳解時，啟發便派上用場。啟發用白話說便是有根據的猜測，應當視為待解決問題的指引而非科學事實。

舉例來說，在披薩店點餐時，配料和餅皮類型就是您決定披薩美味與否的啟發。如果您喜歡鬆厚餅皮配上增量的番茄醬、起司、蘑菇和鳳梨，那麼含有越多這些特質的披薩將更吸引您，在您的啟發中可以獲得越多分。反之，這些特質越少的披薩對您的吸引力越低，得分也越少。

另一個例子是編寫演算法以解決 GPS 的選路問題。啟發可能是「最短行走時間與距離即為最佳路徑」或「最低收費與最佳道路狀況即為最佳路徑」。讓兩點之間的直線距離最小化的啟發不適用於 GPS 選路程式。這種啟發比較適合小鳥或飛機，由於實際上我們會是步行或開車，而這種交通方式會將我們限制在建築物和障礙物之間的道路上。啟發必須對使用情境有意義。

再舉一個例子，假設我們要檢查上傳的音檔是否有在版權內容資料庫中。因為音檔是音頻，一種做法便是用資料庫中的所有片段對比上傳音檔的所有時間片。然而這種做法需要龐大的計算量。讓搜尋效能更好的作法之一可能是定義一個啟發，並將兩段音頻的分配差異最小化，如圖 3.1。您可以看到除了時間差之外，兩段頻率是一模一樣的，它們的頻率分佈無任何差別。這個解可能並不完美，但至少會是通往低成本演算法的一個好的開始。

圖 3.1 透過頻率分佈來比較兩段音檔

啟發與問題脈絡息息相關，因此好的啟發對於最佳化求解可是大有幫助。接下來將調整一下在第 2 章看過的迷宮，透過導入有趣的動態來建立對於啟發的概念。這新的迷宮中，我們不再將所有動作一視同仁，當初只是單純地透過最短路徑（樹狀圖的深淺）來衡量解的好壞，這次，不同方向的移動困難程度將有所不同。迷宮的重力發生了一些奇怪的變化，南北向的移動成本會是東西向的五倍（如圖 3.2）。

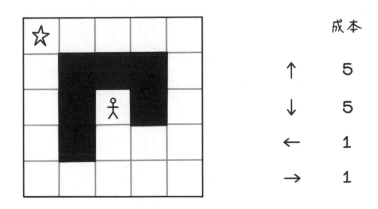

圖 3.2 調整迷宮範例：重力變化

在調整後的迷宮中，影響最佳路徑的因素變成了移動步數以及成本總和。

圖 3.3 的樹狀圖描述了所有可能的路徑以突顯可用選項，同時標示出各個移動的成木。提醒您，此範例呈現了一個簡單迷宮的搜尋空間，基本上不適用於現實世界。演算法會生成一棵樹狀圖做為搜尋的一部分。

此迷宮問題的啟發定義如下：「最低移動成本與步數即為最佳路徑」。由於我們在解決問題上使用了一些領域知識，這個簡單的啟發有助於指引演算法應該訪問那些節點。

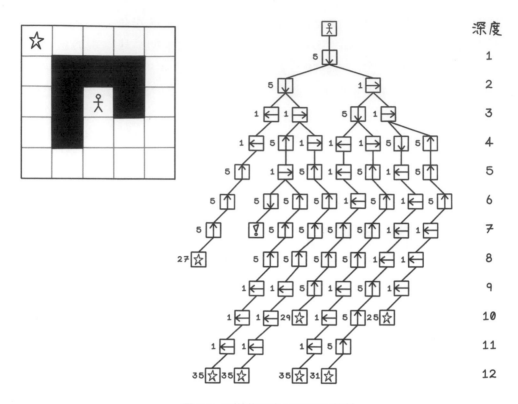

圖 3.3 以樹狀圖表示所有可能性

動動腦：以下情境適合什麼樣的啟發呢？

有一群擅長於開採鑽石、黃金和白金等不同類型礦產的礦工。所有礦工在任何礦場工作都很有效率，但在與專長相符的礦場會開採得更快。數個可能含有鑽石、黃金和白金的礦場分散在同一個開採區內，而倉庫與礦場距離不等。假設需要在效率最大化的同時盡量減少移動時間的前提來分配礦工的話，那麼此問題的啟發是什麼？

解答：可能的解

合理的啟發會是將每個礦工分配到它們擅長的礦場，並要求他們只能去距離所分配到的礦場最近的倉庫。另一個解釋為盡量減少分配到非擅長礦產的礦工數量，並盡量減少與倉庫之間的距離。

有資訊搜尋：在指引下尋找解

有知訊搜尋，又被稱為啟發式搜尋，是一種同時使用廣度與深度優先搜尋和一些其他情報的演算法。啟發會基於一些關於問題的已定義資訊來引導搜尋。

根據問題的性質，我們可以採用幾種有資訊搜尋演算法，像是貪婪演算法（又稱為最佳優先搜尋）。然而，最常見且最好用的有資訊搜尋演算法是 A*。

A* 搜尋

A* 搜尋的念法是「A star」。A* 演算法通常會透過估算啟發以最小化下一個訪問節點之成本，藉此提高演算法的效能。

總成本以兩個指標計算：從起始節點到當前節點的距離，以及使用啟發後移動到特定節點的預估成本。因為要盡量降低成本，因此數值越小表示解的成效越好（如圖 3.4）。

$$f(n) = g(n) + h(n)$$

g(n)：從起始節點到節點 n 之路徑成本

h(n)：節點 n 之啟發函數的成本

f(n)：從起始節點到節點 n 之路徑成本與節點 n 的啟發函數之成本的總和

圖 3.4 A* 搜尋演算法的函數

以下範例大致說明了啟發式方法如何引導搜尋訪問決策樹中的節點。請留意不同節點的啟發計算方式。

廣度優先搜尋在移動到下一層之前會先訪問各層深度上的所有節點。而深度優先會先探訪路徑到最深處再返回根節點以訪問下一條路徑。A* 搜尋完全不同，它沒有必須遵守的預設模式，而是根據啟發成本的高低順序來訪問節點。特別要注意的是，演算法事前並不知道所有節點各自的成本。成本在探索或生成樹狀圖時會一併計算，被訪問的節點都會被加入堆疊中，而成本高於已訪問之節點就會被忽略，從而節省計算時間（圖 3.5、3.6 和 3.7）。

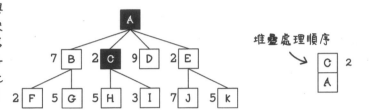

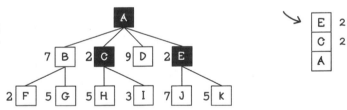

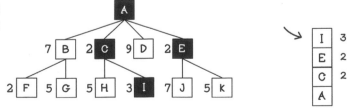

圖 3.5 使用 A* 搜尋的樹狀圖處理順序（第一部分）

下一個成本最低的節點是K，
E 的子節點

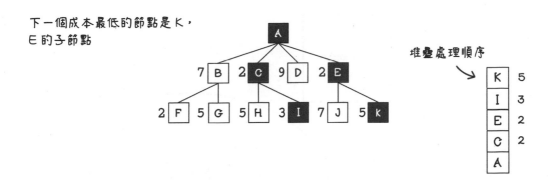

下一個成本最低的是 H，
C 的子節點

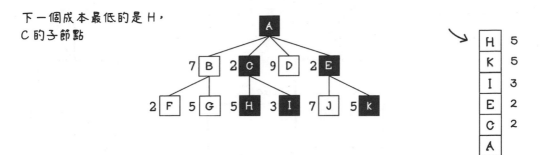

接著訪問了 A 的直接
子節點，因為它的成
本在 A 以及所有已訪
問節點的子節點當中
是最低的

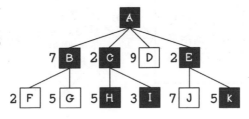

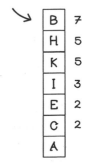

成本高於當前最低成本路徑的節點會被忽略，
因為通過這些節點的路徑成本必定較高

圖 3.6 使用 A* 搜尋的樹狀圖處理順序（第二部分）

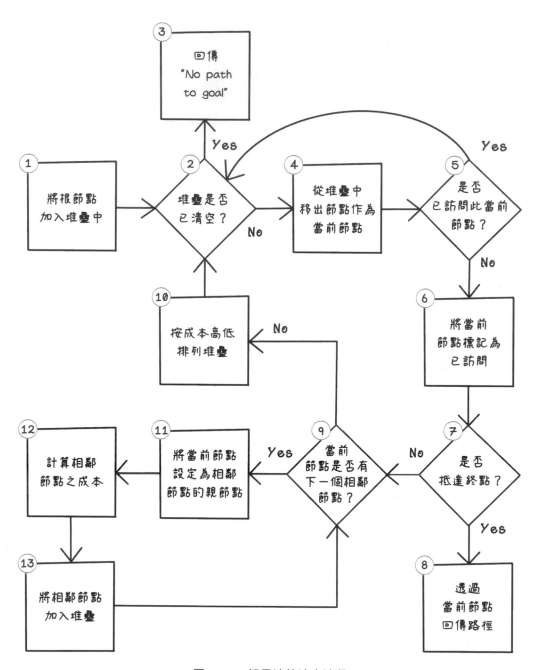

圖 3.7 A* 搜尋演算法之流程

來看看 A* 搜尋演算法的流程：

1. **將根節點加入堆疊中。** A* 搜尋演算法可藉由堆疊實作，最後加入堆疊的物件會先被處理（又叫做後進先出或 LIFO）。首先一樣是把根節點加入堆疊中。

2. **堆疊是否已清空？** 如果堆疊是空的且在演算法的步驟 8 沒有回覆任何路徑，則表示沒有可抵達終點的路徑。如果堆疊中仍有節點，演算法便會繼續尋找。

3. **回覆 No path to goal。** 如果不存在任何可以抵達終點的路徑，此訊息也可結束演算法。

4. **從堆疊中移出節點作為當前節點。** 透過從堆疊中移出下一個物件並將其設定為當前感興趣的節點以探索它的可能性。

5. **是否已訪問此當前節點？** 如果尚未訪問過當前節點，表示它還沒被探索過，可以接著處理。

6. **將當前節點標記為已訪問。** 將此節點標示為已訪問，以防不必要的重複處理。

7. **是否抵達終點？** 此步驟決定當前的相鄰節點是否含有演算法正在搜尋的目標。

8. **透過當前節點回覆路徑。** 透過參考相鄰節點的親節點，以及該親節點的親節點，以此類推便可描述出從終點到根節點的路徑。根節點便是沒有親節點的節點。

9. **當前節點是否有下一個相鄰節點？** 如果當前節點在迷宮中有多個移動選項，便可以將移動加入堆疊等待處理。否則演算法可跳轉到步驟 2，若堆疊尚未被清空便會接著處理下一個物件。由於 LIFO 堆疊的特性，演算法在回溯訪問根節點的其他子節點之前，會先深入處理所有節點至葉節點的深度為止。

10. **按成本高低排列堆疊**。當堆疊是以每個節點的成本高低排序時,接著處理的會是成本最低的節點,以確保一定會被訪問到最省力(便宜)的節點。

11. **將當前節點設定為相鄰節點的親節點**。將起始節點設為當前相鄰節點的親節點。此步驟對於追蹤從當前相鄰節點回到根節點的路徑很重要。從地圖上來看,如果起始節點是玩家移動前的位置,那麼當前相鄰節點便是玩家移動後的位置。

12. **計算相鄰節點之成本**。成本函數對於引導 A* 演算法相當重要。成本的計算方式為與根節點的距離加上下一步的啟發分數。更加聰明的啟發會直接影響到 A* 演算法的性能。

13. **將相鄰節點加入堆疊**。將相鄰節點加入堆疊中,好讓它的子節點可以被探索。這種堆疊機制會讓演算法在處理淺層的相鄰節點之前,先探索當前節點到最深處。

類似於深度優先搜尋,子節點的順序會影響所選路徑,但程度較小。如果兩個節點的成本相同,則優先訪問第一個節點(圖 3.8、3.9 和 3.10)。

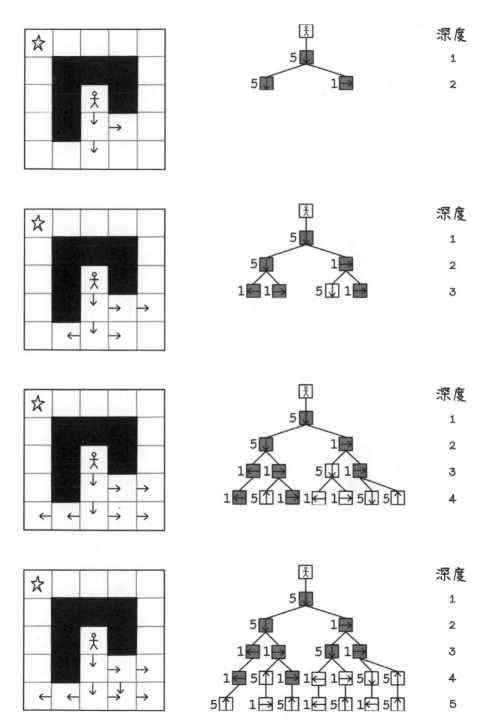

圖 3.8　使用 A* 搜尋的樹狀圖處理順序（第一部分）

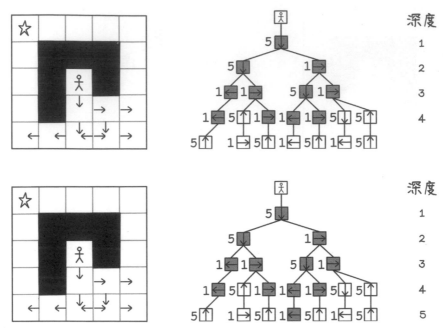

圖 3.9 使用 A* 搜尋的樹狀圖處理順序（第二部分）

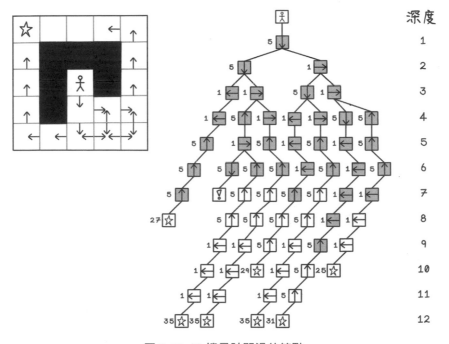

圖 3.10 A* 搜尋訪問過的節點

您可以看到雖然好幾條路徑都可以通往終點，但 A* 演算法找到了一條不只可以抵達終點，還盡量降低了成本。在南北向移動成本較高的前提下，這條路徑的移動步數不但最少，成本也最低。

偽代碼

A* 演算法的方法類似於深度優先演算法，但會針對訪問成本較低的節點。我們用堆疊處理節點，並在每一次重新計算後按照成本的高低排列堆疊。此順序會確保從堆疊中移出的物件永遠是最便宜的，因為重新排列後最便宜的物件會在堆疊的最上面：

```
run_astar(maze, root_point, visited_points):
  let s equal a new stack
  add root_point to s
  while s is not empty
    pop s and let current_point equal the returned point
    if current_point is not visited:
      mark current_point as visited
      if value at current_node is the goal:
        return path using current_point
      else:
        add available cells north, east, south, and west to a list neighbors
        for each neighbor in neighbors:
          set neighbor parent as current_point
          set neighbor cost as calculate_cost(current_point, neighbor)
          push neighbor to s
        sort s by cost ascending
  return "No path to goal"
```

計算成本的函數對 A* 搜尋的運作來說至關重要。成本函數為演算法提供了找出最便宜路徑的訊息。在變化版的迷宮範例中，上下移動意味著成本較高，因此只要成本函數有問題，演算法便無法運作。

從以下兩個函數可以看出成本的計算方式。與根節點的距離會被加入下一步的成本中。在範例的假設下，南北向的移動成本會影響到被訪問節點的總成本：

```
calculate_cost(origin, target):
  let distance_to_root equal length of path from origin to target
  let cost_to_move equal get_move_cost(origin, target)
  return distance_to_root + cost_to_move

move_cost(origin, target):
  if target is north or south of origin:
    return 5
  else:
    return 1
```

廣度優先和深度優先等無資訊搜尋演算法會詳細地探索每一種可能性以得到最佳解。若是可以建立合理的啟發來引導搜尋的話，A* 會是很好的方法。它的計算效率比無資訊搜尋來得好，因為它會跳過成本比已訪問節點還要高的選項。然而，如果啟發有缺陷，且對問題和脈絡來說不合理的話，那麼找到的解可能會更差。

有資訊搜尋演算法的使用案例

有資訊搜尋演算法在現實生活中有助於解決一些可以定義出啟發的需求，例如：

- **幫助遊戲中的電腦角色找尋路徑** —— 遊戲開發者經常使用這種演算法來讓遊戲中的反派角色找到人類玩家。

- 在自然語言處理（*NLP*）中解析段落含意 —— 段落可以被分解成多個語句，再分解成不同類型的單詞（如名詞或動詞），從而建立出一棵可以被用來評估的樹狀圖。有資訊搜尋便可藉此汲取含意。

- 電信網路選路 —— 引導搜尋演算法有助於在電信網路中找出網路流量的最短路徑以提高效能。伺服器／網路節點和連線可以用一張由節點與邊緣構成的圖形來表示。

- 單人和解謎遊戲 —— 有資訊搜尋演算法也可用於解決單人或魔術方塊等遊戲，因為在找到目標狀態之前，每一步都是充滿可能性的樹狀圖中的一個決定。

對抗式搜尋：在多變的環境中尋找解

在迷宮遊戲的搜尋範例中只有一個角色，也就是玩家。環境只會受到單一玩家的影響，也因此該玩家創造了所有的可能性。截至目前為止，我們的目標都是將玩家的利益極大化：找出最短距離同時也是成本最少的路徑。

對抗式搜尋的特點是對立與衝突。對抗性問題會需要我們預測、理解和抵制對手為實現目標而採取的行動。對抗性問題的例子包含了井字遊戲或四子棋等雙人回合制遊戲。玩家會輪流爭取機會讓遊戲變得對自己有利。遊戲規則會明確地規定出玩法、獲勝或平手的條件。

一個簡單的對抗性問題

本段將用四子棋遊戲來探索對抗性問題。四子棋（圖 3.11）有著一面直立式的網格棋盤，玩家要輪流將棋子投入選定的直列中。棋子會在各列中慢慢累積堆疊，只要成功地讓四枚棋子以縱、橫、斜向的任一方式連成一線即獲勝。如果棋格都被放滿還沒有獲勝者出現，則為平手。

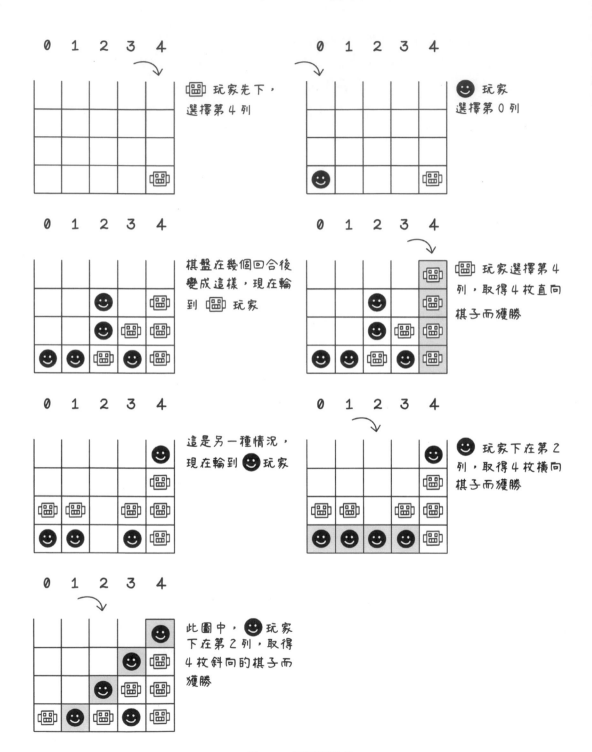

圖 3.11 四子棋遊戲

極小－極大搜尋：為選出最好的未來模擬行動

極小－極大搜尋旨在根據每個玩家可以做出的動作來生成樹狀圖，並在避免有利對手的路徑之餘，選出對代理最有利的路徑。為此，這類搜尋法會模擬移動選項並在做出相對應的動作後根據啟發來評估狀態。極小－極大搜尋會盡可能地找出各種可能出現的狀態，但由於記憶體和計算的限制，要找出整棵樹的所有可能性並不實際，因此它只會搜尋到特定的深度就不再深入了。極小－極大搜尋會模擬玩家輪流攻防，因此深度會與玩家間的回合數直接相關。舉例來說，深度 4 表示玩家各輪了兩次，意即，玩家 A 走一步後換玩家 B，接著再換玩家 A，最後則是玩家 B。

啟發

極小－極大演算法利用啟發分數來做出決定。分數是由精心設計的啟發定義的，而非透過演算法學習。在一個特定的遊戲狀態中，動作所帶來的每個可能的有效結果在樹狀圖中都是一個子節點。

假設現在有一個啟發式算法可以計算分數，而正數優於負數。透過模擬每個可能的有效動作，極小－極大搜尋演算法會盡量避免做出對對手有利、甚至獲勝的動作，並同時盡可能地將代理的贏面極大化。

圖 3.12 為一棵極小－極大搜尋的樹狀圖。在該圖中，只有在葉節點會計算啟發式分數，因為這些狀態代表了獲勝或平手。樹狀圖中的其他節點代表了遊戲正在進行中。從計算了啟發式分數的深度開始向上，根據未來的模擬狀態是輪到哪一邊而決定要選得分最低還是最高的子節點。在樹頂層，代理試圖將分數極大化，而此意圖在接下來每一次交手後都會改變，因為目標變成了將代理的得分極大化，同時盡量減少對手的得分。

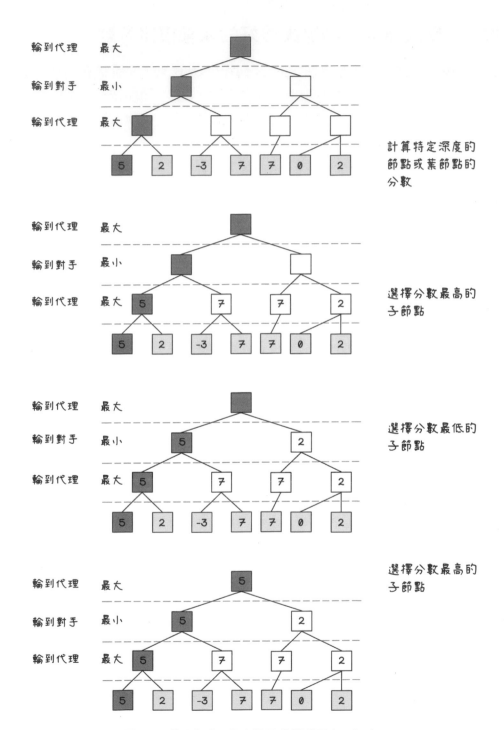

圖 3.12 使用極小 - 極大搜尋的樹狀圖處理順序

練習：以下極小 - 極大樹狀圖中各節點的數值為何？

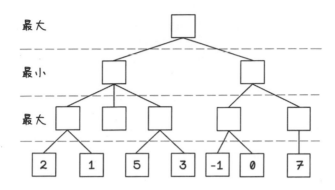

解答：以下極小 - 極大樹狀圖中各節點的數值為何？

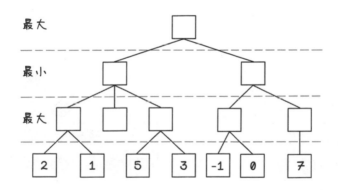

由於極小 - 極大搜尋演算法會模擬許多可能的結果，所以在提供多種選擇的遊戲中，樹狀圖很快會變得過於龐大且因為計算成本過高而無法全都探索。即便是在 5×4 棋盤上所進行的簡易四子棋遊戲中，可能性的總量已經讓每回合都想要完整探索整棵遊戲樹的效率變得極差（圖 3.13）。

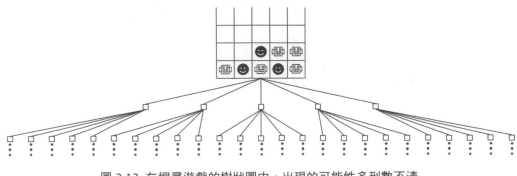

圖 3.13 在搜尋遊戲的樹狀圖中，出現的可能性多到數不清

假設在四子棋遊戲中使用極小 - 極大搜尋，基本上它會從當前的遊戲狀態找出所有可能的動作，接著找出這些可能性衍生出的所有動作直到找到最佳路徑為止。讓代理獲勝的遊戲狀態為 10 分，而對手獲勝的狀態為 -10 分。極小 - 極大搜尋會嘗試讓代理的得分極大化（圖 3.14 和 3.15）。

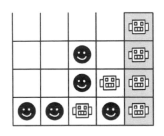
分數：10

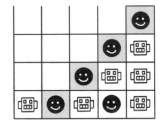
分數：-10

圖 3.14 代理得分 v.s. 對手得分

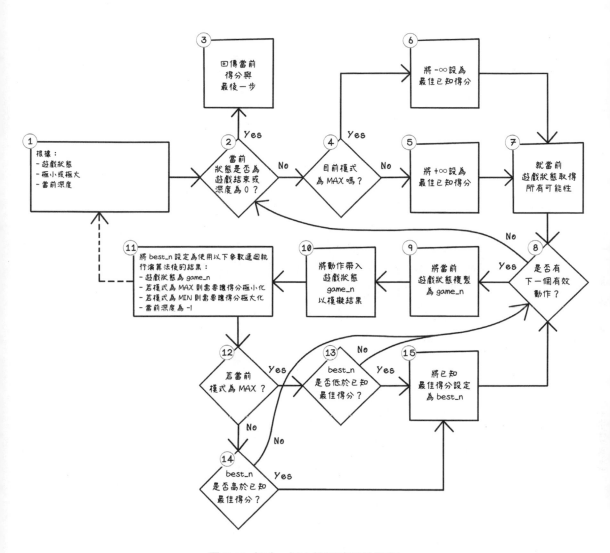

圖 3.15 極小 – 極大搜尋演算法流程

儘管從流程圖的大小來看，極小 - 極大搜尋演算法好像很複雜，但其實不然。是為了檢查當前狀態是要極大化還是極小化的條件數量，才讓它變得如此巨大。

來看看極小 - 極大搜尋演算法的流程吧：

1. **無論當前模式是極大化還是極小化，給定遊戲狀態以及當前深度後演算法便可以開始運作。** 由於極小 - 極大搜尋演算法是一種遞迴，了解演算法的輸入便相當重要。遞迴演算法會在一個或多個步驟中回呼自己。我們必須讓遞迴演算法有一個退出條件，以防它無止盡地回呼自己。

2. **當前狀態是否為遊戲結束或深度為 0？** 此條件將決定遊戲當前的狀態是否終結，或是已達所需深度。所謂終結狀態為其中一名玩家獲勝或遊戲出現平手。10 分代表代理獲勝，-10 則表示對手獲勝，而 0 分則為平手。我們事先指定了深度，因為遍歷整棵樹所有可能性直到終結狀態的計算成本太高，且在一般的電腦上計算會耗時太久。藉由預先指定深度，演算法便只需要查看未來的幾個回合便可決定終結狀態是否存在。

3. **回傳當前得分與最後一步。** 如果出現終結狀態或是抵達了指定深度，演算法便會回傳當前分數。

4. **目前模式為 *MAX* 嗎？** 如果演算法目前的迭代處於極大化狀態，便會試圖極大化代理的分數。

5. **將 + ∞ 設為最佳已知得分。** 如果當前模式是要極小化得分，則最佳得分要設定為無窮大，這麼一來遊戲狀態回覆的分數永遠會比它小。不過在實際的實作中，會使用一個非常大的正數而非無限。

6. **將 - ∞ 設為最佳已知得分。** 如果當前模式是要極大化得分，則最佳得分要設定為負無限大，這麼一來遊戲狀態回傳的分數永遠會比它大。不過在實際的實作中，會使用一個非常大的負數而非無限。

7. **就當前遊戲狀態取得所有可能性**。此步驟會基於當前遊戲狀態列出動作選項。隨著遊戲的進行，有些動作會變得不可行。例如在四子棋中，可能會出現某一列已經被填滿的狀況，因此無法選擇該列。

8. **是否有下一個有效移動**？如果尚未模擬任何可能的動作，且已經沒有其他有效動作的話，則演算法跳回步驟 2 以回覆在此函數回呼下的最佳動作選項。

9. **將當前遊戲狀態複製為 *game_n***。需要複製當前遊戲狀態以模擬接下來可能的動作。

10. **將動作帶入遊戲狀態 *game_n* 以模擬結果**。此步驟會將目前感興趣的動作帶入遊戲狀態的副本中。

11. **將 *best_n* 設定為使用以下參數遞迴執行演算法後的結果**。遞迴會在此發揮作用。*best_n* 為用來儲存下一個最佳動作的變數，演算法會探索從該動作衍生出來的可能性。

12. **若當前模式為 *MAX***？當遞迴回呼回傳了最佳候選時，此條件會決定當前模式是否需要讓得分極大化。

13. ***best_n* 是否低於已知最佳得分**？如果模式為需要讓得分極大化，則此步驟會決定演算法是否找到了比之前更好的分數。

14. ***best_n* 是否高於已知最佳得分**？如果模式為需要讓得分極小化，則此步驟會決定演算法是否找到了比之前更好的分數。

15. **將已知最佳得分設定為 *best_n***。如果找到了新的最佳得分，則將此得分設定為已知最佳得分。

圖 3.16 是針對特定狀態下的四子棋遊戲，以極小 - 極大搜尋演算法生成的樹狀圖。從起始狀態開始，每一個可能性都會被探索。接著從該狀態開始的所有步驟也都會被探索，直到找到終結狀態為止 —— 也就是棋盤被放滿或有玩家獲勝。

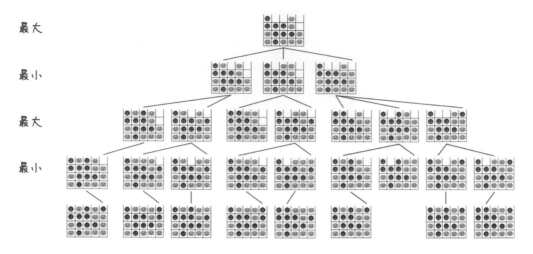

圖 3.16 四子棋的遊戲狀態

圖 3.17 中的灰色框節點是不用的終結狀態節點，也就是代表平手的 0 分、代表敗北的 -10 分以及代表獲勝的 10 分。由於此演算法的目標在於將得分極大化所以需要正數，並在對手獲勝時以負數計分。

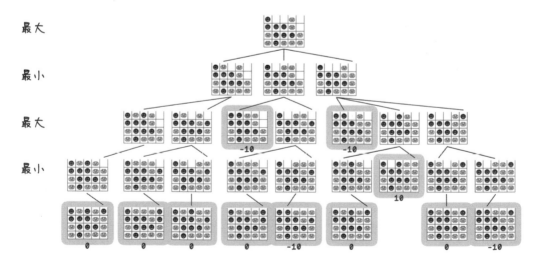

圖 3.17 四子棋遊戲的可能終結狀態

得知這些分數後，極小 - 極大演算法便可由最淺的深度開始逐一選擇得分最少的節點（圖 3.18）。

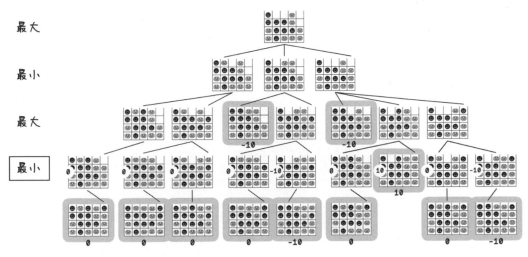

圖 3.18 四子棋遊戲終結狀態的可能得分（第一部分）

接著，演算法在下一層改為選擇得分最高的節點（圖 3.19）。

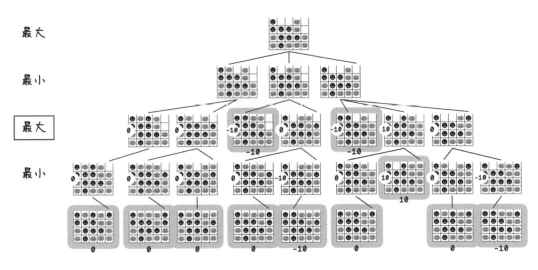

圖 3.19 四子棋遊戲終結狀態的可能得分（第二部分）

最後，在下一層深度又改為選擇得分最小的節點，並在根節點選擇得分最高者。藉由跟隨選擇之節點和分數並憑直覺仔細地觀察問題後，我們會發現演算法選擇了一條通往平手的路徑以避免輸棋。如果演算法選擇了贏棋的路徑，那麼下一盤很可能會輸。演算法會假設對手總是會做出最好的應對來提高獲勝機會（圖 3.20）。

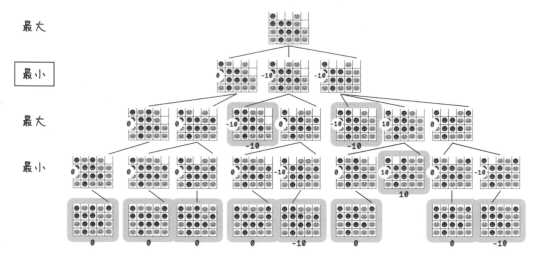

圖 3.20　四子棋遊戲終結狀態的可能得分（第三部分）

圖 3.21 中的簡化樹狀圖描述了在指定遊戲狀態下的極小 - 極大搜尋演算法結果。

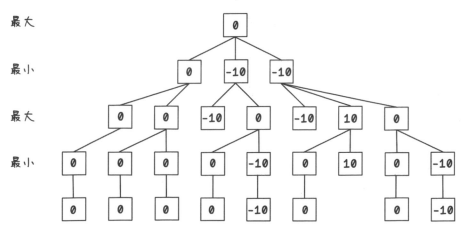

圖 3.21　極小 - 極大得分之簡易遊戲樹狀圖

偽代碼

極小 - 極大搜尋演算法可被實作為一種遞迴函數，此函數會用到當前狀態、所需搜尋深度、極小化或極大化模式以及最後一步。演算法在回傳樹狀圖每一層中的所有子節點的最佳移動和得分後即終止。對照程式碼和圖 3.15 的流程圖後會發現，檢查當前模式是極大化還是極小化的繁瑣條件其實就沒那麼明顯了。在偽代碼中，1 或 -1 各自代表極大化或極小化。透過運用一些巧妙的邏輯，我們可以利用負負得正的原理來處理最佳得分、條件和狀態的切換。假設 -1 代表輪到對手，再乘以 -1 便得到 1，表示輪到代理。1 再乘以 -1 會得到 -1，表示又輪到對手：

```
minmax(state, depth, min_or_max, last_move):
    let current score equal state.get_score
    if current_score is not equal to 0 or state.is_full or depth is equal to 0:
        return new Move(last_move, current_score)
    let best_score equal to min_or_max multiplied by -∞
    let best_move = -1
    for each possible choice (0 to 4 in a 5x4 board) as move:
        let neighbor equal to a copy of state
        execute current move on neighbor
        let best_neighbor equal minmax(neighbor, depth -1, min_or_max * -1, move)
        if (best_neighbor.score is greater than best_score and min_or_max is MAX)
        or (best_neighbor.score is less than best_score and min_or_max is MIN):
            let best_score = best_neighbor.score
            let best_move = best_neighbor.move
    return new Move(best_move, best_score)
```

αβ 修剪：僅探索合理路徑以最佳化演算法

αβ 修剪為一種和極小 - 極大搜尋演算法搭配使用的技術，用於縮短遊戲樹狀圖中已知會產生不良解的探索區域。由於無關緊要的路徑會被忽略，因此能將極小 - 極大搜尋演算法最佳化以節省計算量。先前已經知道四子棋遊戲的可能性是會無限膨脹，我們更能清楚地看出忽略越多路徑越能夠顯著提高演算法的效率（圖 3.22）。

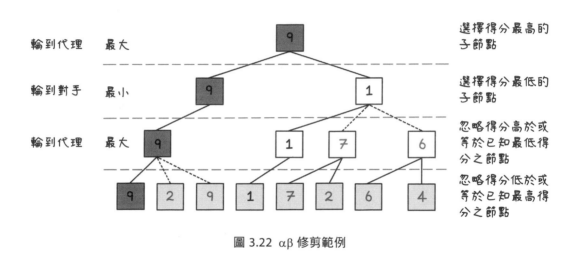

圖 3.22　αβ 修剪範例

αβ 修剪演算法會將得分需極大化的玩家最佳得分，以及得分需極小化的對手最佳得分分別儲存為 α 和 β。一開始，α 會是 -∞，而 β 則為 ∞ —— 也就是兩人各自的最差得分。如果極小化玩家的最佳得分低於極大化玩家，則可以合理地斷定已訪問節點的其他子節點之路徑並不會影響最佳得分。

圖 3.23 描述了 αβ 修剪最佳化為極小 - 極大搜尋流程所帶來的改變。深色區塊為新增的步驟。

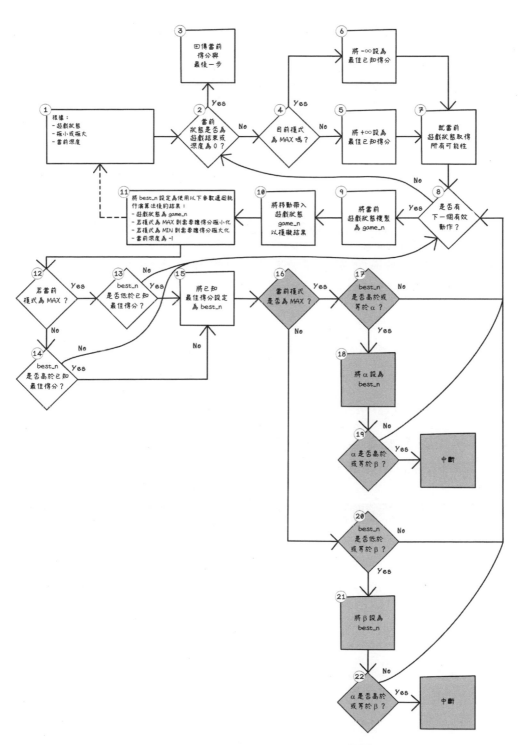

圖 3.23 使用了 αβ 修剪的極小 - 極大搜尋演算法

以下為極小 - 極大搜尋演算法的新增步驟。這些條件會讓演算法在找到的最佳分數無法改變結果時停止探索：

16. **當前模式是否為 MAX？** 此步驟決定了演算法當前是在嘗試讓分數極大化還是極小化。

17. **best_n 是否高於或等於 α？** 若當前模式需要極大化，且目前最佳得分大於或等於 α，則表示該節點的子節點中沒有更好的得分，故可忽略。

18. **將 α 設為 best_n。** 將變數 α 設為 best_n。

19. **α 是否高於或等於 β？** 分數與其他已知得分一樣好，中斷以跳過對該節點剩餘之探索。

20. **best_n 是否低於或等於 β？** 若當前模式需要極小化，且目前最佳得分低於或等於 β，則表示該節點的子點節中沒有更好的得分，故可忽略。

21. **將 β 設為 best_n。** 將變數 β 設為 best_n。

22. **α 是否高於或等於 β？** 分數與其他已知得分一樣好，中斷以跳過對該節點剩餘之探索。

偽代碼

實現 αβ 修剪的偽代碼與極小 - 極大搜尋的程式碼大致相同，新增的部分是為了追蹤 α 和 β 值以及在遍歷樹狀圖時能夠保留它們。請注意當選擇了極小化（min）時，變數 *min_or_max* 為 -1，而在選擇極大化（max）時變數 *min_or_max* 為 1：

```
minmax_ab_pruning(state,depth,min_or_max,last_move, alpha,beta):
    let current score equal state.get_score
    if current_score is not equal to 0 or state.is_full or depth is equal to 0:
        return new Move(last_move,current_score)
    let best_score equal to min_or_max multiplied by -∞
    let best_move = -1
    for each possible choice (0 to 4 in a 5x4 board) as move:
        let neighbor equal to a copy of state
        execute current move on neighbor
        let best_neighbor equal
            minmax(neighbor,depth -1,min_or_max * -1,move, alpha,beta )
        if (best_neighbor.score is greater than best_score and min_or_max is MAX)
        or (best_neighbor.score is less than best_score and min_or_max is MIN):
            let best_score = best_neighbor.score
            let best_move = best_neighbor.move
            if best_score >= alpha:
                alpha = best_score
            if best_score <= beta:
                beta = best_score
        if alpha >= beta:
            break
    return new Move(best_move,best_score)
```

對抗式搜尋演算法的使用案例

有資訊搜尋演算法有助於解決一些現實生活中的問題，例如：

- **為具有完整資訊的回合制遊戲中建立遊戲代理** —— 在某些遊戲中，兩個或兩個以上的玩家會在相同的環境中行動。在西洋棋、跳棋和其他經典遊戲中已成功做到了。完整資訊的遊戲表示該遊戲沒有任何隱藏資訊或隨機性。

- **為不完整資訊的回合制遊戲建立遊戲代理** —— 這些遊戲存在著未知性，例如撲克牌和拼字遊戲都是很好的例子。

- 用於路線最佳化的對抗性搜尋和蟻群演算法（ACO）—— 對抗性搜尋可結合蟻群演算法（見第 6 章）讓城市的包裹配送路線最佳化。

總結

有資訊搜尋為演算法提供了情報

啟發可能不容易發想，
但是好的啟發可以大幅提升演算法找出解的效率

A* 搜尋利用啟發以及與根節點之間的距離來找出最佳解

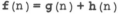

$$f(n) = g(n) + h(n)$$

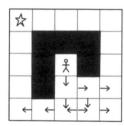
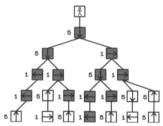

當有其他事物影響環境時，
極小－極大等對抗性搜尋有助於解決問題

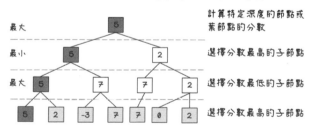

αβ 修剪透過消除不必要的路徑以最佳化極小－極大演算法

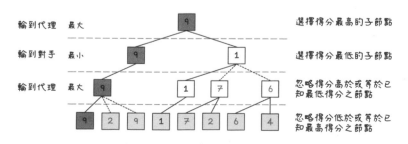

進化演算法 | 4

本章內容

- 進化演算法之靈感

- 用進化演算法解決問題

- 認識基因演算法的生命週期

- 設計與開發基因演算法以解決最佳化問題

何謂進化？

環顧四周，不免會好奇我們現在所看到的世界是如何形成的。進化是
其中一種解釋。進化論主張，現在生活在地球上的生物並非一直是以
同樣的方式存在，而是經過數百萬年慢慢進化而來，每一代改變一點
點以適應當時的環境，這意味著每個生物的生理和認知特性皆是最適
合其生存環境的結果。進化論也主張生物進化是藉由繁殖出帶有父母

混合基因之後代子孫來完成。基於個體在環境中的適應性,更強壯的個體生存下來的機率就更高。

人們常常誤以為進化是一種線性過程,後代會出現明顯的改變。事實上,進化相當複雜混亂,且在同一個物種中存在著分歧。物種中各式各樣的變種是透過基因的繁衍和混合而產生。相同物種要出現明顯的差異可能需要經過好幾千年,而且還要比較各時期常見的個體才能看出來。圖 4.1 描述了人類實際的進化過程與常見的錯誤版本。

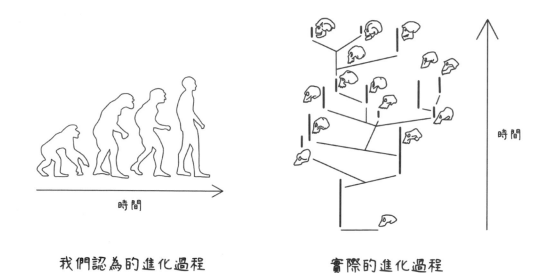

圖 4.1 人類線性進化的概念 vs. 實際的進化過程

達爾文提出以天擇為中心思想的進化論。所謂**天擇**指的是全域中較為強壯的個體更有機會存活,因為它們更能夠適應環境,同時也意味著能夠繁衍出更多後代,並將有利於生存的特徵遺傳給子孫,讓它們有潛力比祖先們表現得更出色。

樺尺蛾便是一個為適應環境而進化的典型。這種飛蛾原本是淺色的,可以輕易地與白色樺木融為一體以躲避捕食者。起初大約只有 2% 的樺尺蛾顏色比較深。然而在工業革命後,深色變種的比例卻高達 95%。其中一種解釋是,工業革命帶來的汙染讓環境變黑變髒,淺色品種可以躲藏的地方變少,並且在環境中變得顯眼，因此更容易被吃掉。相反地，原本為少數的暗色品種變得較有優勢，因此也活得更久、繁殖更多，並且將此基因廣泛地傳給了後代。

在樺尺蛾的例子中，出現明顯改變的特徵為花色，而這項改變並不會在一夕之間發生。深色飛蛾中的基因必須一代一代地傳承下去才可能出現此變化。

在其他自然進化的例子當中，我們可能會看到不同個體間的顯著差異，而不僅僅是顏色改變，但事實上，這些變化都是較低程度的遺傳差異在經過許多代之後所產生的影響（圖 4.2）。

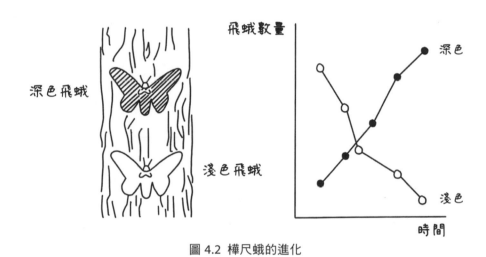

圖 4.2 樺尺蛾的進化

進化還包含了一個物種在族群中會成對交配的概念。後代是雙親基因的組合，但會透過**突變**產生微小的變化。這些後代又成為族群的一部分。然而，並非所有成員都能活下來。大家都知道，疾病、負傷以及其他種種因素都有可能導致個體死亡。越能適應環境的個體存活率就越大，也就是所謂的**適者生存**。根據達爾文的進化論，族群具有以下特性：

- **多樣性** —— 族群中的個體有著不同的基因特徵。

- **遺傳性** —— 子女會從父母遺傳基因特徵。

- **選擇性** —— 存在一種衡量個體適應性的機制。越強壯的個體存活率越高（適者生存）。

這些特性表示在進化過程中會發生以下項目（圖 4.3）：

- 繁殖 —— 一般來說，族群中的兩個個體會交配以繁殖後代。

- 交配與突變 —— 藉由繁殖而產生的後代會含有父母雙方的基因，且會出現些微的突變。

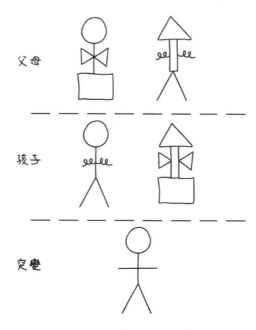

圖 4.3　繁殖與突變的簡單例子

總的來說，進化是造就生命多樣性的一種奇妙又混亂的系統，讓一些個體在特定的環境與事物上表現得比其他個體更出色，這個理論也適用於進化演算法。透過產生不同的演算法並經過多個世代交互融合表現較好的方案，藉此找出具體問題的最佳解，這個概念便來自於生物進化。

本章和第 5 章將專門討論進化演算法，它是可以解決難題的一種強大卻常被低估的方法。進化演算法可以單獨使用，也可以和神經網路等架構做結合。確實掌握進化演算法的概念可以為解決問題帶來許多新的可能性。

適用於進化演算法的問題

並非任何問題都適合用進化演算法處理，但它們在解決存在大量排列組合的最佳化問題上非常厲害。這種問題通常會有許多有效的解，但其中一些方案較為優秀。

以背包問題為例，這是在電腦科學中用來了解演算法運作方式和效率的一個經典問題。在背包問題中，背包的負重限制是固定的，有許多物品可以放進背包，而這些物品的重量和價值都不盡相同。我們的目標是要在不超過負重限制的前提下，盡可能地將裝入背包的物品總價值最大化。在此問題最簡單的變化版中，物品的大小尺寸等物理條件皆忽略不計（圖 4.4）。

圖 4.4 背包問題簡易版

舉個簡單的例子，根據表 4.1 的問題說明可以得知背包的負重限制為 9 公斤，並且可以放入八種不同重量和價值的物品。

表 4.1 背包限重：9 公斤

物品 ID	物品名稱	重量（公斤）	價值（$）
1	珍珠	3	4
2	黃金	7	7
3	皇冠	4	5
4	金幣	1	1
5	斧頭	5	4
6	寶劍	4	3
7	戒指	2	5
8	杯子	3	1

這個問題有 255 種可能的解法，包括以下（圖 4.5）：

• 方案 1 —— 放入物品 1、4 和 6。總重量為 8 公斤，總價值為 $8。

• 方案 2 —— 放入物品 1、3 和 7。總重量為 9 公斤，總價值為 $14。

• 方案 3 —— 放入物品 2、3 和 6。總重量為 15 公斤，但超過了背包負重。

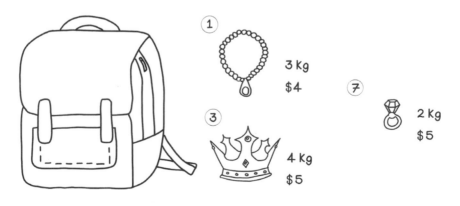

圖 4.5 簡易背包問題的最佳解

很顯然，**方案 2** 是總價值最高的解。不要太在意可能解法的數量是如何算出來的，但要明白隨著可以放進背包的物品數量增多，可能性會急速膨脹。

雖然這個簡單的例子可以用土法煉鋼的方式解決，但背包問題可能會有不同的限重和物品數量，且物品的重量跟價值也都不一樣，隨著變數的增多，土法煉鋼也變得越來越不可行。且隨著變數的增加，想要透過嘗試每一種排列組合來暴力解決的計算成本也會跟著飆高，因此需要一個能夠有效地找出理想方案的演算法。

這裡請注意，我們將可以找到的解侷限為**理想方案**，而非**最佳解**。儘管有些演算法會試圖找到背包問題真正的最佳解，但進化演算法只會嘗試，不保證一定可以找到。無論如何，演算法還是會找到一個對於使用情境來說可接受的解 —— 至於怎樣的解是可接受的？當然要根據問題本身而定。例如，對於生死攸關的健康系統來說，解不能只是 "夠好"，但在歌曲推薦上這個程度卻是可以被接受的。

現在請看表 4.2 這個更大的資料集（對，一個超大型背包），其物品數量以及各種不同的重量和價值讓手動計算變得相當困難。了解這個資料集的複雜性之後，應該不難理解為什麼許多電腦科學演算法的效能都是用這類問題來衡量的。所謂效能就是某個方案的解決問題能力，不一定是計算效能。在背包問題中，能夠獲得的總價值越高，解的表現就越好。進化演算法為背包問題提供了一種解決問題的方法。

表 4.2 背包限重：6,404,180 公斤

物品 ID	物品名稱	重量（公斤）	價值（$）
1	斧頭	32,252	68,674
2	銅幣	225,790	471,010
3	皇冠	468,164	944,620
4	鑽石雕像	489,494	962,094
5	翡翠腰帶	35,384	78,344
6	化石	265,590	579,152
7	金幣	497,911	902,698
8	頭盔	800,493	1,686,515
9	墨水	823,576	1,688,691

表 4.2 背包限重：6,404,180 公斤（續）

物品 ID	物品名稱	重量（公斤）	價值（$）
10	珠寶盒	552,202	1,056,157
11	小刀	323,618	677,562
12	長劍	382,846	833,132
13	面具	44,676	99,192
14	項鍊	169,738	376,418
15	蛋白石胸章	610,876	1,253,986
16	珍珠	854,190	1,853,562
17	箭袋	671,123	1,320,297
18	紅寶石戒指	698,180	1,301,637
19	銀腰帶	446,517	859,835
20	錶	909,620	1,677,534
21	制服	904,818	1,910,501
22	毒藥	730,061	1,528,646
23	羊毛圍巾	931,932	1,827,477
24	十字弓	952,360	2,068,204
25	舊書	926,023	1,746,556
26	鋅杯	978,724	2,100,851

使用暴力破解是其中一種解決方法。我們會需要計算出每一種可能的組合，並確定符合背包限重的各種組合的價值總和，直到找出最佳解為止。

圖 4.6 為暴力破解法的一些效能分析，計算能力是以一般個人電腦為基準。

組合	$2^{26} = 67{,}108{,}864$
迭代	$2^{26} = 67{,}108{,}864$
準確性	100%
計算時間	~7 分鐘

圖 4.6 暴力破解背包問題的效能分析

請記得這個背包問題，因為接下來在試圖理解、設計和開發用於找出可用方案的基因演算法時都會用到它。

> **NOTE** 關於效能：就單一解而言，效能是解決問題的能力。對演算法來說，效能可以是特定設定尋找解的能力。最後，效能也可以代表計算週期。請記得效能一詞在不同的上下文中會有不同的涵義。

利用基因演算法來解決背包問題的邏輯可以應用在一些實務的問題上。例如，物流公司想要根據目的地來將貨車的裝載最佳化，那麼基因演算法就可以派上用場。同時還可以應用在找出多個目的地之間的最短路徑。工廠透過輸送帶系統將物品精煉成原料，而物品的處理順序會影響生產力，此時基因演算法也將有助於決定處理排序。

仔細思考基因演算法的構想、方法和生命週期，便不難理解這個強大的演算法可以活用在哪些問題上，您可能還會發現可以應用在現有工作上的其他用途。重要的是，請牢記基因演算法是**隨機的**，這表示演算法每一次的計算結果可能都不太一樣。

基因演算法：生命週期

基因演算法為進化演算法家族中一個特有的方法。每一個演算法都會在相同的進化前提下運作，但在不同的生命週期階段進行微調以適應不同的問題。我們將在第 5 章探討其中的一些參數。

基因演算法適用於從大型搜尋空間中找出良好的解。要留意的是，基因演算法不保證能夠找到絕對的最佳解，而是會在避開區域最佳解的同時試著找出全域最佳解。

全域最佳解是所有潛在解中最好的，而**區域最佳解**就沒有那麼好了。圖 4.7 描述了必須將解最小化時可能的最佳解 —— 也就是數值要越小越好。反之，如果是要將解最大化，數值就是要越大越好。像基因演算法這種最佳化演算法的目標便是逐一找到區域最佳解，最終找出全域最佳解。

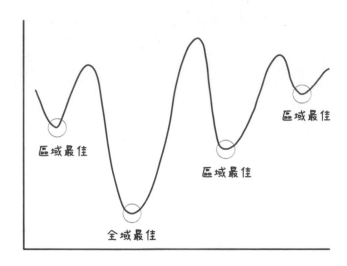

圖 4.7　區域最佳解 vs. 全域最佳解

在配置演算法的參數時需要特別小心，好讓它在一開始時能量探索解的多樣性，並在經過每一個世代後最後逐漸往更好的方案收斂。一開始，潛在方案之間的特性會相差甚大。如果一開始不夠發散的話，很容易卡在區域最佳解（圖 4.8）。

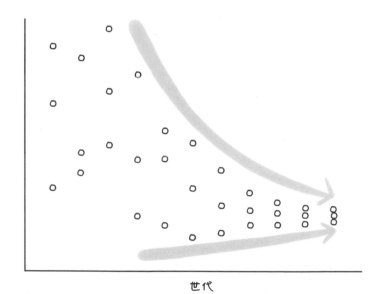

世代

圖 4.8　從多元到融合

基因演算法的配置方式須根據問題空間而定。每個問題都有其特有的脈絡以及呈現資料的領域，評估解的方式也不盡相同。

一般來說，基因演算法的生命週期如下：

- **建立族群** —— 建立一個潛在解的任意族群。

- **評量個體在族群中的適應性** —— 決定個別解的好壞。可以透過一個為解評分以決定優劣的適應性函數來完成。

- **根據適應性選擇親代** —— 選出能夠複製出子代的親代。

- **從親代複製個體** —— 混合親代的基因資訊並施以些微的突變後複製出子代。

- **複製子代** —— 從族群中選出能夠存活到下一代的個體和子代。

實作基因演算法需要經過幾個步驟。這些步驟涵蓋了演算法生命週期的各個階段（圖 4.9）。

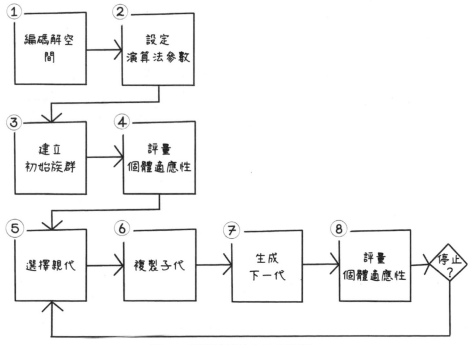

圖 4.9 基因演算法的生命週期

想想之前的背包問題，我們該如何利用基因演算法來找到解呢？下一段將深入
討論。

編碼解空間

在使用基因演算法時，編碼步驟是否正確至關重要，這需要仔細設計可能狀態的
表現方式。狀態是指具有特定規則的資料結構，可用來代表問題的各種可能解。
此外，狀態的集合便構成了族群（圖 4.10）。

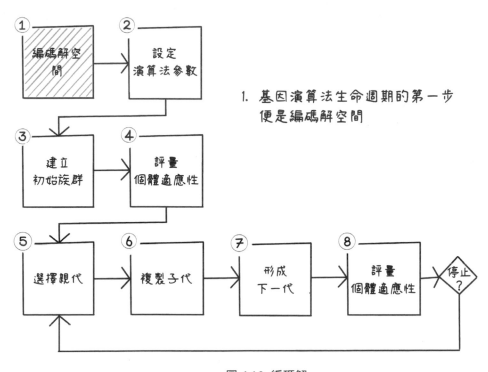

1. 基因演算法生命週期的第一步
   便是編碼解空間

圖 4.10 編碼解

專有名詞

在進化演算法中，單一的候選解被稱為**染色體**。染色體是由**基因**組成，而基因為單元的邏輯型式，**對偶基因**則為儲存於單元中的真實數值。所謂**基因型**為解的表述，**顯型**表示此為一個獨特的方案。每一條染色體永遠具有相同數量的基因，一群染色體則形成了**族群**（圖 4.11）。

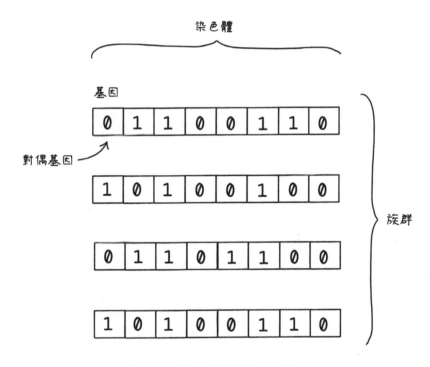

圖 4.11 代表一群解的資料結構專有名詞

如前所述，在背包問題中可以放進背包裡的物品很多。用二進制編碼可以簡單地描述包含了部分物品的解決方法（圖 4.12）。在**二進制編碼**中，我們用 0 表示被排除的物品，用 1 表示選用的物品。假如基因指標 3 的數值為 1，則表示選用了該物品。完整的二進制串大小之永遠相同，就是可選物品的總數。當然還有一些其他的編碼方式，會在第 5 章討論。

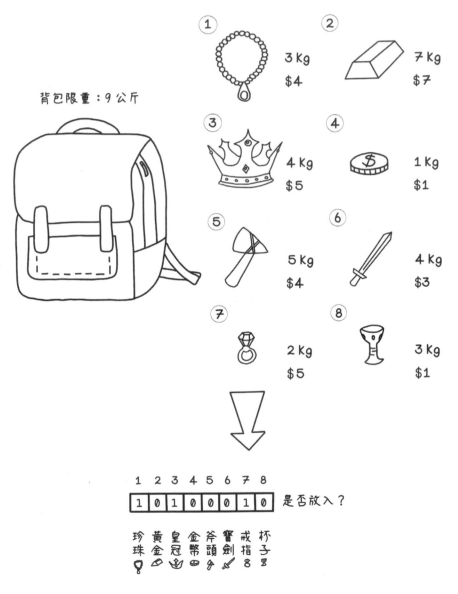

圖 4.12 背包問題的二進制編碼結果

二進制編碼：用 0 和 1 表示可能的解

二進制編碼用 0 和 1 表示基因，因此染色體會是一串二進制位元。二進制編碼可以透過多種方式表示特定元素的存在，甚至將數值編碼成二進制數。二進制編碼的優點在於由它的原始型態能使效能更好。使用二進制編碼對記憶體容量的需求較小，並且根據所使用的程式語言，二進制的計算速度也更快。我們必須藉由批判性思考來確保編碼對各自的問題之合理性，並能正確表述潛在的解，否則演算法可能無法正常發揮（圖 4.13）。

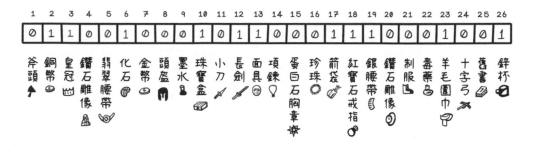

圖 4.13 用二進制編碼具有大量資料集的背包問題

假設這個背包問題的資料集中共有 26 種物品，並有著不同的重量跟價值，二進制串便可用來表示物品是否被選用。所產生的結果就是一串長度為 26 個字元的字串，並對應到各自的索引，0 表示該物品被排除，1 則表示該物品被選用。

第 5 章會討論一些其他的編碼方式，像是實值編碼、次序編碼和樹狀編碼。

練習：以下問題的編碼為何？

假設我們想要利用基因演算法從以下篩選出單字讓短句變得有意義

THE QUICK BROWN FOX JUMPS OVER THE LAZY DOG

錯誤短句
```
THE           BROWN        JUMPS OVER
     QUICK          FOX            OVER THE
THE                 FOX                   THE LAZY
```

正確短句
```
THE QUICK           FOX
     QUICK          FOX JUMPS
THE        BROWN FOX                          DOG
THE        BROWN                     LAZY DOG
THE QUICK                            DOG
     QUICK                  OVER THE         DOG
THE QUICK                            LAZY DOG       *不包含標點符號
```

解答：以下問題的編碼為何？

因為單字的數量和位置不變，故可藉由二進制編碼來描述哪些單字需要刪掉，哪些需要保留。此染色體由 9 個基因組成，每個基因代表短句裡的一個詞。

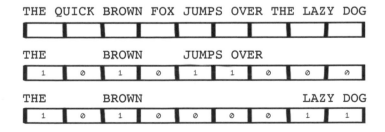

建立解族群

最初的族群是被建立出來的。演算法的第一步便是將問題的潛在解隨機初始化。在初始化族群的過程中，雖然染色體的生成是隨機的，仍必須考慮問題的限制條件，且解須為有效，如果違反了限制條件則必須在適應性上給予低分。族群中的個體可能無法很好地解決問題，但至少是有效的。如之前的背包問題所述，重複放入同一種物品的方案應視為無效，且不應成為潛在解族群的一部份（圖4.14）。

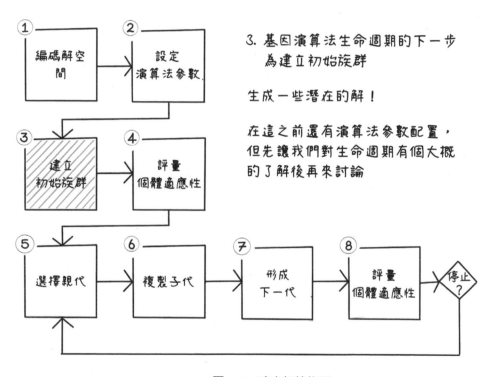

圖 4.14　建立初始族群

根據背包問題解狀態的表述方式，此實作會隨機地決定要將哪些物品放進背包。不過還是只能考慮符合負重限制的方案。單純地由左至右隨機選擇物品的問題在於，這樣會偏重在選擇染色體左邊的物品。同樣地，如果換成由右至左的話，就會偏重在右邊的品項。解決此問題的一種方法是，生成具有隨機基因的個體，

然後決定它是否有效且不違反任何限制。對無效的解給予低分,就能解決此問題
(圖 4.15)。

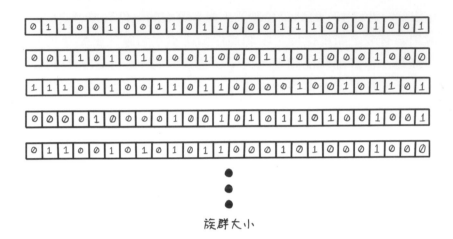

圖 4.15 解族群範例

為了產生潛在解的初始族群,我們要建立一個空的陣列來保存個體。接著,產生
為族群中的每一個個體建立一個空陣列來保存這些個體的基因。每個基因會隨機
被設為 1 或 0,代表是否包含該基因索引中的項目:

```
generate_initial_population (population_size, individual_size)
    let population be an empty array
    for individual in range 0 to population_size
        let current_individual be an empty array
        for gene in range 0 to individual_size
            let random_gene be 0 or 1 randomly
            append random_gene to current_individual
        append current_individual to population
    return population
```

測量個體在全域中的適應性

族群建立好後，就需要決定族群中每個個體的適應性。適應性代表了某個解到底有多好。適應性函數對基因演算法的生命週期來說相當關鍵。如果個體適應性的評量失準或不會盡力找出最佳解，就會影響到選出新個體和新世代的親代的過程，視為有缺陷的演算法，無法努力地找出最佳解。

適應性函數有些類似於在第 3 章討論過的啟發式方法，可以指引演算法找出優秀的解（圖 4.16）。

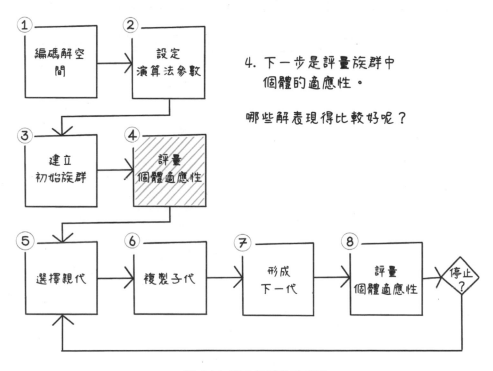

圖 4.16 評量個體的適應性

此範例中的解會試著在遵守負重限制的前提下，盡量讓背包中的物品價值越高越好。適應性函數會評量每個個體背包中的總值，價值越高的個體就越適合。請注意，圖 4.17 中包含了一個無效的個體以突顯其適應性得分為 0 —— 一個糟糕的得分，因為它超過了問題的負重限制，即 6,404,180 公斤。

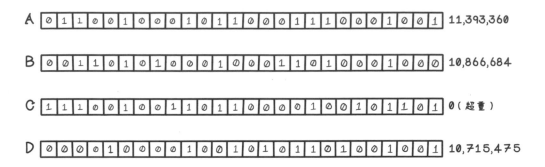

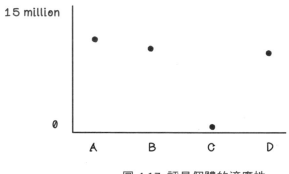

圖 4.17 評量個體的適應性

根據要解決的問題，適應性函數的結果可能是需要最小化或最大化。在背包問題中，可以是試圖讓背包的內容物在限制範圍內最大化，或者讓剩餘空間最小化，端看如何解釋問題。

為了計算出背包問題中個體的適應性，必須先確定個體所包含的各個品項的價值總和。為了完成此任務，我們要先將總價值預設為 0，然後迭代每個基因以確定它所代表的品項是否被包括在內。如果包含，則將該基因所代表的品項價值加進去。重量也是以同樣的方式計算以確保解的有效性。計算適應性和檢查限制的概念可以拆開來看，以便更清楚地釐清關注點：

```
calculate_individual_fitness (individual,
                              knapsack_items,
                              knapsack_max_weight)
    let total_weight equal 0
    let total_value equal 0
    for gene_index in range 0 to length of individual
      let current_bit equal individual[gene_index]
      if current_bit equals 1
        add weight of knapsack_items[gene_index] to total_weight
        add value of knapsack_items[gene_index] to total_value
    if total_weight is greater than knapsack_max_weight
      return value as 0 since it exceeds the weight constraint
    return total_value as individual fitness
```

根據適應性選擇親代

基因演算法的下一步是選擇可以產生出新個體的親代。在達爾文理論中。適應性強的個體比其他個體更有繁衍的機會，因為他們通常可以活得比較久。此外，由於他們在環境中的優越表現，這些個體也具備了需要傳承下去的特性。不過話說回來，有些個體即使並非族群最適合生存的，依舊可以繁衍下一代，而且即使整體來說並不強壯，卻有可能具備了特別優秀的特徵。

每個個體都會被算出一個適應性，用來決定它被選為新個體之親代的機率。這個此屬性讓基因演算法在本質上是隨機的（圖 4.18）。

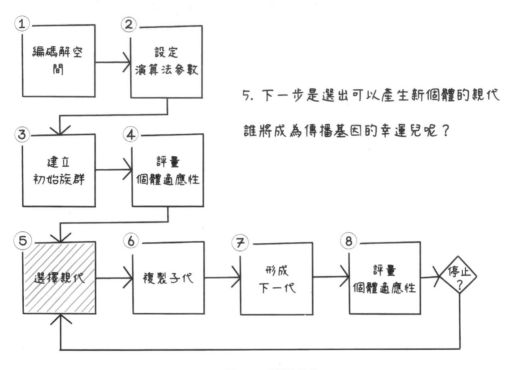

圖 4.18 選擇親代

輪盤式選擇是一種根據適應性來選擇親代的常見方法。此策略會根據個體的適應性給予不同的輪盤佔比。轉動輪盤，選出一個個體。個體的適應性越好，其佔比就越高。重複此過程直到得出足夠的親代數量為止。

計算 16 個具有不同適應性的個體機率來分配輪盤的佔比。由於許多個體的表現能力相同，因此可看到許多大小相同的區塊片（圖 4.19）。

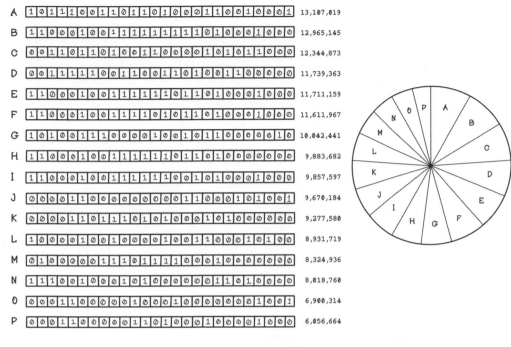

圖 4.19　決定個體的選擇機率

用來複製新子代的親代數量取決於所需的子代數，子代數量又取決於每一代所需的族群規模。選出兩個親代，建立子代。不斷地選出不同的親代（同一個個體有可能重複成為親代），直到產生出足夠的子代為止。兩個親代可以產生出一個或兩個混合子代，之後會針對此概念有更詳細的說明。在背包問題範例中，擁有最大價值同時又符合負重限制的個體的適應性是最好的。

族群模型是控管族群多樣性的方法。穩態型（steady state）和世代型（generational）分別為兩種族群模型，各有其優缺點。

穩態型：每一代都換掉一部分的族群

這種進階的族群管理方式並非其他策略的替代方案，而是運用它們的一種機制。其概念為保留大部分的族群，但移除一小部分較弱的個體並用新子代取代之。此過程模擬了生死循環，在這個循環中，弱小的個體死亡，新個體透過繁殖而產生。假設族群中有 100 個個體，則有一部分是原來的個體，而一小部分是透過複製出來的新個體，例如 80 個原有個體和 20 個新個體。

世代型：每一代都換掉整個族群

這種高階族群管理方式類似於穩態型，但不能代替選擇策略。世代型會建立與族群規模數量相同的子代，並用這些新的子代替換掉整個族群。假設族群中有 100 個個體，那麼每一代都會經由複製產生出 100 個新個體。穩態型和世代型都是在設計演算法配置上的主要概念。

輪盤：選擇親代和存續個體

適應性得分較高的染色體會更容易被選中，但得分較低的染色體還是有一點點機會被選上。**輪盤式選擇**一詞來自於賭場中被切分成好幾份的輪盤。一般來說，轉動輪盤後會丟進一顆小球，輪盤停止轉動後，小球的落腳處即為被選中的切片。

在這個比喻中，各個染色體會被分配到輪盤上。適應性較好的染色體得到的切片也比較大，反之適應性較差的染色體的切片就比較小。演算法會隨機地選出一條染色體，如同小球會隨機地停在輪盤的某處一樣。

這個比喻是機率選擇的一個舉例。每個個體都有被選中的機會，不論這個機會是大是小。選擇個體的機會將影響本章之前提到過的族群多樣性和收斂速度。之前的圖 4.19 也說明了這個概念。

偽代碼

首先要決定每個個體被選中的機率。將個體適應性除以族群整體適應性便可得到該個體被選中的機率。可以用輪盤式選擇，轉動輪盤直到選出了足夠的個體。每一次選擇都會計算出一個介於 0 和 1 之間的小數。假如個體的適應性在此機率之內，就會被選中。也可以用其他機率方法來決定個體的選中機率，例如標準差，就會將個體數值與族群平均值進行比較：

```
set_probabilities_of_population (population)
    let total_fitness equal the sum of fitness of the population
    for individual in population
        let the probability_of_selection of individual...
            ...equal it's fitness/total_fitness


roulette_wheel_selection(population, number_of_selections):
    let possible_probabilities equal
        set_probabilities_of_population (population)
    let slices equal empty array
    let total equal 0
    for i in range(0, number_of_selections):
        append [i, total, total + possible_probabilities[i]]
            to slices
        total += possible_probabilities[i]
    let spin equal random(0, 1)
    let result equal [slice for slice in slices if slice[1] < spin <= slice[2]]
    return result
```

從親代複製出個體

選好親代後便需要藉由複製從親代產生出新的後代。通常，從兩個親代建立子代會經過兩個步驟。第一個概念是**交配**，也就是將第一個親代的部分染色體混合第二個親代的部分染色體，或者反過來。此過程會產生兩個完全相反的混合染色體。第二個概念是**突變**，也就是隨機地微幅改變子代以在族群中產生差異（圖 4.20）。

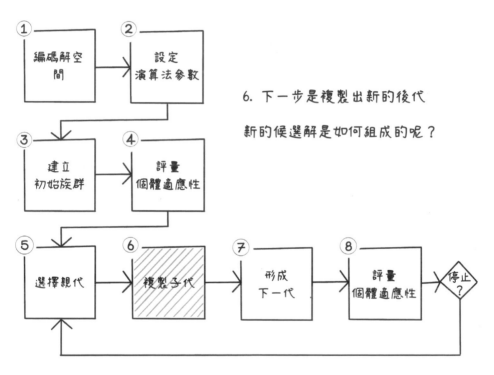

6. 下一步是複製出新的後代

新的候選解是如何組成的呢？

圖 4.20　複製後代

交配

交配涉及混合兩個個體的基因以產生一個或多個後代。交配的靈感來自於複製概念。子代是親代的一部分，取決於所使用的交配策略。而交配策略會受到所使用的編碼影響。

單點交配：從兩個親代分別繼承一部分

從染色體構造中隨機選出一個交配點。接著透過參考所選親代，使用第一親代的第一部分，以及第二親代的第二部分。結合這兩個部分以建立一個新的後代。然後，用第二親代的第一部分以及第一親代的第二部分便可產生出第二個後代。

單點交配可用二進制編碼、次序／置換編碼以及實值編碼來處理（圖 4.21）。我們將在第 5 章討論這些編碼方式。

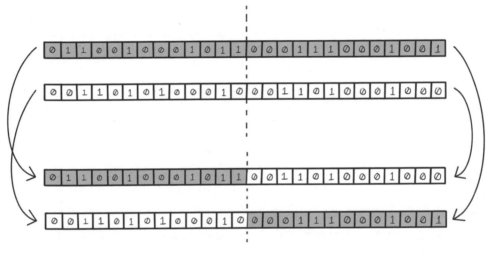

圖 4.21　單點交配

偽代碼

為了建立兩個新的後代，需要先建立一個空陣列來保存新個體。從親代 A 中的索引 0 到指定位置索引的所有基因，會與親代 B 中指定位置索引到染色體結尾的所有基因序連起來，進而產生一個後代個體。反向操作即可產生第二個後代個體：

```
one_point_crossover (parent_a, parent_b, xover_point)
    let children equal empty array

    let child_1 equal genes 0 to xover_point from parent_a plus...
    ...genes xover_point to parent_b length from parent_b
    append child_1 to children

    let child_2 equal genes 0 to xover_point from parent_b plus...
    ...genes xover_point to parent_a length from parent_a
    append child_2 to children

    return children
```

兩點交配：從各個親代繼承更多的部分

從染色體構造隨機選出兩個交配點，然後參考所選親代，交互混合兩邊的交配點以產生後代個體。這個過程類似於上述的單點交配。完整的過程為：後代會由第一親代的第一部分、第二親代的第二部份以及第一親代的第三部分組成。我們可以將兩點交配看成拼接兩個陣列以建立新的組合。用同樣的方式拼接相反的交配點以建立第二個個體。 兩點交配可用二進制編碼和實值編碼來處理（圖 4.22）。

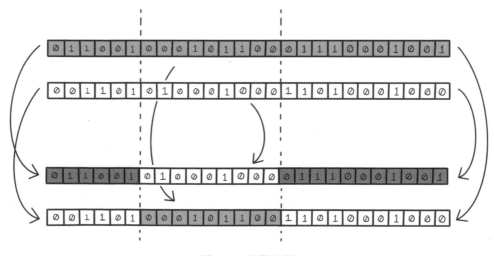

圖 4.22 兩點交配

均勻交配：從各個親代繼承多個部分

均勻交配是兩點交配的進化版。在均勻交配中，我們會建立一個遮罩來代表要使用各自親代的哪些基因來產生子代。反過來操作便可生成第二個子代。每次建立子代時都可以隨機生成遮罩以盡量提高多樣性。一般來說，均勻交配會產生出更多元化的個體，因為後代的屬性與任何一個親代都有很大的不同。均勻交配可用二進制編碼和實值編碼來處理（圖 4.23）。

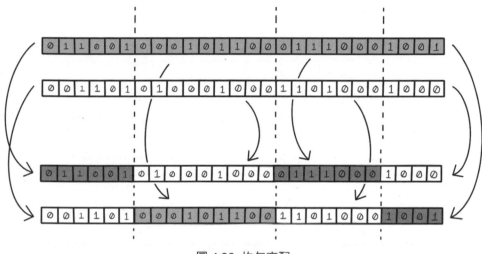

圖 4.23　均勻交配

突變

突變涉及微幅改變後代來增進族群的多樣性。根據問題性質和編碼方式會有不同的突變方法。

突變的一個參數便是突變率，即後代染色體發生突邊的可能性。跟有機體一樣，有些染色體的突變會比較多，後代不只是親代染色體的混合，而是包含了微小的基因差異。突變對增進族群的多樣性以及防止演算法陷入區域最佳解來說非常關鍵。

高突變率表示該個體很有可能被選定來突變，或者在染色體中的該基因很有可能產生突變，取決於所使用的突變策略。高突變代表更豐富的多樣性，但過於多元也可能會讓解變質。

練習：以下染色體使用均勻交配法會產生什麼樣的結果？

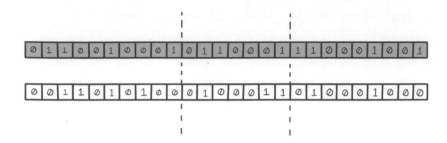

解答：以下染色體使用均勻交配法會產生什麼樣的結果？

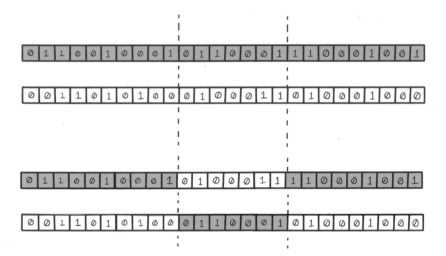

二進制編碼的位元串突變

在字元串突變中，會隨機選擇二進制編碼染色體中的一個基因並將其改為另一個有效值（圖 4.24）。當使用非二進制編碼時，還有其他突變機制可以運用。我們會在第 5 章討論到突變機制。

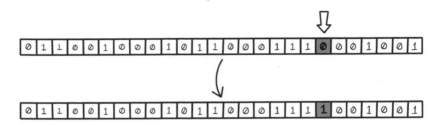

圖 4.24 位元串突變

隨機選擇一個基因指標來突變染色體中的單個基因。若該基因為 1，則將其改為 0，反之亦然：

```
mutate_individual (individual, chromosome_length)
    let random_index equal a random number between 0 and chromosome_length
    if gene at index random_index of individual is equal to 1:
        let gene at index random_index of individual equal 0
    else:
        let gene at index random_index of individual equal 1
    return individual
```

二進制編碼的翻轉突變

在翻轉突變中，二進制編碼染色體中的所有基因都會被翻轉成相反值。原本是 1 的變成 0，原本 0 變成 1。這類突變可能會大幅降低效能良好的解，通常在需要族群中不斷引入多樣性時才會用到（圖 4.25）。

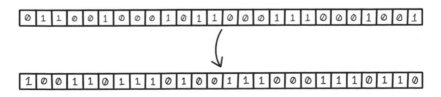

圖 4.25 翻轉突變

形成下一代

測量完族群中個體的適應性並複製出子代後,下一步便是選出要留到下一代的個體。族群的規模通常是固定的,由於透過複製引進了更多的個體,因此一部分的個體必須死亡並從族群中移除。

選出最適合族群規模的頂尖個體,然後消除剩餘的部分似乎是個好主意。然而,如果倖存個體在基因上過於相似,這個策略會導致個體多樣性的停滯(圖4.26)。

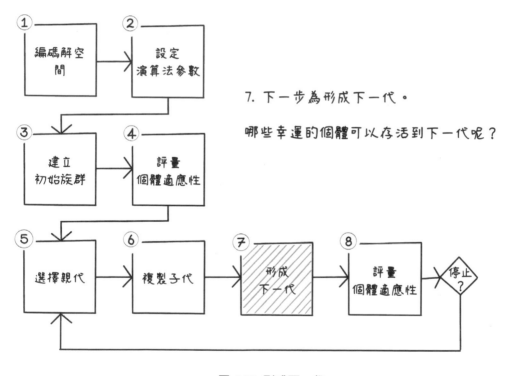

7. 下一步為形成下一代。

哪些幸運的個體可以存活到下一代呢?

圖 4.26 形成下一代

本段提到的選擇策略可用於決定構成下一代的部分個體。

探索 vs. 利用

執行基因演算法時永遠會需要在探索與利用之間取得平衡。理想的狀況是，個體間存在著多樣性，而整體族群會在搜尋空間中尋找截然不同的潛在方案，接著利用較強大的區域解空間來找出最理想的結果。此狀況的美妙之處在於，演算法會盡可能來探索搜尋空間，同時隨著個體的進化來利用強效解（圖 4.27）。

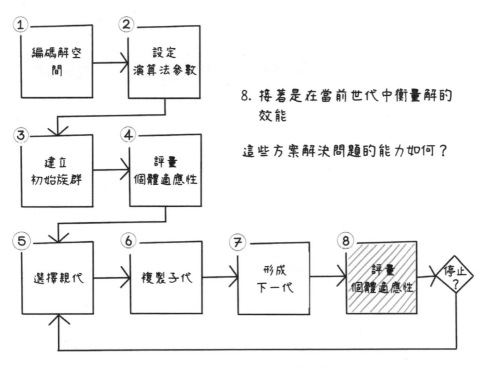

圖 4.27 測量個體適應性

終止條件

由於基因演算法會不停迭代並試圖在每一代找出更好的解，我們必須要建立一個終止條件不然演算法會一直算下去。終止條件即演算法結束時必須滿足的條件，並選出當前世代族群中最優秀的個體作為最佳解。

常數是最簡單的終止條件 —— 一個指定演算法需要執行多少個世代的固定數值。另外也可以設定為達到特定適應性後便停止。此方法適用於已知所需最低適應性，但不知道解為何的情況。

停滯（*Stagnation*）則是進化演算法中的一個大問題，意即族群產生了出好幾代能力相近的解。如果一個族群停滯不前，那麼要在後代中產生出強大的解的可能性就會很低。終止條件可以檢查每一代最佳個體的適應性變化，如果變化幅度很小，便可以選擇終止演算法。

偽代碼

基因演算法的各個步驟已被整合在一個涵蓋其完整生命週期的主函式中。可變參數包含了族群大小、演算法需計算的世代數量、用於適應性函式的背包容量，以及交配與突變步驟中的多種交配位置和突變率：

```
run_ga (population_size, number_of_generations, knapsack_capacity):
  let best_global_fitness equal 0
  let global_population equal...
  ...generate_initial_population(population_size)
  for generation in range(number_of_generations):
    let current_best_fitness equal...
    ...calculate_population_fitness(global_population, knapsack_capacity)
    if current_best_fitness is greater than best_global_fitness:
      let best_global_fitness equal current_best_fitness
    let the_chosen equal...
    ...roulette_wheel_selection(global_population, population_size)
    let the_children equal...
    ...reproduce_children(the_chosen)
    let the_children equal...
    ...mutate_children(the_children)
    let global_population equal...
    ...merge_population_and_children(global_population, the_children)
```

正如本章開頭所提到的，背包問題也可以暴力解決，但會需要生成和分析超過 6000 萬種組合。在比較目的是解決相同問題的基因演算法時，如果探索和利用的參數配置得當，便可大幅提升計算效率。請記得，在某些情況下基因演算法會產生出一個「夠用」的解，不一定是最好的，但至少是可行的。再次提醒，要根據問題的脈絡來使用基因演算法（圖 4.28）。

	暴力破解	基因演算法
迭代次數	2^26 = 67,108,864	10,000 - 100,000
準確度	100%	100%
計算時間	~7 分鐘	~3 秒
最佳值	13,692,887	13,692,887

圖 4.28 暴力破解之效能 vs. 基因演算法之效能

配置基因演算法之參數

在設計與配置基因演算法時，需要做出幾個會影響演算法效能的決定。對於效能的考量分成兩個面向：演算法應致力於找出解決問題的優秀方案，且從計算的角度來看，執行還必須有效率。如果解的計算成本高於其他傳統方法，那麼設計基因演算法來解決問題便毫無意義。編碼中使用的方法，所使用的適應性函數以及其他演算法的參數會影響實現優良方案以及計算這兩個方面的效能。需要考慮的參數如下：

- **染色體編碼** —— 染色體編碼法需要謹慎思考以確保它可否適用於問題並且潛在的解會致力成為全域最佳解。編碼方式是演算法成功與否的關鍵。

- **族群大小** —— 族群大小也可設定。較大的族群可促進潛在方案的多樣性。然而族群越大也意味著每一代所需的計算量也越多。有時候，較大的族群不需要突變，因為一開始便充滿多樣性，但在後面幾代之間卻逐漸減少。從較小型的族群開始，再根據效能來增長是一種正確的做法。

- **全域初始化** —— 儘管族群個體已被隨機初始化，但考量到基因演算法的運算最佳化以及初始化符合限制的個體這兩方面，確保解的有效性是很重要的。

- **後代數量** —— 可配置每一代需建立的後代數量。在複製之後，部分族群會被消滅以確保族群規模不變，越多後代表示多樣性越豐富，但同時存在著一個風險，也就是優秀的解可能會被消滅好容納這些後代。若族群是動態的，則族群大小便可隨著每一代而改變，但這種方法會需要更多的參數來配置與控制。

- **親代選擇法** —— 設定選擇親代的方法。選擇方法必須根據問題以及所需的探索性與利用性而定。

- **交配法** —— 交配法與所使用的編碼方法相關，但它可經由配置來促進或壓制族群多樣性。後代個體仍必須產生出一個有效的解。

- **突變率** —— 突變率是另一個可配置的參數，可以讓後代和潛在方案更多樣。突變率越高表示越多樣化，但過於多樣化的話可能反而會讓優秀的個體退化。突變率可以隨著時間的推移而改變，從而在前幾代產生出更多元的個體，但在後面幾代逐漸變低。換句話說是先探索後利用。

- **突變法** —— 突變法跟交配法一樣，都是根據所使用的編碼方法。突變法一個重要的特性為，在改變後仍需產生一個有效的解，不然會得到差勁的適應分數。

- **世代選擇法** —— 與親代選擇法一樣，世代選擇法需要選出能夠在一個世代中存活下來的個體。根據所使用的選擇法，演算法有可能會出現因收斂過快而停滯或探索時間過長等問題。

- **終止條件** —— 演算法的終止條件必須對問題和期待的結果來說是有意義的。計算複雜性和時間會是終止條件主要的考量點。

進化演算法的使用案例

進化演算法的用途廣泛。有些演算法可處理獨立的問題，有些則是將進化演算法
與其他技術結合，產生出解決難題的創新辦法，例如：

- **預測股市中的投資者行為** —— 投資消費者每天都在決定是否要買進更多
  某支股票、繼續持有或出售。這些行動的順序可以演變並對應到投資組合
  的結果。 金融機構可以利用這些觀察主動提供優質的客戶服務和指導。

- **機器學習中的特徵選取** —— 我們會在第 8 章討論機器學習，但它的關鍵
  概念是：根據某事物的特徵決定如何歸類。舉例來說，如果觀察一間房子
  我們會發現其中許多特質，像是屋齡、建材、坪數、顏色和地段。但若是
  要預測市場價值，也許只有屋齡、坪數和地段重要。基因演算法可以找出
  其中最重要的單一特質。

- **密碼的破解與加密** —— 密碼是一條以特殊方式編碼的訊息，讓它看起
  來像別的東西好隱藏其真實含意。如果接收者不知道破譯的方法就無從得
  知真實內容。進化演算法可以產生許多改變密碼的可能性來揭露原本的
  訊息。

第 5 章將深入探討基因演算法為適應不同問題空間的進階概念。我們將探索不同
的編碼、交配、突變和選擇技術，以及其他有效的替代方案。

總結

基因演算法聰明地利用隨機性來迅速找出良好解

編碼對演算法來說相當關鍵

1	2	3	4	5	6	7	8	9	10	11	12	13	14	15	16	17	18	19	20	21	22	23	24	25	26
0	1	1	0	0	1	0	0	0	1	0	1	1	0	0	0	1	1	1	0	0	0	1	0	0	1

適應性函數對於找到可解決問題的良好解來說很重要

交配是為了在每一代中複製出更好的解

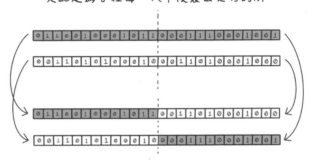

選擇會傾向較強大的個體，
但也讓弱小的個體有機會在未來複製出良好解

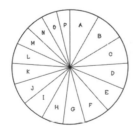

輪盤式選擇

先探索後利用

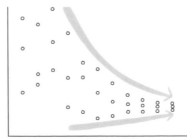

世代

本章內容

- 基因演算法生命週期中各步驟的替代選項

- 調整基因演算法來解決不同問題

- 針對各種不同情境、問題與資料來設定基因演算法生命週期中的進階參數

  NOTE 請先學習完第 4 章的內容。

進化演算法的生命週期

第 4 章簡述了基因演算法常見的生命週期。本章將討論其他可用基因演算法來處理的問題、為何迄今為止介紹過的一些方法不適用與其替代方案。

先複習一下基因演算法的生命週期：

- **建立族群** —— 建立一個潛在解的任意族群。

- **評量個體在族群中的適應性** —— 決定個別解的好壞。可以透過一個為解評分以決定優劣的適應性函數來完成。

- **根據適應性選擇親代** —— 選出能夠複製出子代的親代。

- **從親代複製個體** —— 混合親代的基因資訊並施以些微的突變後複製出子代。

- **複製子代** —— 從族群中選出能夠存活到下一代的個體和子代。

在您閱讀本章時，請牢記生命週期的流程（如圖 5.1 所示）。

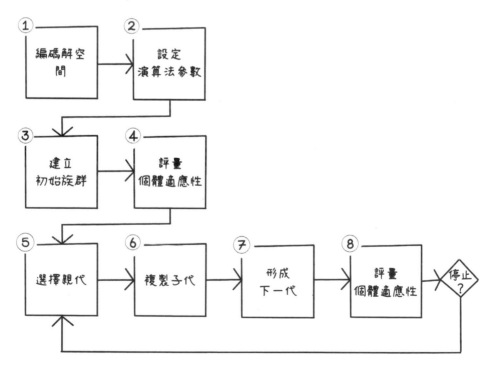

圖 5.1 基因演算法的生命週期

本章將先探討一些不同的選擇策略，這些方法可以任意用於所有基因演算法中。
接著我們會看到三種背包問題（同第 4 章）的變化版，用來強調這些編碼、交配
和突變替代方案的效用（圖 5.2）。

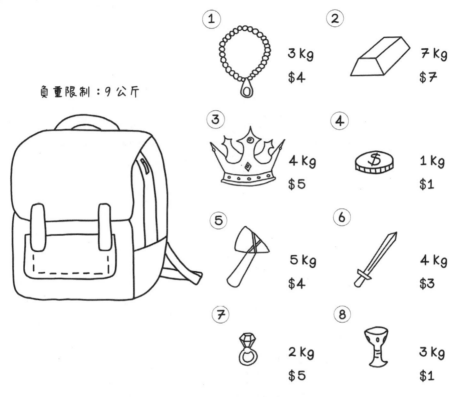

圖 5.2 背包問題範例

其他的選擇策略

我們在第 4 章討論了一種選擇策略：輪盤法，這是一種最簡單的個體挑選方法。
以下三種選擇策略有助於改善輪盤法的缺點，但各自對於族群多樣性的影響都有
好有壞，進而影響到可否找到最佳解。

排序法：整平比賽場地

輪盤法的問題在於染色體之間的適應性佔比差異過大。這會讓選擇大幅地偏向適應性較高的個體，或者讓表現差勁的個體獲選機率高於預期。這個問題影響了族群的多樣性。多樣性越高表示搜尋的空間越廣，但也可能耗費太多世代來尋找最佳解。

為了解決這個問題，排序法會根據適應性為個體做出排名，並依排名計算出每個個體在輪盤上的佔比。在背包問題中，由於要從 16 個個體做出選擇，因此排名會是 1 到 16。儘管較強勢的個體更有可能被選中，而較弱的個體就算表現一般也比較不會被選上，由於是根據排名而非確切的適應性而挑選因此讓每個個體被選中的機會更公平。排好 16 個個體之後，輪盤看起來與先前的輪盤法略有不同（圖 5.3）。

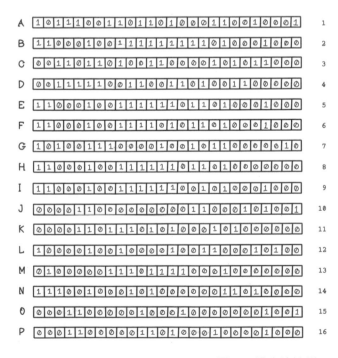

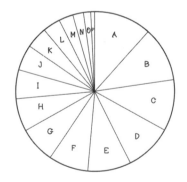

圖 5.3 排序法範例

圖 5.4 為輪盤法和排序法的比較。很明顯地,排序法讓性能較好的方案更有機會被選中。

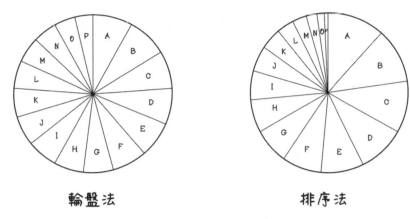

圖 5.4 輪盤法 vs. 排序法

競賽法:互相競爭

競賽法顧名思義會讓染色體互相競爭。首先,從族群中隨機挑出一定數量的個體並組成一組,重複此過程直到有了所需的小組數量。各組中適應性分數最高的個體會被選出來。由於每組只會選出一個個體,因此小組越大,多樣性就越低。跟排序法一樣,個體實際的適應性分數不是被選中的決定性因素。

假設 16 個個體被分成了四組,只從每組選出一個個體就代表著從這些分組中選出來的四個個體是最強的,這四個獲選的個體便可以配對複製(圖 5.5)。

分組

	基因字串	適應值	分組
A	1011100110110100011001000 1	13,107,019	♠
B	11000100111111111101000100 0	12,965,145	♠
C	00110110100110000101011000	12,344,873	♠
D	0011111001100110100110000	11,739,363	♠
E	1100010011111101101000100 0	11,711,159	♣
F	1100010011110101101000100 0	11,611,967	♣
G	1010011100010010101100001 0	10,042,441	♣
H	110000100111101101000100 0	9,883,682	♣
I	11000100111110100101000100 0	9,857,597	♥
J	0000110000000110001010 01	9,670,184	♥
K	0001101110101000101000000	9,277,580	♥
L	1000010010001001100101000	8,931,719	♥
M	0100000111010111001000000	8,324,936	♦
N	1110010010100000110100 0	8,018,760	♦
O	00011000010010000010001	6,900,314	♦
P	000110000110100010000010000	6,056,664	♦

贏家

♠	A
♣	E
♥	I
♦	M

圖 5.5　競賽法範例

菁英法：只選最好的

顧名思義，菁英法會從族群中選出最優秀的個體。菁英法有助於保留出色的個體，並且避免讓這些菁英在其他選擇策略中被錯過的風險。但菁英法的缺點就是族群可能會陷入區域最佳解空間，而永遠無法產生足夠的多樣性以找出全域最佳解。

菁英法常常與輪盤法、排序法或競賽法併用，也就是選出幾個菁英以複製子代，而剩餘的族群則全部透過其他選擇策略來產生（圖 5.6）。

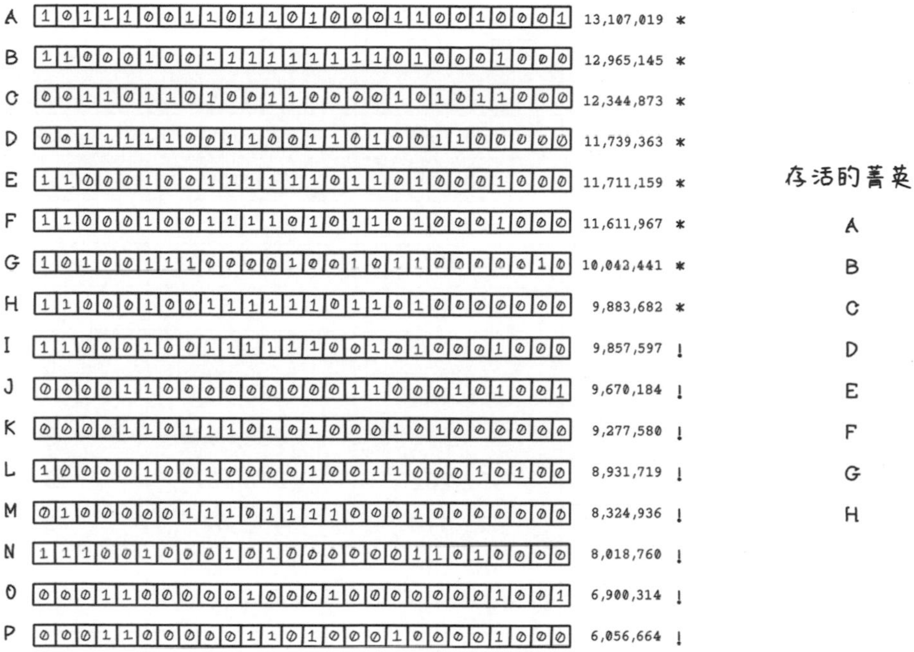

A	`1 0 1 1 1 0 0 1 1 0 1 1 0 1 0 0 0 1 1 0 0 0 1 0 0 0 0 1`	13,107,019 ＊
B	`1 1 0 0 0 1 0 0 1 1 1 1 1 1 1 1 1 0 1 0 0 0 1 0 0`	12,965,145 ＊
C	`0 0 1 1 0 1 1 0 1 0 0 1 1 0 0 0 1 0 1 0 1 1 0 0 0`	12,344,873 ＊
D	`0 0 1 1 1 1 1 0 0 1 1 0 0 1 1 0 1 0 0 1 1 0 0 0 0`	11,739,363 ＊
E	`1 1 0 0 0 1 0 0 1 1 1 1 1 1 0 1 1 0 1 0 0 0 1 0 0 0`	11,711,159 ＊
F	`1 1 0 0 0 1 0 0 1 1 1 1 0 1 0 1 0 1 1 0 1 0 0 0 1 0 0 0`	11,611,967 ＊
G	`1 0 1 0 0 1 1 1 0 0 0 0 1 0 0 1 0 1 0 1 1 0 0 0 0 1 0`	10,042,441 ＊
H	`1 1 0 0 0 1 0 0 1 1 1 1 1 1 0 1 1 0 1 0 0 0 1 0 0`	9,883,682 ＊
I	`1 1 0 0 0 1 0 0 1 1 1 1 1 1 0 1 0 1 0 1 0 0 0 1 0 0 0`	9,857,597 ↓
J	`0 0 0 0 1 1 0 0 1 0 0 0 0 0 1 1 0 0 0 1 0 1 0 0 1`	9,670,184 ↓
K	`0 0 0 0 1 1 0 1 0 1 1 1 0 1 0 1 0 0 0 1 0 1 0 0 0 0`	9,277,580 ↓
L	`1 0 0 0 0 1 0 0 1 0 0 0 1 0 0 1 1 0 0 1 1 0 0 1 0 1 0 0`	8,931,719 ↓
M	`0 1 0 0 0 0 0 1 1 1 0 1 0 1 1 1 1 0 0 0 1 0 0 0 0 0`	8,324,936 ↓
N	`1 1 1 0 0 1 0 0 0 1 0 1 0 0 0 0 1 1 0 1 0 0 0`	8,018,760 ↓
O	`0 0 0 1 1 0 0 0 0 0 1 0 0 0 1 0 0 0 0 0 0 1 0 0 1`	6,900,314 ↓
P	`0 0 0 1 1 0 0 0 0 1 1 0 1 0 1 0 0 1 0 1 0 0 0`	6,056,664 ↓

存活的菁英

A
B
C
D
E
F
G
H

圖 5.6　菁英法範例

第 4 章討論了背包問題，也知道問題的核心在於要把哪些物品放進背包。因為二進制編碼不適用於某些問題空間，因此會用到不同的編碼方式。以下分成三段說明這些情況。

實值編碼：處理實數

背包問題發生了一些改變。雖然依舊是要在負重限制內選出價值最高的物品組合，但這次每項物品的數量產生了變化。如表 5.1 所示，各個物品的重量和價值和原本的資料集一樣，這次卻多了物品數量。這個小小的改變產生出大量的新方案，由於可以重複選擇物品，因此可能出現一個或多個比原本更好的新方案。在這種情況下不適合使用二進制編碼，實值編碼將更適合用來表述潛在解的狀態。

表 5.1 背包限重：6,404,180 公斤

物品 ID	物品名稱	重量（公斤）	價值（$）	數量
1	斧頭	32,252	68,674	19
2	銅幣	225,790	471,010	14
3	皇冠	468,164	944,620	2
4	鑽石雕像	489,494	962,094	9
5	翡翠腰帶	35,384	78,344	11
6	化石	265,590	579,152	6
7	金幣	497,911	902,698	4
8	頭盔	800,493	1,686,515	10
9	墨水	823,576	1,688,691	7
10	珠寶盒	552,202	1,056,157	3
11	小刀	323,618	677,562	5
12	長劍	382,846	833,132	13
13	面具	44,676	99,192	15
14	項鍊	169,738	376,418	8
15	蛋白石胸章	610,876	1,253,986	4
16	珍珠	854,190	1,853,562	9
17	箭袋	671,123	1,320,297	12
18	紅寶石戒指	698,180	1,301,637	17
19	銀腰帶	446,517	859,835	16
20	錶	909,620	1,677,534	7
21	制服	904,818	1,910,501	6
22	毒藥	730,061	1,528,646	9
23	羊毛圍巾	931,932	1,827,477	3
24	十字弓	952,360	2,068,204	1
25	舊書	926,023	1,746,556	7
26	鋅杯	978,724	2,100,851	2

實值編碼的關鍵

實值編碼以數值、字串或符號等形式來表述基因，以及在自然狀態下與問題相關的潛在方案。當潛在的解包含了無法用二進制編碼處理的連續數值時，這個方法便可派上用場。舉例來說，由於背包可以攜帶不只一件物品，因此物品的索引就不能只表示該物品是否會被放進背包，還要能表示數量（圖 5.7）。

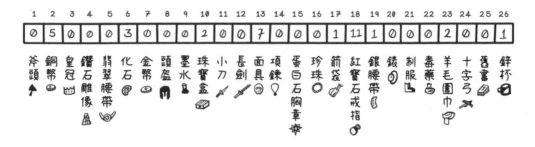

圖 5.7 實值編碼範例

因為編碼方式的改變，因此也有了新的交配跟突變選項。在二進制編碼中所使用的交配法仍適用於實質編碼，但突變的處理方式將有所不同。

算術交配法：用算術複製子代

算術交配法會透過使用各個親代作為表式變數來執行計算。而用雙親計算出來的結果就是新的子代。當這款交配法與二進制編碼搭配使用時，需要確保運算的結果是否仍然有效。算術交配法可用二進制編碼和實值編碼來處理（圖 5.8）。

NOTE 小心：這個方法有可能產生出差距甚大的子代而衍生更多問題。

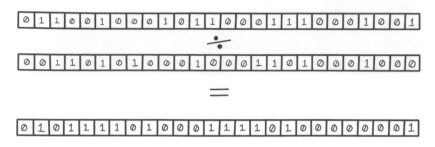

圖 5.8 算術交配法範例

邊界突變

在邊界突變中，從實值編碼染色體中隨機挑選出的基因會任意被設為下限或上限。假設染色體有 26 個基因，從中任意選出一個索引並將該數值設定為最小值或最大值。以圖 5.9 為例，原始數值剛好是 0，但隨後被改成 6，也就是該項目的最大值。可以將所有索引的最小值和最大值設為相同，不過如果對問題的了解有助於決策，也可以針對各個索引設定不同數值。此方法可用來評估各基因對染色體的影響。

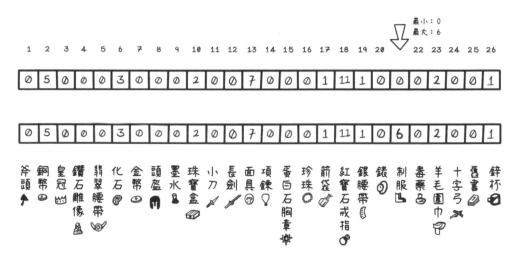

圖 5.9 邊界突變範例

算術突變

在算術突變中，從實值編碼染色體隨機選出一個基因，並透過少量的加減以改變數值。請注意，雖然圖 5.10 中的範例都是整數，但也可以是包含小數的十進位數。

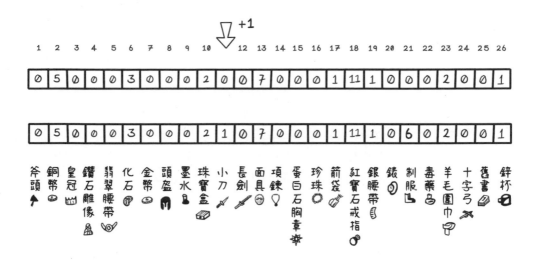

圖 5.10 算術突變範例

次序編碼：處理順序

背包問題中的物品不變，但這次不是要決定該放進哪些物品，而是要將所有物品送進精煉廠處理，讓它們被分解成原物料。金幣、銀手鐲和其他物品都被熔解並提煉出原料。在這個情況下，就不會是只選出幾個品項，而是要納入所有品項。

為了讓事情變得更有趣一點，精煉廠還需要根據提煉所需時間和物品的價值以穩定的速率提煉。假設精煉出來的原料價值與原本的物品價值差不多，那麼這就成了一個排序問題。應該按照什麼樣的順序來處理物品，才能維持穩定的價值提煉速率呢？表 5.2 為各個品項所需的提煉時間。

表 5.2 精煉廠每小時可提煉之價值：600,000

物品 ID	物品名稱	重量（公斤）	價值（＄）	提煉所需時間
1	斧頭	32,252	68,674	60
2	銅幣	225,790	471,010	30
3	皇冠	468,164	944,620	45
4	鑽石雕像	489,494	962,094	90
5	翡翠腰帶	35,384	78,344	70
6	化石	265,590	579,152	20
7	金幣	497,911	902,698	15
8	頭盔	800,493	1,686,515	20
9	墨水	823,576	1,688,691	10
10	珠寶盒	552,202	1,056,157	40
11	小刀	323,618	677,562	15
12	長劍	382,846	833,132	60
13	面具	44,676	99,192	10
14	項鍊	169,738	376,418	20
15	蛋白石胸章	610,876	1,253,986	60
16	珍珠	854,190	1,853,562	25
17	箭袋	671,123	1,320,297	30
18	紅寶石戒指	698,180	1,301,637	70
19	銀腰帶	446,517	859,835	50
20	錶	909,620	1,677,534	45
21	制服	904,818	1,910,501	5
22	毒藥	730,061	1,528,646	5
23	羊毛圍巾	931,932	1,827,477	5
24	十字弓	952,360	2,068,204	25
25	舊書	926,023	1,746,556	5
26	鋅杯	978,724	2,100,851	10

適應性函數的重要性

背包問題和精煉廠問題之間最大的差別在於，衡量解是否成功的標準不同。精煉廠需要維持一個穩定的最低提煉速率，因此所使用的適應性函數的準確性會是能否找到最佳解的關鍵。在背包問題中，要計算解的適應性很簡單，因為它只涉及到兩件事：確保總重量不會超過背包的負重限制，以及所選品項的價值總和。而在精煉廠問題中，適應性函數必須根據各個品項的提煉所需時間以及價值來計算給定的提煉速率。這個計算複雜多了，而且在此適應性函數中只要有一個邏輯錯誤就會直接影響到解的品質。

次序編碼的關鍵

次序編碼又稱為排列編碼，會以一串元素來代表染色體。次序編碼通常需要把所有元素都排進染色體中，這意味著在執行交配和突變時可能會需要修正以確保沒有任何元素遺漏或重複。圖 5.11 為一條代表了物品處理順序的染色體。

圖 5.11　次序編碼範例

次序編碼也很適合用來呈現路線最佳化問題中的各種潛在解。假設有多個目的地，在每個目的地必須至少造訪一次的前提下必須盡量縮短行駛路線，那麼路線便可以用一連串依造訪順序排列之目的地來表示。在第 6 章討論全域智慧時會用到這個範例。

次序突變：次序 / 排列編碼

在次序突變中，兩個隨機挑選的基因會在次序編碼染色體中交換位置，在導入多樣性的同時，要確保染色體仍保留了所有項目（圖 5.12）。

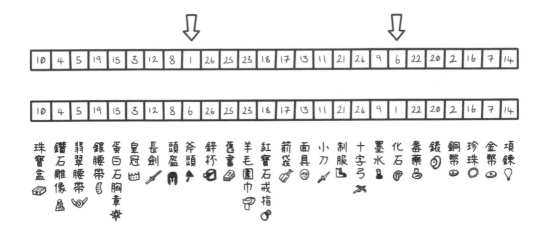

圖 5.12 次序突變範例

樹狀編碼：處理階層

前幾段我們學會了用二進制編碼從資料集挑出品項，在實數是解決問題的關鍵時可以用實值編碼，而次序編碼適合用於決定優先順序。現在假設背包問題中的物品要分裝在包裹中以分送到不同家庭裡，且每一台送貨車可容納的體積是固定的，問題的需求就變成了找出最佳裝載方式以盡量減少每一台貨車的閒置空間（表 5.3）。

表 5.3 貨車容量：寬 1000 x 高 1000

物品 ID	物品名稱	重量（公斤）	價值（$）	寬度	高度
1	斧頭	32,252	68,674	20	60
2	銅幣	225,790	471,010	10	10
3	皇冠	468,164	944,620	20	20
4	鑽石雕像	489,494	962,094	30	70
5	翡翠腰帶	35,384	78,344	30	20
6	化石	265,590	579,152	15	15
7	金幣	497,911	902,698	10	10
8	頭盔	800,493	1,686,515	40	50
9	墨水	823,576	1,688,691	5	10
10	珠寶盒	552,202	1,056,157	40	30
11	小刀	323,618	677,562	10	30
12	長劍	382,846	833,132	15	50
13	面具	44,676	99,192	20	30
14	項鍊	169,738	376,418	15	20
15	蛋白石胸章	610,876	1,253,986	5	5
16	珍珠	854,190	1,853,562	10	5
17	箭袋	671,123	1,320,297	30	70
18	紅寶石戒指	698,180	1,301,637	5	10
19	銀腰帶	446,517	859,835	10	20
20	錶	909,620	1,677,534	15	20
21	制服	904,818	1,910,501	30	40
22	毒藥	730,061	1,528,646	15	15
23	羊毛圍巾	931,932	1,827,477	20	30
24	十字弓	952,360	2,068,204	50	70
25	舊書	926,023	1,746,556	25	30
26	鋅杯	978,724	2,100,851	15	25

為了讓問題簡單一些，假設貨車車廂是一個二維長方形，且包裹也都是矩形而非正常情況下的立方體。

樹狀編碼的關鍵

樹狀編碼會將元素排成樹狀圖來代表染色體。樹狀編碼適用於當元素的階層關係很重要或甚至是必要時的解。樹狀編碼甚至可以代表由樹狀代表所組成的函數。因此，樹狀編碼可用於發展出解決特定問題的程式功能，不過解雖然有效但看起來會怪怪的。

以下是一個適合用樹狀編碼處理的例子。有一台高度和寬度都固定的貨車必須裝載一定數量的包裹。我們的目標是將包裹全塞進貨車中，且同時必須盡量減少閒置空間。樹狀編碼很適合用來呈現這類問題的潛在解。

圖 5.13 中可以看到，根節點 A 代表了貨車從上到下的包裹組合。節點 B 以水平方向代表了包裹組合，節點 C 和 D 同理。節點 E 以垂直方向代表了堆在貨車邊邊的包裹組合。

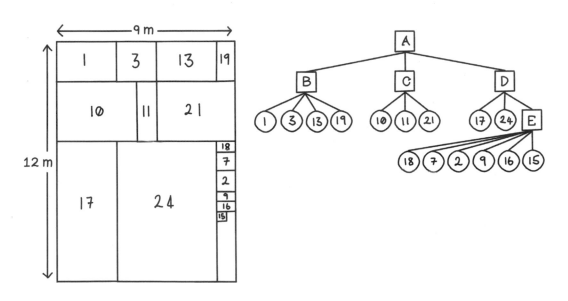

圖 5.13　以樹狀圖表示貨車裝載問題

樹狀交配：繼承部分樹狀圖

樹狀交配法與單點交配（見第 4 章）很類似，從樹狀圖中挑選中單點以交換，並與親代個體的副本結合來產生後代。透過相反的過程便可產生出第二個後代。完成後，必須驗證產生出的後代是否為遵守問題限制的有效解。如果有助於解決問題，也可以使用多點來交配（圖 5.14）。

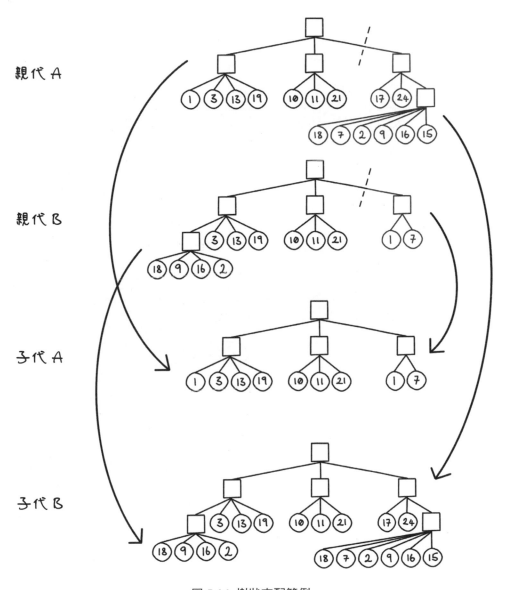

圖 5.14 樹狀交配範例

節點改變突變：改變節點數值

在節點改變突變法中，先從樹狀編碼染色體中隨機選出一個節點，並將其改變成另一個隨機選出且對該節點有效之物件。因為已採用樹狀圖來呈現項目組織，因此可以將某個項目改成另一個有效項目（圖 5.15）。

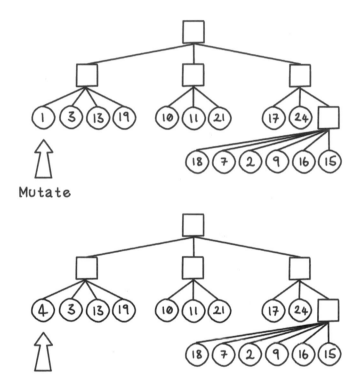

圖 5.15 樹狀圖中的節點改變突變

本章和第 4 章討論到了幾種編碼方式、交配法和選擇策略。只要有助於解決手邊的問題，您都可以用自己喜歡的方法替代演算法中的這些步驟。

進化演算法常見的類型

本章重點介紹了基因演算法的生命週期和一些替代方法。對演算法做一點變化就能解決不同的問題。於基因演算法有了基本了解之後,接下來要看一些變化以及使用案例。

基因程式設計

基因程式設計的步驟和基因演算法類似,但主要用於生成電腦程式以解決問題。過程和之前說明過的一樣,但在基因程式設計中,衡量適應性的標準為程式解決計算問題的能力。考慮到這一點,便不難理解為何樹狀編碼非常適合用在這裡,因為大部分的電腦程式是由代表了運算和處理的節點組成。這些邏輯樹可以展開,因此電腦程式也可以跟著進化以解決特定問題。需要注意的是,電腦程式容易演變成一堆讓人難以理解和除錯的程式碼混合體。

演化式程式設計

演化式程式設計類似於基因程式設計,但潛在的解是預先定義的固定電腦程式參數,而非生成出來的電腦程式。如果程式的輸入需要微調,且不易判定輸入組合的好壞,便可以用基因演算法來演變輸入。在演化式演算法中,潛在解的適應性取決於電腦程式對於個體中已編碼參數的表現好壞而定。演化式程式設計有潛力可以為人工神經網路找出有效的參數(見第 9 章)。

進化演算法專有名詞表

以下是一些有助於未來研究與學習進化演算法的專有名詞:

- **對偶基因** —— 染色體中特定基因的數值

- **染色體** —— 代表了潛在解的基因集合

- **個體** —— 族群中的單一染色體

- **族群** —— 個體之集合

- **基因型** —— 計算空間中潛在解的人工表示

- **表現型** —— 現實世界中潛在解族群的真實表示

- **世代** —— 演算法的單次迭代

- **探索** —— 找尋各種可能解的過程，其中有好有壞

- **利用** —— 磨練並反覆完善優良解的過程

- **適應性函數** —— 特定類型的目標函數

- **目標函數** —— 最大化或最小化的函數

更多進化演算法的使用案例

第 4 章已經列出了進化演算法的一些使用案例，但其實還有很多用途。以下使用案例特別有趣，因為它包含了本章討論到的一些概念：

- **在人工神經網路中調整權重** —— 之後在第 9 章會討論到人工神經網路，但它一個關鍵概念是需要調整網路中的權重以學習資料中的模式與關係。有幾種數學技術可以調整權重，但進化演算法在某些情況下會更為有效。

- **電路設計** —— 有著許多相同元件的電子迴路想當然可以有很多種不同的配置，而有些配置會運作得比其他來的好。如果把兩個需要常常互相配合的元件排得近一點，便可提高效率。進化演算法可用來不斷改良迴路配置直到找到最佳設計為止。

- **分子結構的模擬與設計** —— 類似電路設計的概念，不同的分子表現不同，且各有優缺點。進化演算法可以生成用來模擬和研究的各種分子結構，以確定其行為特性。

我們在第 4 章認識到常見的基因演算法生命週期，並在本章討論了進階方法，相信您已經具備了將進化演算法應用在問題脈絡與解決方案中的能力了。

總結

基因演算法可用於解決許多不同的問題

不同的選擇策略各有其優缺點。

賽值編碼可應用在許多問題空間上。

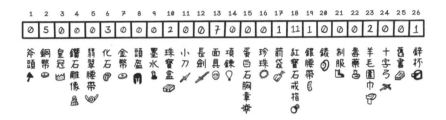

次序編碼適用於重點為優先順序的問題。

樹狀編碼適用於重點為關係和階層的問題。

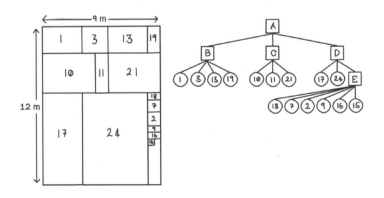

調整演算法的各種參數對於可否有效找出解決方法來說很重要。

群體智慧：蟻群 | **6**

本章內容

- 認識並了解群體智慧演算法的靈感來源
- 使用群體智慧演算法解決問題
- 蟻群最佳化演算法的設計與實作

何謂群體智慧？

群體智慧演算法是第 5 章討論到的中進化演算法之子集，又可稱為自然啟發式演算法。與進化論相同，群體智慧的概念是透過觀察自然界中的生命型態而衍生出來的。環顧四周，我們會看到許多看似原始並缺乏智慧的生命個體，但當它們聚集成群之後卻又湧現類似智慧的行為。

螞蟻便是一個很好的例子。一隻螞蟻可以背負自身體重 10 ～ 50 倍的重量，並在一分鐘內行走約自身體長 700 倍的距離。這個能力令人佩服，然而當螞蟻成群行動時，一隻螞蟻可以完成的事情又更多了。一群螞蟻可以建立蟻群、尋找食物、甚至警告與辨別其他螞蟻，並利用同儕壓力影響蟻群中的同伴。基本上它們是透過費洛蒙（一這種螞蟻走到哪都會留下來的「氣味」）來完成任務。其他螞蟻可以聞到這些氣味並根據它的味道改變行為。螞蟻擁有 10 到 20 種不同的費洛蒙來表達不同的意思。由於個別的螞蟻會使用費洛蒙來表達意圖與需求，因此我們可以從蟻群觀察到突發性的智慧行為。

圖 6.1 說明了一群螞蟻在兩點之間架起一座橋，好讓同伴可以完成像是搬運食物或建築材料回蟻窩等任務。

圖 6.1 一群螞蟻合力越過一道裂縫

根據一項觀察螞蟻採集食物的實驗結果證明，螞蟻們最終總會聚集到距離蟻窩與食物來源之間的最短路徑上。圖 6.2 說明了從剛開始到經過一段時間，螞蟻們增加了路徑上費洛蒙之後的蟻群行為差異。這個結果是把螞蟻放進一個經典的不對稱橋實驗中觀察到的，可以看到蟻群在 8 分鐘之後便都聚集到最短路徑上了。

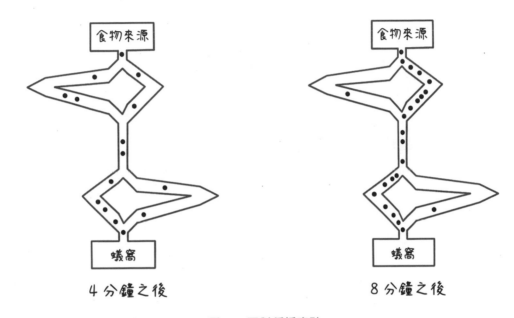

圖 6.2 不對稱橋實驗

蟻群最佳化（ACO）演算法模擬了在本實驗中的突發性智慧行為。在找出最短路徑的例子中，演算法的收斂程度將類似於我們從螞蟻身上觀察到的狀態。

當最佳化問題需要在特定問題空間滿足多個限制，且由於潛在的解太多而難以找出最佳解時，群體智慧演算法便可派上用場。這些問題和基因演算法可處理的問題類型類似，要選擇哪一種演算法取決於問題的呈現和論述方式。我們會在第 7 章深入討論粒子群最佳化問題的技術細節。群體智慧在一些現實情況下很有幫助，如以下圖 6.3 所示。

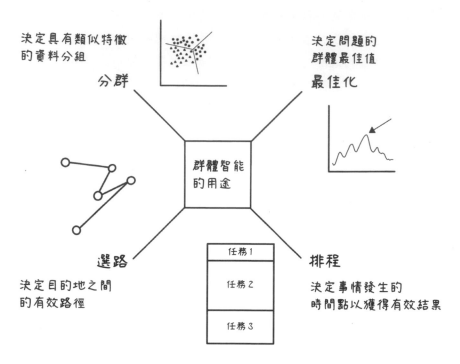

圖 6.3 可利用群體最佳化解決的問題

基於我們對蟻群群體智慧的理解，接下來會討論一些受這些概念所啟發的實作。蟻群最佳化演算法的靈感來自於螞蟻在目的地之間的移動、留下費洛蒙並根據在路上碰到的費洛蒙而採取行動的一系列行為。在此的突發行為便是螞蟻們會逐漸聚集到最短的路徑上。

適用蟻群最佳化的問題

假設我們今天要去參加一個有許多不同遊樂設施的嘉年華會。每個設施都位於場地中的不同區域，之間的距離也都不一樣。因為不想浪費太多時間在走路上，所以我們要試圖找出所有設施之間的最短路徑。

圖 6.4 是這個小型嘉年華會的遊樂設施跟彼此之間的距離。請注意，經由不同路線來抵達各個設施會影響到距離總和。

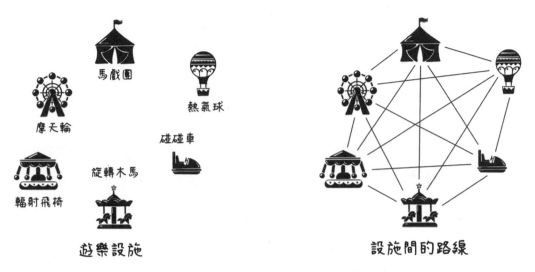

馬戲團

熱氣球

摩天輪

碰碰車

旋轉木馬

輻射飛椅

遊樂設施

設施間的路線

圖 6.4 嘉年華會的設施與彼此之間的路線

上圖中有 6 個設施，共 15 條路線。你應該會覺得這個範例有些眼熟。它就是我們在第 2 章討論過的完全圖。各設施即為頂點或節點，而設施間的路線就是邊緣。我們可以利用以下公式計算出完全圖中的邊緣數量。隨著設施數量的增加，邊緣數量也會跟著暴增：

$$n(n-1)/2$$

如圖所示，設施之間的距離不同。圖 6.5 說明了設施之間每一條路線的距離，以及所有的可能路線。請注意，圖 6.5 中表示各設施之間距離的線條並非按比例繪製的。

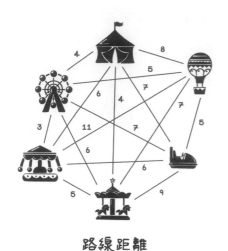

路線距離　　　　　　　　一條可造訪所有設施的可能路線

圖 6.5 設施之間的距離與可能路線

如果花一點時間研究一下設施之間的距離，不難發現圖 6.6 所顯示的路徑是造訪所有設施的最佳選擇。我們依序造訪了所有設施：輻射飛椅、摩天輪、馬戲團、旋轉木馬、熱氣球和碰碰車。

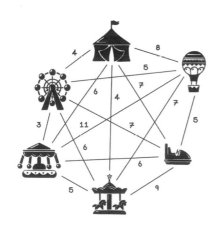

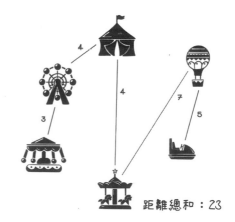

路線距離　　　　　　　　造訪所有設施的最佳路線

圖 6.6 設施之間的距離與最佳路線

如果要手動為一個只有 6 個設施的小小資料集求解的話並不難，但如果將設施數量增加到 15 個，可能性便會暴增（如圖 6.7）。假設遊樂設施是伺服器，而路線是網路連線，那麼便需要智慧演算法來解決這些問題了。

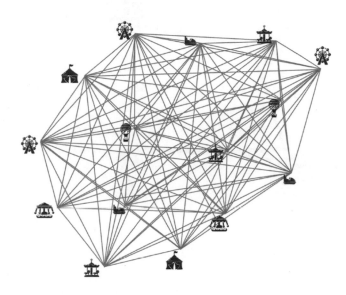

圖 6.7　有著更多設施與路線的資料集

練習：請試著手動找出嘉年華會中的最短路徑

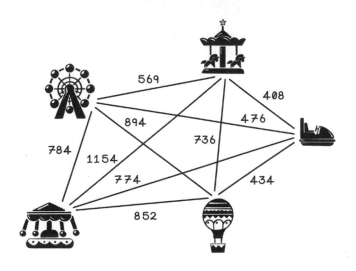

解答：請試著手動找出嘉年華會中的最短路徑

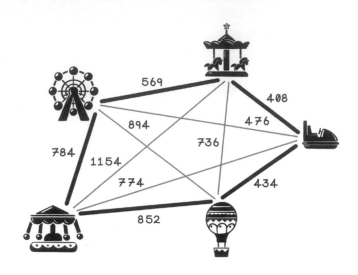

暴力破解是透過計算以解決問題的一種方式：計算並評估所有旅途組合（即每個設施都至少造訪一次），直到找出最短的距離總和為止。這個解看似可行，但若是用在大型資料集上便相當曠日廢時。用暴力破解的方式找出含有 48 個遊樂設施的資料集之最佳解須耗時數十個小時。

狀態表現：如何表現路線和螞蟻？

在嘉年華問題中，我們需要以蟻群最佳化演算法可處理的方式來表現問題的資料。因為有多個設施以及各種不同的距離，因此可以利用距離矩陣來精準地表示問題空間。

距離矩陣是一個二維陣列，其中各索引都代表了一個實體，而資料集則為該實體與另一個實體之間的距離。同樣地，列表中的每個索引僅代表一個實體。此矩陣類似於第 2 章中討論過的相鄰矩陣（圖 6.8 和表 6.1）。

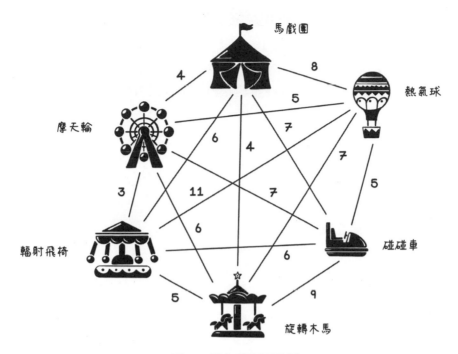

圖 6.8 嘉年華問題範例

表 6.1 遊樂設施間的距離

	馬戲團	熱氣球	碰碰車	旋轉木馬	輻射飛椅	摩天輪
馬戲團	0	8	7	4	6	4
熱氣球	8	0	5	7	11	5
碰碰車	7	5	0	9	6	7
旋轉木馬	4	7	9	0	5	6
輻射飛椅	6	11	6	5	0	3
摩天輪	4	5	7	6	3	0

設施之間的距離可以用距離矩陣表示，這是一個二維陣列，其中的 x, y 對應到了設施 x 與設施 y 之間的距離。請注意相同設施之間的距離為 0，代表為同一地點。利用程式碼去迭代檔案中的資料並建立出各個元素來生成此陣列：

```
let attraction_distances equal

    [
    [0,8,7,4,6,4],
    [8,0,5,7,11,5],
    [7,5,0,9,6,7],
    [4,7,9,0,5,6],
    [6,11,6,5,0,3],
    [4,5,7,6,3,0],
    ]
```

下一個要表現的元素是螞蟻。螞蟻們會在不同設施間移動並留下費洛蒙，還會判斷接下來應該前往哪一個設施。最後，螞蟻還會知道自己總共走了多遠。以下是螞蟻的基本特性（圖 6.9）：

- 記憶 —— 在蟻群最佳化演算法中代表已訪問設施之清單。

- 最佳適應值 —— 造訪所有設施的最短距離。

- 行動 —— 選擇下一個目的地並在沿途留下費洛蒙。

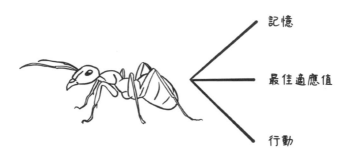

記憶

最佳適應值

行動

圖 6.9 螞蟻的特性

偽代碼

雖然代表螞蟻的抽象概念中已包含了記憶、最佳適應值與行動，我們還需要特定的資料和函數才可以解決嘉年華問題。我們可以使用類別來封裝螞蟻的相關邏輯。在初始化螞蟻類別實例後，同時也會初始化一個空陣列來表示螞蟻即將訪問的設施清單。此外，會隨機選出一個設施作為該螞蟻的起點：

```
Ant(attraction_count):
  let ant.visited_attractions equal an empty array
  append a random number between 0 and
    (attraction_count - 1) to ant.visited_attractions
```

螞蟻類別中還包含了幾個用於移動的函數。visit_* 函數用來決定螞蟻接下來會前往的設施。visit_attraction 函數會生成隨機訪問設施的機率。程式碼在此會呼叫 visit_random_attraction，或者搭配計算後的機率清單來呼叫 roulette_wheel_selection。下一段將討論到更多細節：

```
Ant functions:
 visit_attraction(pheromone_trails)
 visit_random_attraction()
 visit_probabilistic_attraction(pheromone_trails)
 roulette_wheel_selection(probabilities)
 get_distance_traveled()
```

最後，用 get_distance_traveled 函數透過造訪清單來計算出該螞蟻行走過的距離總和。必須將此距離最小化以找出最短路徑，並作為此螞蟻的適應性：

```
get_distance_travelled(ant):
  let total_distance equal 0
  for a in range(1, length of ant.visited_attractions):
    total_distance += distance between ant.visited_attractions[a - 1] and
                                       ant.visited_attractions[a]
  return total_distance
```

最後要設計的資料結構是費洛蒙軌跡的概念。與代表設施之間距離一樣，每條路
徑上的費洛蒙強度也可以用距離矩陣表示，但包含的資訊不是距離而是費洛蒙的
強度。在圖 6.10 中，線條越粗表示費洛蒙軌跡越強烈。表 6.2 說明了設施之間的
費洛蒙軌跡。

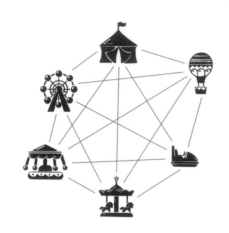
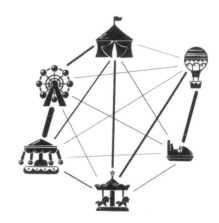

設施間的路徑   各路徑的可能費洛蒙強度

圖 6.10 各路的費洛蒙強度範例

表 6.2 設施之間的費洛蒙強度

	馬戲團	熱氣球	碰碰車	旋轉木馬	輻射飛椅	摩天輪
馬戲團	0	2	0	8	6	8
熱氣球	2	0	10	8	2	2
碰碰車	2	10	0	0	2	2
旋轉木馬	8	8	2	0	2	2
輻射飛椅	6	2	2	2	0	10
摩天輪	8	2	2	2	10	0

蟻群最佳化演算法的生命週期

了解了所需的資料結構之後，接著來看看蟻群最佳化演算法的工作原理。我們要根據問題空間來設計蟻群最佳化演算法。雖然每個問題的脈絡都不一樣，且表現資料的領域也不盡相同，但原則都是一樣的。

因此，讓我們來看看該如何配置蟻群最佳化演算法以解決嘉年華問題吧。此演算法常見的生命週期如下：

- **初始化費洛蒙軌跡**。建立設施之間的費洛蒙軌跡概念，並初始化強度。

- **建立蟻群**。建立蟻群，其中每隻螞蟻都會從不同的設施開始。

- **選出每隻螞蟻下一個要造訪的設施**。為每一隻螞蟻選出下一個要造訪的設施，直到所有螞蟻都造訪過一遍為止。

- **更新費洛蒙軌跡**。根據螞蟻的移動以及費洛蒙揮發速率等因素來更新費洛蒙軌跡的強度。

- **更新最佳解**。根據每隻螞蟻所覆蓋的距離總和以更新最佳解。

- **決定終止條件**。螞蟻造訪設施的過程會迭代數次。當所有螞蟻都造訪完所有設施，視為迭代了一次。終止條件決定了預定執行的迭代次數。迭代次數越多，越有機會讓螞蟻根據費洛蒙軌跡做出更好的決定。

圖 6.11 為蟻群最佳化演算法常見的生命週期。

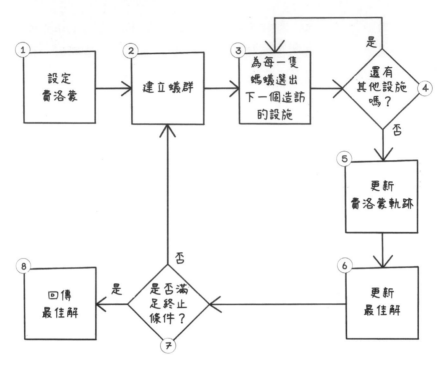

圖 6.11　蟻群最佳化演算法的生命週期

初始化費洛蒙軌跡

蟻群最佳化演算法的第一步便是將費洛蒙軌跡初始化。因為還沒有任何螞蟻走過設施間的路徑,所以將費洛蒙軌跡初始化為 1。當所有費洛蒙軌跡被設為 1 時,軌跡之間便沒有任何優劣之分。定義一個可靠的資料結構來包含費洛蒙軌跡是重點所在,接下來會看到(圖 6.12)。

此概念可以應用在其他問題中,比方說,費洛蒙強度並非由地點之間的距離來決定,而是由其他啟發而定義。

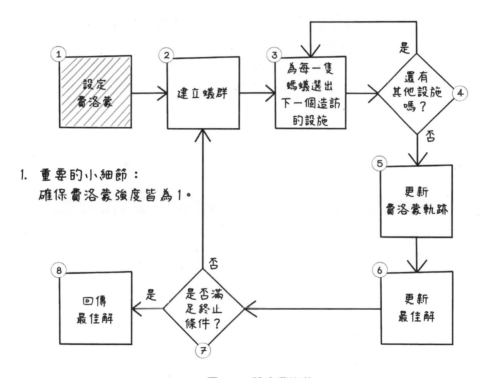

圖 6.12 設定費洛蒙

在圖 6.13 中，啟發就是兩點之間的距離。

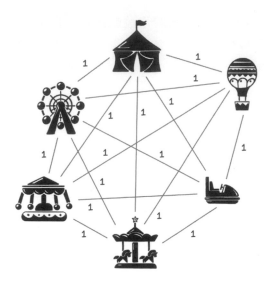

將費洛蒙初始化為 1 .

圖 6.13　初始化費洛蒙

偽代碼

跟設施間的距離一樣，費洛蒙軌跡也可以用距離矩陣表示，但陣列中的數值代表了各點之間的費洛蒙強度。將每條路徑的費洛蒙強度初始化為 1，所有路徑的初始數值都應相同以防一開始就出現偏誤：

```
let pheromone_trails equal
    [
    [1,1,1,1,1,1],
    [1,1,1,1,1,1],
    [1,1,1,1,1,1],
    [1,1,1,1,1,1],
    [1,1,1,1,1,1],
    [1,1,1,1,1,1]
    ]
```

建立蟻群

蟻群演算法的下一步是建立一群會在設施間移動並留下費洛蒙軌跡的蟻群（圖 6.14）。

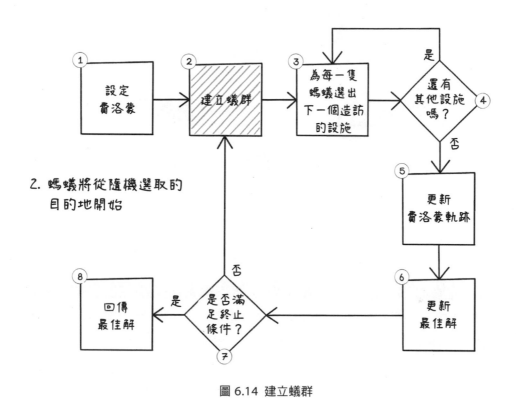

圖 6.14 建立蟻群

螞蟻會先從被隨機分配到的設施開始（圖 6.15）—— 從潛在排序中的任一點開始，因為蟻群演算法可以應用於不存在實際距離的問題上。造訪完所有設施後，螞蟻會回到各自的起點。

我們可以將此原則應用在截然不同的問題上。例如在工作排程問題中，各個螞蟻可以從不同的工作開始著手。

圖 6.15 從任一設施開始

建立蟻群還包含需要初始化幾隻螞蟻，並將它們附加至一個清單中以便後續參考。別忘了螞蟻類別的初始化函數會隨機選出一個設施做為起點：

```
setup_ants(attraction_count, number_of_ants_factor):
  let number_of_ants equal round(attraction_count * number_of_ants_factor)
  let ant_colony equal to an empty array
  for i in range(0, number_of_ants):
    append new Ant to ant_colony
  return ant_colony
```

選出每隻螞蟻下一個要造訪的設施

螞蟻需要選出下一個要造訪的設施。它們會不斷地造訪新設施直到全都去過一遍為止，這又稱為巡迴。螞蟻會根據兩個因素來決定下一個目的地（圖 6.16）：

- 費洛蒙強度 —— 所有可用路徑上的費洛蒙強度

- 啟發值 —— 來自所有可用路徑的已定義啟發式之結果，在嘉年華範例中即為設施之間的路徑距離。

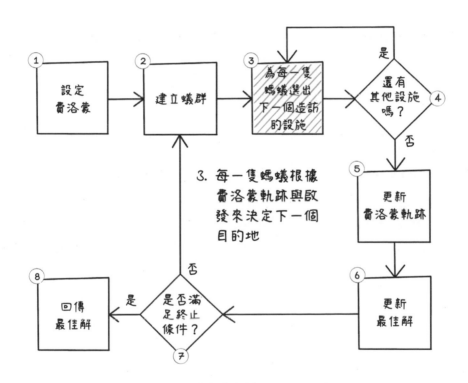

圖 6.16 選出每隻螞蟻下一個要造訪的設施

螞蟻不會再次造訪已經去過的地方。如果該螞蟻已經玩過碰碰車了，在當前巡迴中便不會再去。

螞蟻的隨機性

蟻群最佳化演算法具有隨機性，其目的是要讓螞蟻有機會探索不那麼理想的立即路徑，有時候可能反而會縮短巡迴的距離總和。

首先，螞蟻會根據一個機率隨機選取目的地。我們可以生成一個介於 0 與 1 之間的任一數值，如果結果為 0.1 或更小，那麼該螞蟻便會決定隨機造訪一個目的地，而這個選擇任一目的地的機率即為 10%。如果螞蟻決定了要隨機造訪，那麼它便需要從所有可用目的地之中選出一個設施。

根據啟發式選擇目的地

當螞蟻的下一個目的地並非隨機選擇時，它會藉由以下公式決定該路徑上的費洛蒙強度與啟發值：

$$\frac{(\text{pheromones on path x})^a * (1 / \text{heuristic for path x})^b}{\text{幾個可用目} \atop \text{的地的總和} \ ((\text{pheromones on path n})^a * (1 / \text{heuristic for path n})^b}$$

將此函數應用於每一條通往各自目的地的路徑之後，螞蟻便會選出最值得採納的路徑。圖 6.17 是以馬戲團為起點的所有可能路徑，以及各自的距離及費洛蒙強度。

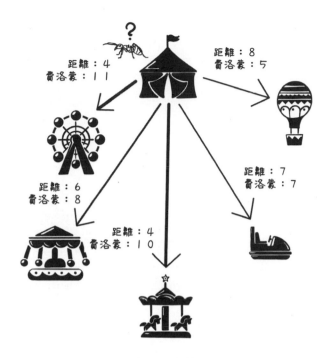

圖 6.17 以馬戲團為起點的可能路徑

仔細瞧瞧公式，就能揭開計算背後的面紗，並理解計算結果如何影響決策（圖 6.18）。

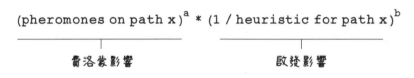

圖 6.18 公式中費洛蒙與啟發式影響

變數 *alpha*（*a*）與 *beta*（*b*）用於調整費洛蒙影響或啟發影響兩者的權重。我們可以調整這些變數以平衡螞蟻根據自身訊息以及費洛蒙軌跡之間所做出的判斷，因為費洛蒙軌跡代表蟻群對該路徑的了解。這些參數需要預先定義，且在運算中通常不會再調整。

接下來的範例會將以馬戲團為起點的所有路徑都計算過一遍，並求出移動至各個相應設施的機率。

- *a*（*alpha*）設定為 1。

- *b*（*beta*）設定為 2。

因為 *b* 大於 *a*，所以在此範例中啟發式受到了青睞。

以下為決定選擇特定路徑之機率的計算範例（圖 6.19）。

$$\frac{(\text{pheromones on path x})^a * (1 / \text{heuristic for path x})^b}{\underset{\substack{\text{幾個可用目}\\\text{的地的總和}}}{\sum} ((\text{pheromones on path n})^a * (1 / \text{heuristic for path n})^b)}$$

$((\text{pheromones on path x})^a * (1 / \text{heuristic for path x})^b)$　　← 將此公式用在所有設施上

摩天輪：	$11 * (1/4)^2 = 0.688$
輻射飛椅：	$8 * (1/6)^2 = 0.222$
旋轉木馬：	$10 * (1/4)^2 = 0.625$
碰碰車：	$7 * (1/7)^2 = 0.143$
熱氣球：	$5 * (1/8)^2 = 0.078$

$\underset{\substack{\text{幾個可用目}\\\text{的地的總和}}}{\sum} ((\text{pheromones on path n})^a * (1 / \text{heuristic for path n})^b) = 1.756$　← 總和

摩天輪：	$\mathbf{0.688 / 1.756 = 0.392}$	← 最高機率：39.2%
輻射飛椅：	$0.222 / 1.756 = 0.126$	
旋轉木馬：	$\mathbf{0.625 / 1.756 = 0.356}$	← 高機率：35.6%
碰碰車：	$0.143 / 1.756 = 0.081$	
熱氣球：	$0.078 / 1.756 = 0.044$	

圖 6.19 路徑的機率計算

在計算之後，螞蟻在所有可能的目的地中的選項如圖 6.20 所示。

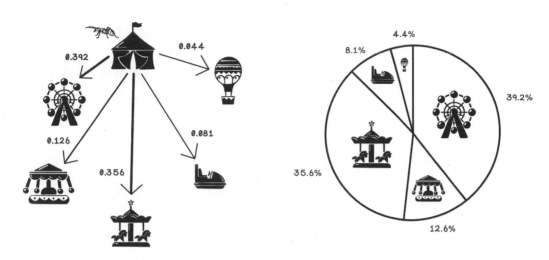

圖 6.20　每個景點被選上的最終機率

別忘了，只有可用路徑會被考慮到，這些都是還沒有探索過的路線。圖 6.21 說明了以馬戲團為起點的可用路徑，而摩天輪因為已經去過所以被排除在外。圖 6.22 說明了路徑的機率計算過程。

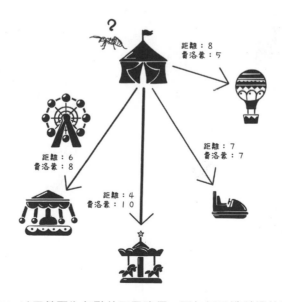

圖 6.21　以馬戲團為起點的可用路徑，不包括已造訪過的設施

$$\frac{\text{(pheromones on path x)}^a * (1 / \text{heuristic for path x})^b}{\text{幾個可用目} \atop \text{的地的總和} ((\text{pheromones on path n})^a * (1 / \text{heuristic for path n})^b)}$$

$((\text{pheromones on path x})^a * (1 / \text{heuristic for path x})^b)$　　　← 將此公式用在所有設施上

輻射飛椅：　　 8 * (1/6)² = 0.222
旋轉木馬：　 10 * (1/4)² = 0.625
碰碰車：　　 7 * (1/7)² = 0.143
熱氣球：　　 5 * (1/8)² = 0.078

幾個可用目
的地的總和 $((\text{pheromones on path n})^a * (1 / \text{heuristic for path n})^b) = 1.068$ ← 總和

輻射飛椅：0.222 / 1.068 = 0.208
旋轉木馬：**0.625 / 1.068 = 0.585**　　← 最高機率：58.5%
碰碰車：0.143 / 1.068 = 0.134
熱氣球：0.078 / 1.068 = 0.073

圖 6.22 路線的機率計算

現在螞蟻的最終決定成了圖 6.23。

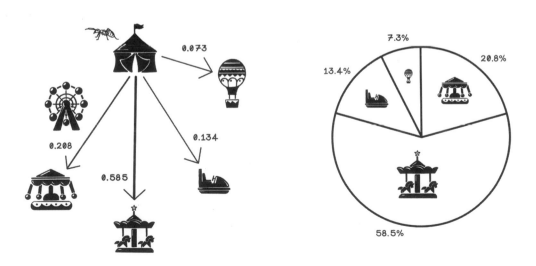

圖 6.23 各景點最終被選上的機率

偽代碼

計算設施被造訪機率之偽代碼與之前討論過的數學函數密切相關。這個實作有一些有趣的地方：

- **決定可造訪的設施** —— 因為螞蟻已經去過某些設施，就不應該再去。從完整設施清單 all_attractions 中移除 visited_attractions 之後，就可以把結果儲存於 possible_attractions 陣列中了。

- **使用三個變數來儲存機率計算的結果** —— possible_indexes 儲存設施索引，possible_probabilities 儲存各索引的機率，而 total_probabilities 儲存機率總和，這個值在函數完成後應為 1。這三個資料結構可以用一個類別來表示，讓程式碼更簡潔。

```
visit_probabilistic_attraction(pheromone_trails, attraction_count, ant
                               alpha, beta):
  let current_attraction equal ant.visited_attractions[-1]
  let all_attractions equal range(0, attraction_count)
  let possible_attractions equal all_attractions - ant.visited_attractions

  let possible_indexes equal empty array
  let possible_probabilities equal empty array
  let total_probabilities equal 0

  for attraction in possible_attractions:
    append attraction to possible_indexes
    let pheromones_on_path equal
      math.pow(pheromone_trails[current_attraction][attraction], alpha)
    let heuristic_for_path equal
      math.pow(1/attraction_distances[current_attraction][attraction], beta)
    let probability equal pheromones_on_path * heuristic_for_path
    append probability to possible_probabilities
    add probability to total_probabilities
  let possible_probabilities equal [probability / total_probabilities
    for probability in possible_probabilities]
  return [possible_indexes, possible_probabilities]
```

輪盤式選擇法再次出現，輪盤式選擇法的函數會將機率與設施索引作為輸入。它會生成一張切片列表，每一片包含元素 0 中的設施索引，索引 1 中的切片起點與索引 2 中的切片終點。每一片都包含了介於 0 與 1 之間的起點與終點。生成一個介於 0 與 1 之間的任意數，而剛好符合的切片即獲選：

```
roulette_wheel_selection(possible_indexes, possible_probabilities,
                         possible_attraction_count):
  let slices equal empty array
  let total equal 0
  for i in range(0, possible_attractions_count):
    append [possible_indexes[i], total, total + possible_probabilities[i]]
      to slices
    total += possible_probabilities[i]
  let spin equal random(0, 1)
  let result equal [slice for slice in slices if slice[1] < spin <= slice[2]]
  return result
```

有了選擇不同設施的機率之後，便可使用輪盤式選擇法。

稍微回顧一下，輪盤式選擇法（請見第 3 章與第 4 章）是根據個體的適應性來決定其在輪盤上的佔比。輪盤轉動，選出一個個體。如本章的圖 6.23 所示，個體的適應性越強佔比就越大。選擇並造訪設施的這個過程會應用在所有螞蟻上，直到每一隻螞蟻都去過所有設施一遍為止。

練習：根據以下資訊決定造訪設施的機率

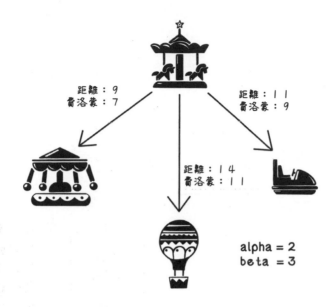

距離：9
費洛蒙：7

距離：11
費洛蒙：9

距離：14
費洛蒙：11

alpha = 2
beta = 3

解答：根據以下資訊決定造訪設施的機率

$$\frac{(\text{pheromones on path x})^a * (1 / \text{heuristic for path x})^b}{\underset{\text{n個可用目的地的總和}}{\sum} ((\text{pheromones on path n})^a * (1 / \text{heuristic for path n})^b)}$$

$((\text{pheromones on path x})^a * (1 / \text{heuristic for path x})^b)$

輻射飛椅：　$7^2 * (1/9)^3 = 0.067$
碰碰車：　　$9^2 * (1/11)^3 = 0.061$
熱氣球：　$11^2 * (1/14)^3 = 0.044$

$\underset{\text{n個可用目的地的總和}}{\sum} ((\text{pheromones on path n})^a * (1 / \text{heuristic for path n})^b) = 0.172$

輻射飛椅：$0.067 / 0.172 = 0.39$
碰碰車：$0.061 / 0.172 = 0.355$
熱氣球：$0.044 / 0.172 = 0.256$

更新費洛蒙軌跡

現在螞蟻已造訪過所有設施並留下了費洛蒙，從而也改變了設施之間的費洛蒙軌跡（圖 6.24）。

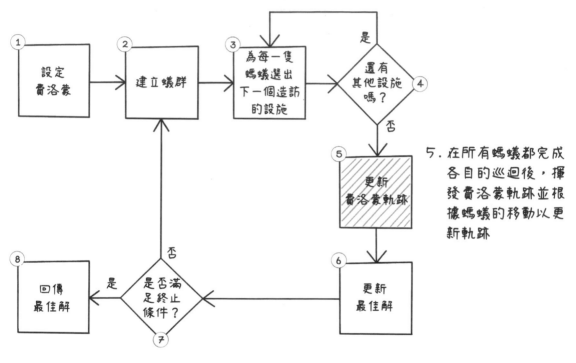

圖 6.24　更新費洛蒙軌跡

更新費洛蒙軌跡需要兩個步驟：揮發與存放新的費洛蒙。

因揮發而更新費洛蒙

揮發的概念同樣來自於大自然。時間一久，費洛蒙軌跡的強度便逐漸減弱。費洛蒙是透過將各自的當前數值乘以揮發因子來更新，此因子為一個可調參數，用以調整演算法在探索與利用方面的效能。圖 6.25 說明了因揮發而更新的費洛蒙軌跡。

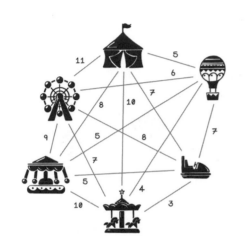
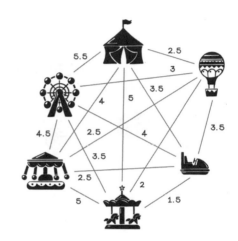

路徑上的費洛蒙　　　　　　經過 50% 揮發之後的路徑費洛蒙

圖 6.25　因揮發而更新費洛蒙

根據螞蟻的巡迴更新費洛蒙

費洛蒙會根據在路徑上移動的螞蟻而更新。如果一條路有越多螞蟻走過，那麼該路徑上的費洛蒙也越多。

每一隻螞蟻都會將其適應性作為貢獻在行走路徑上的費洛蒙。其作用是讓擁有優秀解的螞蟻可以對最佳路徑造成更大的影響。圖 6.26 說明了根據螞蟻的移動而更新的費洛蒙軌跡。

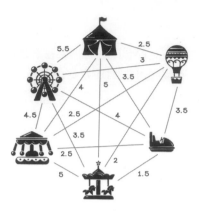

揮發後各路徑上的費洛蒙

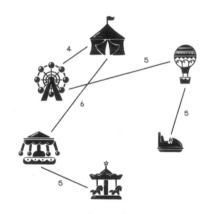

螞蟻A總分：25
1/25 = 0.04

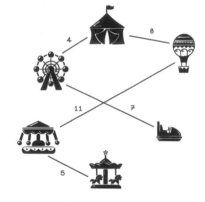

螞蟻B總分：35
1/35 = 0.029

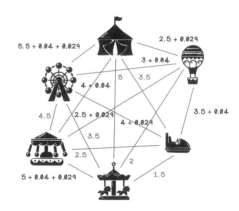

根據螞蟻移動而新增的費洛蒙

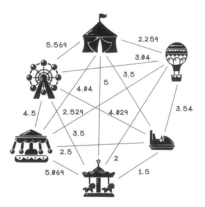

更新後的費洛蒙

圖 6.26 根據螞蟻的移動來更新費洛蒙

練習：請根據以下情境來計算費洛蒙更新

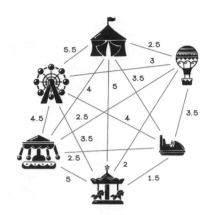

計算 50% 的揮發

各路徑上的費洛蒙

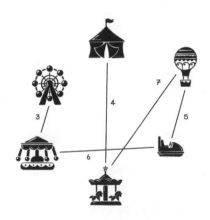

螞蟻 A 的路線

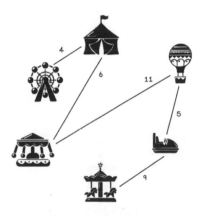

螞蟻 B 的路線

解答：請根據以下情境計算費洛蒙更新

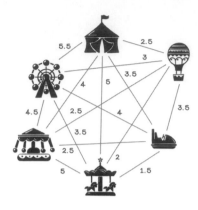

各路徑上的費洛蒙

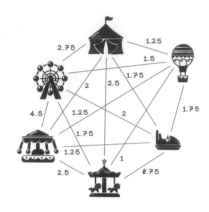

揮發 50% 後各路徑上的費洛蒙

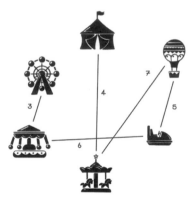

螞蟻A總分：25
1/25 = 0.04

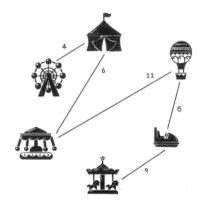

螞蟻B總分：35
1/35 = 0.029

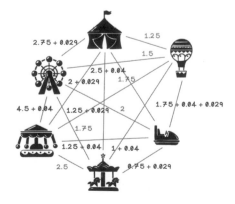

根據螞蟻移動而新增的費洛蒙

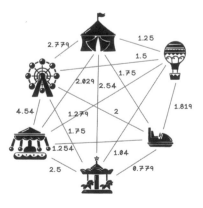

更新後的費洛蒙

偽代碼

update_pheromones 函數會在費洛蒙軌跡上應用兩個重要的概念。首先，當前的費洛蒙強度根據揮發速率而揮發。假設揮發速率為 0.5，那麼強度便減半。接著根據該路徑上螞蟻的移動而增加費洛蒙。螞蟻的適應性決定了該螞蟻可貢獻的費洛蒙量，在此範例中即為各螞蟻的移動距離總和：

```
update_pheromones(evaporation_rate, pheromone_trails, attraction_count):
    for x in range(0, attraction_count):
        for y in range(0, attraction_count):
            let pheromone_trails[x][y] equal
                pheromone_trails[x][y] * evaporation_rate
            for ant in ant_colony:
                pheromone_trails[x][y] += 1 / ant.get_distance_traveled()
```

更新最佳解

最佳解即為總距離最短之設施造訪順序（圖 6.27）。

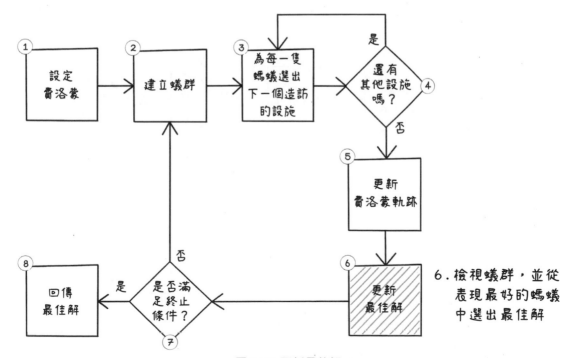

圖 6.27　更新最佳解

偽代碼

完成一次迭代，即每一隻螞蟻都有巡迴一次之後（造訪完所有設施即算作一次巡迴），便必須決定出蟻群中表現最優秀的螞蟻。為了做出這個決定，我們需要找出行走距離最短的螞蟻，並將它設為蟻群中新的最佳解：

```
get_best(ant_population, previous_best_ant):
  let best_ant equal previous_best_ant
  for ant in ant_population:
    let distance_traveled equal ant.get_distance_traveled()
    if distance_traveled < best_ant.best_distance:
      let best_ant equal ant
  return best_ant
```

決定終止條件

演算法會在數次迭代之後而停止：概念上來說即為螞蟻完成的巡迴次數。10 次迭代表示每隻螞蟻都巡迴了 10 次，也就是每一隻螞蟻都造訪了所有設施各 10 次（圖 6.28）。

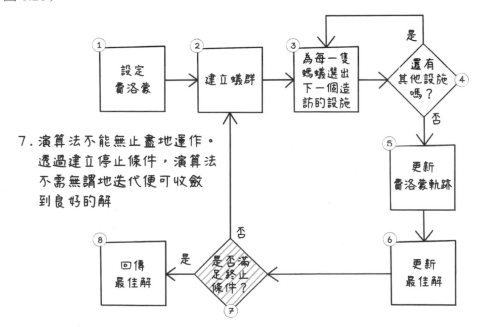

7. 演算法不能無止盡地運作。透過建立停止條件，演算法不需無謂地迭代便可收斂到良好的解

圖 6.28 是否達到終止條件？

蟻群最佳化演算法的終止條件會因問題領域而有所不同。在一些情況下,實際的限制是已知的,但如果是未知的,可以有以下幾種選擇:

- **達到預定的迭代次數後終止**。此情況預定了演算法執行的迭代次數。如果定義了 100 次迭代,則在演算法終止前每隻螞蟻都會巡迴 100 次。

- **於最佳解出現停滯時終止**。在此情況下,每次迭代後的最佳解都會與之前的方案做比較。如果在預定的迭代次數後解沒有改善,則終止演算法。假設第 20 次迭代已得到了適應性為 100 的解,那麼即便該迭代一直重複到第 30 次也很可能(但不保證)已經沒有更好的解了。

偽代碼

solve 函數會把所有東西都串在一起,並讓你更清楚地了解運算順序與演算法完整的生命週期。請注意,演算法會執行已預定的總迭代次數。蟻群也會在每一此迭代開始之前先初始化,並在每次迭代完成後決定出一隻新的最佳螞蟻:

```
solve(total_iterations,evaporation_rate,number_of_ants_factor,
      attraction_count):
  let pheromone_trails equal setup_pheromones()
  let best_ant equal Nothing
  for i in range(0,total_iterations):
    let ant_colony equal setup_ants(number_of_ants_factor)
    for r in range(0,attraction_count - 1):
      move_ants(ant_colony)
    update_pheromones(evaporation_rate,
                      pheromone_trails,
                      attraction_count)
    let best_ant equal get_best(ant_colony)
```

我們可以調整幾個參數來改變蟻群演算法的探索與利用狀況。這些參數會影響演算法需要多久時間才能找到優良的解。一定的隨機性有助於探索。啟發式與費洛蒙之間的權重平衡會影響螞蟻會嘗試貪婪搜尋(偏重啟發式時),還是更信任費洛蒙的訊息。揮發速率也會影響權重的平衡。螞蟻的數量與總迭代次數也會影響到解的品質。螞蟻個數與迭代次數越多，需要的計算量也越大。根據手上的問題，計算時間也會影響這些參數（圖 6.29）：

設定螞蟻隨機造訪設施的機率 (0.0-1.0)(0%-100%)
RANDOM_ATTRACTION_FACTOR = 0.3

設定路徑上的費洛蒙權重以供螞蟻選擇
ALPHA = 4

設定路徑上的啟發權重以供螞蟻選擇
BETA = 7

根據設施數量設定蟻群中的螞蟻比例
NUMBER_OF_ANTS_FACTOR = 0.5

設定螞蟻須完成的巡迴次數
TOTAL_ITERATIONS = 1000

設定費洛蒙揮發速率 (0.0-1.0)(0%-100%)
EVAPORATION_RATE = 0.4

圖 6.29　蟻群演算法中可調整之參數

現在你已經深入理解了蟻群最佳化演算法的運作原理，以及它是如何解決嘉年華會問題。下一段將介紹一些其他的使用案例，也許能幫助你活用蟻群演算法於工作上呢？

蟻群最佳化演算法的使用案例

蟻群最佳化演算法在現實世界中的應用十分廣泛。通常應用在複雜的最佳化問題上,例如:

- **路線最佳化** —— 在路線問題中,通常會有幾個需要造訪的目的地及限制。以物流為例,目的地之間的距離、交通狀況、遞送的包裹類型以及投遞時間都是在最佳化業務營運時需要考慮的重要因素。蟻群演算法此時便可派上用場。路線問題其實跟本章討論到的嘉年華問題很像,只是啟發式函數可能更為複雜且有特定的脈絡。

- **工作排程** —— 工作排程問題幾乎存在於所有產業。護士的輪班對於是否能夠提供良好的醫療照護非常重要。伺服器上的計算作業必須以發揮最大功效的方式調度,才能有效地利用硬體而不造成浪費。蟻群演算法同樣適合用來解決這些問題。不過這次螞蟻造訪的不是實際地點,而是以不同順序開始工作。啟發式函數包含了與所需排程工作相關的種種限制與規則。例如護士會需要排休以免疲乏,而在伺服器上具高優先權的工作應優先被考慮。

- **圖像處理** —— 蟻群演算法可應用在圖像處理中的邊緣檢測上。圖像是由許多相鄰的像素所組成,而螞蟻會在像素間移動並留下費洛蒙軌跡。螞蟻會在顏色較濃的像素上留下較強的費洛蒙,從而讓費洛蒙軌跡沿著包含最強費洛蒙的物體邊緣繞行。此演算法本質上便是透過邊緣檢測來描繪出圖像的輪廓。可能會需要先將圖像灰階化,以便能一致地比較像素的顏色濃淡。

總結蟻群最佳化演算法

蟻群演算法使用了費洛蒙和啟發。

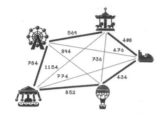

蟻群演算法適用於找出最短路徑或是最佳工作
排程等最佳化問題。

螞蟻具有記憶與性能的概念，
並可做出行動。

利用啟發與路徑上費洛蒙之間的權重來求出選擇機率。

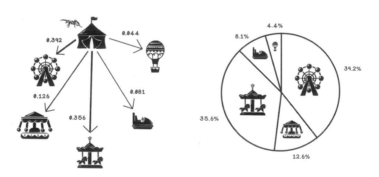

每隻螞蟻依照其表現貢獻出成正比的費洛蒙，費洛蒙會隨時間揮發。

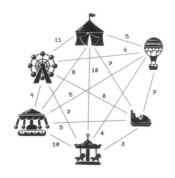

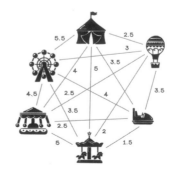

路徑上的費洛蒙　　　　　經過 50% 揮發之後的路徑費洛蒙

群體智慧：粒子 | **7**

本章內容

- 認識什麼是粒子群體智能演算法

- 理解並解決各種最佳化問題

- 設計並實作粒子群最佳化演算法

什麼是粒子群最佳化？

粒子群最佳化（*particle swarm optimization*）也是一種群體演算法。
群體智能仰賴許多個體的突發行為來集體解決困難問題。第 6 章已經
談過螞蟻如何運用費洛蒙來找到目的地之間的最短路徑。

鳥群則是另一個自然界中群體智慧的絕佳範例。當一隻鳥單飛時，牠會試著採取一些方法或技巧來保存能量，例如跳躍、空中滑翔或運用氣流將自己帶往所想要去的方向。這種行為代表了單一個體的基礎智能。

但鳥兒在不同季節時也需要進行遷徙，冬天時比較難取得昆蟲或其他食物，合適的築巢地點也會變得稀少。鳥兒傾向於群體移動到較溫暖的區域來運用較佳氣候條件所帶來的優勢，例如增加自身的存活機率。遷徙通常不是短程旅行，而是要移動數千公里才能抵達某個具備合適條件的地方。當鳥類移動這麼長的距離時，牠們會傾向於成群結隊。鳥兒之所以成群是因為在面對掠食者時可以有數量上的優勢；再者，這樣可以保存能量。我們在鳥群中觀察到的隊形有幾項明顯的好處。體型大又強壯的鳥隻會飛在前頭，當牠拍動翅膀時可為後方的鳥兒製造升力，牠們就能大大節省能量來保持飛行。當要改變方向或領頭鳥疲累時，鳥群還可以更換領頭鳥。當某隻鳥跑出隊形外時，牠會因為空氣阻力而感受到更難飛，因此會修正自身動作來歸隊。圖 7.1 是一種鳥群隊形；你可能看過其他類似的。

圖 7.1 一種鳥群的隊形

Craig Reynolds 在 1987 年開發了一套模擬程式來理解鳥群突發行為中的屬性，並如何使用以下規則來帶領群體。這些規則是透過觀察鳥群而得：

- 列隊（*Alignment*）—個體應朝著其鄰者的平均航向（指向）前進，藉此確保整個群體朝著差不多的方向移動。

- 聚集（*Cohesion*）—個體應移動到與其鄰者的平均位置上，藉此維持群體隊形。

- 分離（*Separation*）—個體應避免與鄰者過於擁擠或甚至撞到，藉此確保彼此不會碰撞而讓群體混亂。

不同的狀況變化就會加入更多額外規則來模擬群體行為。圖 7.2 說明了個體在不同情境下的行為，以及為了遵守各自的規則而受影響後的移動方向。動作調整是下圖中這三個原則的平衡結果。

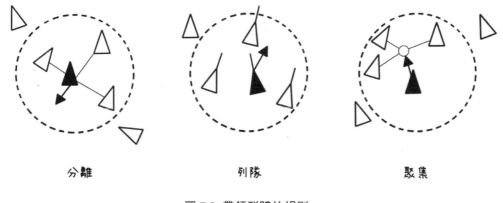

分離　　　　　　　　列隊　　　　　　　　聚集

圖 7.2 帶領群體的規則

粒子群最佳化是指解空間（solution space）中位於不同點的一群個體，全部都使用的真實世界的群體概念來找出空間中的最佳解。本章會深入介紹粒子群最佳化演算法的運作方式，並示範如何運用它來解決問題。想像一群蜜蜂出外四處尋找花兒，之後漸漸收斂到某個花兒最密集的區域。隨著更多蜜蜂找到花，就會吸引更多蜜蜂前來。就核心概念而言，這個範例就是粒子群最佳化所導致的結果（圖 7.3）。

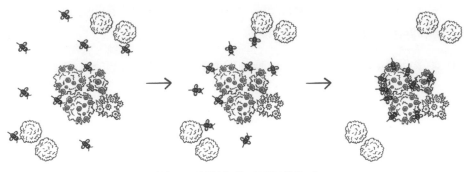

圖 7.3　漸漸收斂到目標的蜂群

最佳化問題已在本書多個章節談到過。例如找出迷宮最佳路徑、背包物品最佳化以及嘉年華攤位之間的最佳路徑等等，這些都屬於最佳化問題。之前只是稍微談了一下，但沒有深入其背後的細節。但從本章開始，更進一步理解最佳化問題就變得很重要了。下一段會談到一些當碰到最佳化問題時所需的直觀知識。

最佳化問題：技術觀點

假設我們有多個不同尺寸的辣椒。一般來說，小顆的辣椒通常會比大顆的辣椒來得更辣。如果把所有辣椒根據尺寸與辣度畫成圖表，應該會很類似圖 7.4。

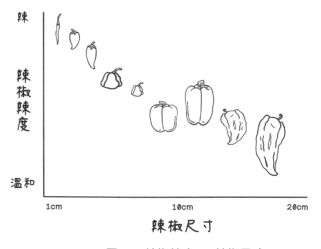

圖 7.4　辣椒辣度 vs. 辣椒尺寸

上圖顯示了各種辣椒的尺寸與辣度之間的關係。現在把辣椒圖片拿掉，改用資料點來繪製，並在這些點之間畫一條曲線，就可得到圖 7.5。如果有更多辣椒的畫，我們就能取得更多資料點，這條曲線就會更準確。

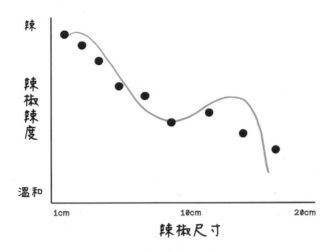

圖 7.5 辣椒辣度 vs. 辣椒尺寸趨勢

本範例很可能就是個最佳化問題。如果從左往右來搜尋最小值的話，我們可能會碰到多個比前一點更小的點，但請注意中間有一個點比其他點來得高。要停在這兒嗎？如果這麼做的話，就會錯過真正的最小值，也就是最後一個資料點，稱為全域最小值（global minimum）。

/ 曲線可用如圖 7.6 的函數來表示。你可這樣解讀這個函數：本函數結果即為辣椒的辣度，其中辣椒的尺寸由 x 所代表。

$$f(x) = -(x - 4)(x - 0.2)(x - 2)(x - 3) + 5$$

圖 7.6 辣椒辣度 vs. 辣椒尺寸的範例函數

現實生活中的問題通常會有上千個資料點，而函數所輸出的最小值不會像本範例這樣明顯，且由於搜尋空間非常大所以很難手動解決。

請注意我們只使用了辣椒的兩個性質來建立這些資料點，結果是一條簡單曲線。如果把辣椒的其他性質（例如顏色）納入考量，資料的表示方式就會大不相同。現在圖表必須以 3D 來呈現了，而趨勢會變成一個面而非原本的曲線。這個面有點像是一張在三維空間中的皺巴巴毯子（圖 7.7）。這個面也可以用函數來表示，當然就更複雜了。

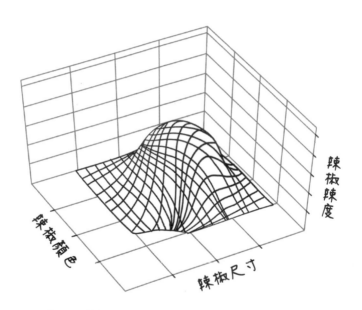

圖 7.7 辣椒辣度 vs. 辣椒尺寸 vs. 辣椒顏色

再者，3D 搜尋空間可以像圖 7.7 那樣簡單，也可以複雜幾乎到不可能靠肉眼去找出最小值（圖 7.8）。

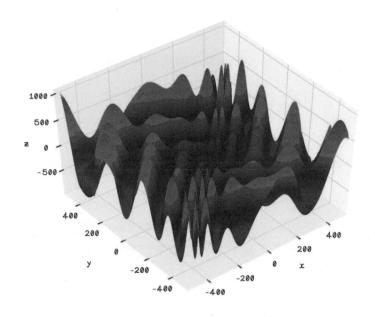

圖 7.8 在 3D 空間中將函數視覺化呈現為一個面

圖 7.9 為表示這個面的函數。

$$f(x, y) = -(y + 47)\sin\sqrt{\left|\frac{x}{2} + (y + 47)\right|} - x\sin\sqrt{|x - (y + 47)|}$$

圖 7.9 代表圖 7.8 中曲面的函數

愈來愈有趣了！我們已經看過辣椒的三個屬性：尺寸、顏色與辣度。為此，我們要在三維空間中來搜尋。如果我們要把生長地點也考慮進來，怎麼辦呢？這個屬性會讓視覺化以及理解資料變得愈來愈困難，現在我們現在要在四個維度下來搜尋了。如果再加入辣椒生長時間與施肥量，我們的超大型搜尋空間就會變成六個維度，根本無法想像這樣子的搜尋是怎麼回事。這個搜尋一樣可用某個函數來表示，但再次強調這對個人來說已經太過複雜且困難到無法解決。

粒子群最佳化演算法在解決困難的最佳化問題尤其好用。 粒子會被散佈在多維度搜尋空間中，並齊心協力來找出良好的最大值或最小值。

粒子群最佳化演算法對於以下情境特別有用：

- **大型搜尋空間** —— 有超多資料點以及各種可能的組合。

- **高維度搜尋空間** —— 高維度會使得複雜度大增，但問題可能需要多個維度才能找到良好解。

練習：以下情境的搜尋空間中，總共有多少個維度呢？

在這個情境中，由於我們不喜歡太冷的地方，因此要根據年平均最低溫度來選出一個宜居城市。另外，人口要少於 70 萬也很重要，因為人口擁擠的區域也是諸多不便。平均物價應該要愈低愈好，如果城市有愈多火車那就更好了。

解答：以下情境的搜尋空間中，總共有多少個維度呢？

本情境中的問題包含了五個維度：

- 平均溫度

- 人口數量

- 平均物價

- 火車數量

- 這些屬性的結果將有助於我們做出決策

可應用粒子群最佳化的問題

想像一下我們正在開發無人機，會用到一些材料來製作其機體與推進翼（讓它飛起來的葉片）。經過許多研究嘗試之後，我們發現如果聚焦於無人機的推升與對抗強風的話，某兩種特定材料的用量會產生不同的效能最佳化結果。這兩種材料分別為鋁（用於機身），以及塑膠（用於葉片）。兩種材料過多過少都會使得無人機的表現變差。雖然有多種組合都能產生效能不錯的無人機,而其中只有一種組合能產生最厲害的無人機。

圖 7.10 標註了塑膠製元件以及鋁製元件。箭頭代表影響無人機效能的力。簡單來說,我們想要針對無人機找到一個塑膠與鋁的良好比例來減少推升過程中的阻力,並降低機身在風中的晃動。所以塑膠與鋁為輸入,而輸出則是無人機最終的穩定性。在此把理想的穩定性描述為起飛過程中的阻力減少程度,以及機身在風中的晃動程度。

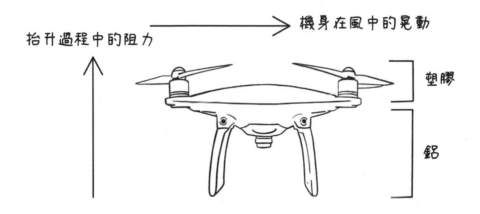

圖 7.10 無人機最佳化範例

鋁與塑膠的精確比例至關重要,而各種可能性只能說非常非常多。在本情境中,研究者已發現鋁與塑膠的比例函數。在實際製作無人機原型之前,我們會在模擬用途的虛擬環境中運用這個函數來測試阻力與晃動,藉此找出各材料的最佳值。我們還知道材料比例的最大值與最小值分別為 10 與 -10。這個適應性函數相當類似於啟發式演算法。

圖 7.11 為鋁（x）與塑膠（y）兩者比例的適應性函數。結果為在指定輸入值 x 與 y 之後，根據阻力與晃動而得的成效分數。

$$f(x, y) = (x + 2y - 7)^2 + (2x + y - 5)^2$$

圖 7.11 鋁（x）與塑膠（y）的最佳化範例函數

那麼要如何找出能做出超厲害無人機的鋁與塑膠的量呢？一個可能的作法是把所有鋁與塑膠數值的所有組合都試過一遍，直到找出針對這台無人機的最佳材料比例為止。喝杯水，想像一下找出這個比例所需的計算量。如果要把每個可能的數字都試過一遍的話，在找到解之前所要嘗試的組合數量只能說近乎無限。在此只要計算表 7.1 中各項的結果即可。請注意有些鋁與塑膠為負值，這在現實生活中非常奇怪；不過本範例還是會用到這些數值來示範如何運用適應性函數來最佳化這些值。

表 7.1 鋁與塑膠可能的數值組合

多少鋁製零件？（x）	多少塑膠零件？（y）
-0.1	1.34
-0.134	0.575
-1.1	0.24
-1.1645	1.432
-2.034	-0.65
-2.12	-0.874
0.743	-1.1645
0.3623	-1.87
1.75	-2.7756
…	…
-10 ≥ 鋁 ≥ 10	-10 ≥ 塑膠 ≥ 10

這個計算會把介於各項限制中的所有可能數字都跑一遍，因此運算量大到驚人。實務上這個問題不太可能用暴力法來處理，因此需要更好的方法才行。

粒子群最佳化提供了不需檢查每個維度中的所有數值，就能在大型搜尋空間進行搜尋的方法。在無人機問題中，鋁是問題的一個維度，塑膠是第二個維度，而無人機的最終效能則是第三個維度。

下一段要決定表示粒子所需的資料結構，包括它所包含的那些與問題有關的資料。

代表狀態：粒子長什麼樣子？

由於粒子會在搜尋空間中移動，因此必須先定義粒子的概念（圖 7.12）。

圖 7.12 粒子的各種性質

粒子的概念可由以下項目來表示：

- **位置** —— 粒子在所有維度中的位置

- **最佳位置** —— 運用適應性函數所找到的最佳位置

- **速度** —— 粒子運動的當前速度

偽代碼

為了實現粒子的這三個屬性，包含位置、最佳位置與速度，粒子建構子需要以下性質來完成粒子群最佳化演算法的各項運算。現在先別擔心什麼是慣性（inertia）、認知（cognitive）元件與社交（social）元件；後續段落會再詳細介紹：

```
Particle(x, y, inertia, cognitive_constant, social_constant):
    let particle.x equal to x
    let particle.y equal to y
    let particle.fitness equal to infinity
    let particle.velocity equal to 0
    let particle.best_x equal to x
    let particle.best_y equal to y
    let particle.best_fitness equal to infinity
    let particle.inertia equal to inertia
    let particle.cognitive_constant equal to cognitive_constant
    let particle.social_constant equal to social_constant
```

粒子群最佳化生命週期

粒子群最佳化演算法的設計方法須根據所提出的問題空間而定。每個問題又根據資料的呈現方式各自有獨特的脈絡與領域。不同問題的解當然也需要不同的測量方式才行。現在要深入看看，如何設計粒子群最佳化方法來解決無人機組裝問題。

粒子群最佳化演算法的一般生命週期如下（圖 7.13）：

1. *初始化粒子族群*。決定要用到的粒子數量，接著把各個粒子初始化到搜尋空間中的隨機位置。

2. *計算各個粒子的適應性函數*。給定各粒子的位置，並決定該粒子在這個位置的適應性函數。

3. **更新各個粒子的位置**。使用群體智能原則來持續更新所有粒子的位置。粒子會不斷探索整個搜尋空間，接著慢慢收斂到某個良好解。

4. **決定停止準則**。決定何時讓粒子停止更新，並停止演算法。

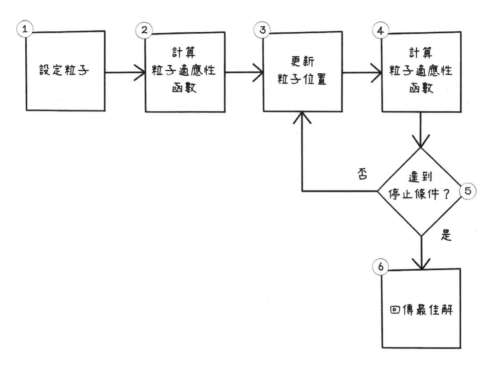

圖 7.13　粒子群最佳化演算法的生命週期

粒子群最佳化演算法其實很簡單，但只有步驟 3 的細節特別複雜。後續段落要分別介紹各個步驟，並揭開演算法運作的神秘面紗。

初始化粒子母體

演算法首先會產生特定數量的粒子，這個數量在整個演算法生命其中都會保持一致（圖 7.14）。

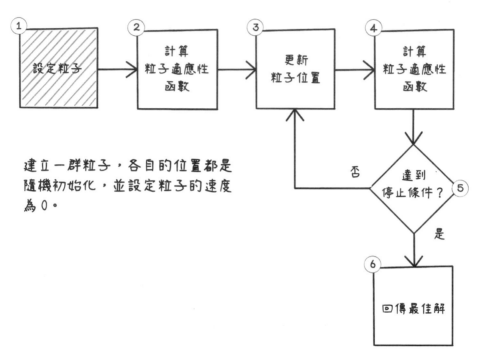

圖 7.14 設定粒子

初始化粒子時的三個重要因素如下（圖 7.15）：

- **粒子數量** —— 粒子的數量會影像到運算量。粒子愈多，當然就需要更大量的運算。此外，更多粒子則代表收斂到全域最佳解可能會耗掉更久時間，因為同時也會有更多粒子被吸引到其區域最佳解。問題的各項限制也會影響粒子數量。較大的搜尋空間可能需要更多粒子才能探索完畢。粒子可能多達 1,000，也可能只有 4 個。一般來說，50 到 100 個粒子即可在不需要巨量運算的前提下得到良好解。

- **各粒子的起始位置** —— 各粒子的起始位置在所有維度中應皆為隨機指定的，重點在於粒子會均勻散佈於整個搜尋空間中。如果太多粒子落在搜尋空間的特定區域裡的話，它們就很難在該區域之外找到解。

- **各粒子的起始速度** —— 粒子的速度會被初始化為 0，這是因為粒子尚未被影響。有個不錯的比喻就是鳥兒會從某個定點來起飛。

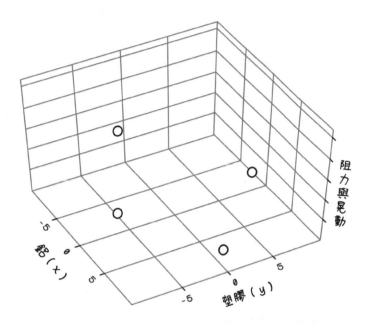

圖 7.15 四個粒子的初始化位置在 3D 平面的視覺化結果

表 7.2 描述了在演算法初始化步驟時，資料會被各粒子封裝起來。請注意速度皆為 0；且由於尚未開始計算，當前適應性函數（current fitness）與最佳適應性函數（best fitness）也為 0。

表 7.2 各粒子的資料屬性

粒子	速度	當下鋁用量 (x)	當下塑膠用量 (y)	當下適應性	最佳鋁用量 (x)	最佳塑膠用量 (y)	最佳適應性
1	0	7	1	**0**	7	1	0
2	0	-1	9	**0**	-1	9	0
3	0	-10	1	**0**	-10	1	0
4	0	-2	-5	**0**	-2	-5	0

偽代碼

用於生成群體的方法包含了建立一個空清單，並在其中加入新的粒子。關鍵因素如下：

- 確保粒子數量為可設定的。

- 確保隨機數都是均勻生成；數值會在各限制內平均散佈於搜尋空間中。這實作會根據所採用的隨機數生成器的性質而有不同。

- 確保已指定搜尋空間的限制：以本範例來說，粒子的 x 與 y 值需介於 -10 與 10 之間。

```
generate_swarm(number_of_particles):
  let particles equal an empty list
  for particle in range(number_of_particles):
    append Particle(random(-10, 10), random(-10, 10), INERTIA,
            COGNITIVE_CONSTANT, SOCIAL_CONSTANT) to particles
  return particles
```

計算各粒子的適應性函數

下一步是計算每個粒子在其當下位置的適應性函數。每次群體的位置改變時，粒子適應性函數都會再次計算（圖 7.16）。

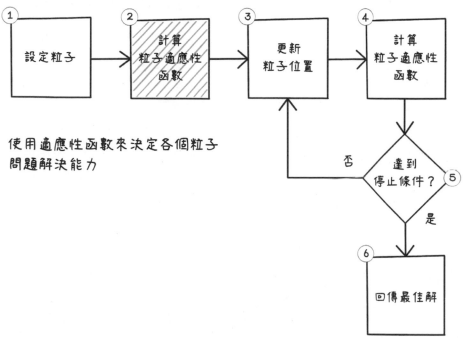

圖 7.16 計算粒子的適應性函數

以無人機情境來說，科學家提供了一個函數，其結果為指定鋁與塑膠元件的數量之後的阻力與晃動程度。本範例會把這個函數用於粒子群最佳化演算法的適應性函數（圖 7.17）。

$$f(x, y) = (x + 2y - 7)^2 + (2x + y - 5)^2$$

圖 7.17 鋁（x）與塑膠（y）的最佳化範例函數

如果 x 為鋁而 y 為塑膠，則圖 7.18 中的計算可把鋁與塑膠的各值代入 x 與 y 來
決定各粒子的適應性函數。

$$f(7,1) = (7 + 2(1) - 7)^2 + (2(7) + 1 - 5)^2 = 104$$

$$f(-1,9) = (-1 + 2(9) - 7)^2 + (2(-1) + 9 - 5)^2 = 104$$

$$f(-10,1) = (-10 + 2(1) - 7)^2 + (2(-10) + 1 - 5)^2 = 801$$

$$f(-2,-5) = (-2 + 2(-5) - 7)^2 + (2(-2) - 5 - 5)^2 = 557$$

圖 7.18 計算各粒子的適應性函數

現在這個表格中已具備了各粒子經計算之後的適應性函數（表 7.3）。它也被設定
為各粒子的最佳適應性函數，因為它在第一次迭代中是唯一已知的適應性函數。在
第一次迭代之後，各粒子的最佳適應性函數就是它自身歷史中的最佳適應性函數。

表 7.3 各粒子的資料屬性

粒子	速度	當下鋁用量 (x)	當下塑膠用量 (y)	當下適應性	最佳鋁用量 (x)	最佳塑膠用量 (y)	最佳適應性
1	0	7	1	**296**	7	1	296
2	0	-1	9	**104**	-1	9	104
3	0	-10	1	**80**	-10	1	80
4	0	-2	-5	**365**	-2	-5	365

練習：無人機適應性函數給定以下輸入後，各粒子的適應性函數
　　　為何？

$$f(x, y) = (x + 2y - 7)^2 + (2x + y - 5)^2$$

粒子	速度	當下鋁用量 (x)	當下塑膠用量 (y)	當下適應性	最佳鋁用量 (x)	最佳塑膠用量 (y)	最佳適應性
1	0	5	-3	**0**	5	-3	0
2	0	-6	-1	**0**	-6	-1	0
3	0	7	3	**0**	7	3	0
4	0	-1	9	**0**	-1	9	0

解答：無人機適應性函數給定以下輸入後，各粒子的適應性函數
　　　為何？

$$f(5,-3) = (5 + 2(-3) - 7)^2 + (2(5) - 3 - 5)^2 = 68$$

$$f(-6,-1) = (-6 + 2(-1) - 7)^2 + (2(-6) - 1 - 5)^2 = 549$$

$$f(7,3) = (7 + 2(3) - 7)^2 + (2(7) + 3 - 5)^2 = 180$$

$$f(-1,9) = (-1 + 2(9) - 7)^2 + (2(-1) + 9 - 5)^2 = 104$$

偽代碼

適應性函數在程式碼中是由一段數學函數來代表。任何數學函式庫一定都能滿足這裏所需的運算，例如次方函式與平方根函式：

```
calculate_fitness(x, y):
  return power(x + 2 * y - 7, 2) + power(2 * x + y - 5, 2)
```

用於更新粒子適應性函數的函數相當簡單，它會決定新的適應性函數是否優於歷史的最佳值，接著儲存這個隊形：

```
update_fitness(x, y):
  let particle.fitness equal the result of calculate_fitness(x, y)
  if particle.fitness is less than particle.best_fitness:
    let particle.best_fitness equal particle.fitness
    let particle.best_x equal x
    let particle.best_y equal y
```

用於決定群體中最佳粒子的函數會把所有粒子跑過一遍、根據它們的新位置來更新各自的適應性函數，並找出能讓適應性函數產出最小值的那個粒子。這樣一來，由於我們正在進行最小化，因此數值愈小代表效果愈好：

```
get_best(swarm):
  let best_fitness equal infinity
  let best_particle equal nothing
  for particle in swarm:
    update fitness of particle
    if particle.fitness is less than best_fitness:
      let best_fitness equal particle.fitness
      let best_particle equal particle
  return best_particle
```

更新各粒子的位置

演算法的更新步驟是最複雜的，但最神奇的地方也就在這裡。更新步驟把大自然群體智能的特性整合到了數學模型中，讓搜尋空間在被探索的過程中能產生出良好解（圖 7.19）。

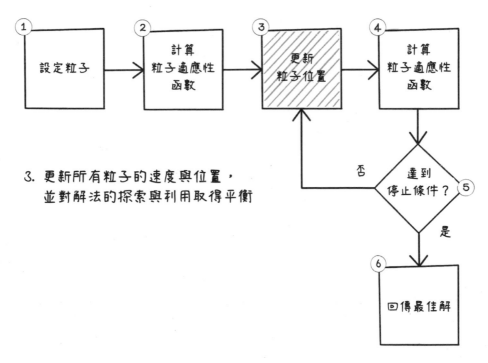

圖 7.19 更新粒子的位置

給定認知能力與周遭環境的各個因素，例如慣性以及群體當下正在做的事情，群體中的各個粒子就能更新自身位置。這些因子會影響各粒子的速度與位置。第一步驟是理解速度是如何更新的，因為速度會決定粒子運動的方向與速度。

群體中的粒子會移動到搜尋空間中的不同位置來找出更好的解。各粒子會仰賴自身對於良好解的記憶，以及對於群體最佳解的知識。圖 7.20 是群體中的粒子運動與其更新後的位置。

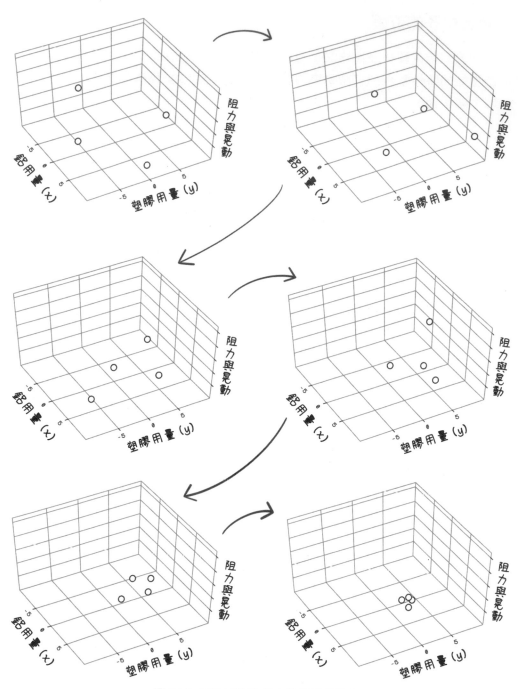

圖 7.20 經過五次迭代之後的粒子動作

更新速度的各個元件

計算各粒子新速度時會用到三個重要的元件：慣性、認知與社交。各元件都會影響粒子的動作。在深入說明這些元件如何組合起來更新速度，並至終影響到粒子位置之前，先分別介紹它們吧：

- 慣性（*Inertia*）—— 慣性元件代表特定粒子在運動或改變方向時，對於速度產生影響的阻力。慣性元件包含了兩個值：慣性強度以及粒子的當前速度。慣性值是一個介於 0 ～ 1 之間的數字。

  慣性成分：
  ```
  inertia * current velocity
  ```

  ○ 接近 0 的值代表較少探索，可能需要更多次迭代。

  ○ 接近 1 的值代表粒子會在較少次的迭代中進行更多探索。

- 認知（*Cognitive*）—— 認知元件代表特定粒子的內部認知能力。認知能力是粒子的一種感覺，使其可知道其最佳位置，並運用該位置來影響自身的運動。認知常數是一個介於 0 ～ 2 之間的數字。認知常數愈大代表粒子會更高程度去利用自身知識。

  認知成分：
  ```
  cognitive acceleration * (particle best position - current position)
  ```
  ↳
  ```
  cognitive acceleration = cognitive constant * random cognitive number
  ```

- 社交（*Social*）—— 社交元件代表粒子與群體的互動能力。某粒子已知其在群體中的最佳位置，並把這個資料用於隊形中來影響自身運動。社交加速可透過某個常數來決定，並透過一個隨機數來縮放。社交常數在整個演算法生命週期中都會保持一致，但會透過隨機數來偏好社交因子，藉此鼓勵多樣性。

社交成分：

social acceleration * (swarm best position – current position)

　　　　social acceleration = social constant * random social number

社交常數愈大，代表會進行更多探索，因為粒子更為偏好自己的社交元件。社交常數是一個介於 0 ～ 2 之間的數字。總之，社交常數愈大代表更大程度的探索。

更新速度

現在我們已經認識了慣性元件、認知元件與社交元件，接著要看看它們如何組合起來，好用於更新粒子的新速度（圖 7.21）。

新的速度：

inertia component + social component + cognitive component

　(inertia * current velocity)

　　(social acceleration * (swarm best position – current position))

　　　(cognitive acceleration * (particle best position – current position))

圖 7.21　計算速度的公式

光看以上數學式，應該不太容易理解函數中的不同元件到底是如何影響粒子速度的。圖 7.22 說明了不同因素對於粒子所產生的影響。

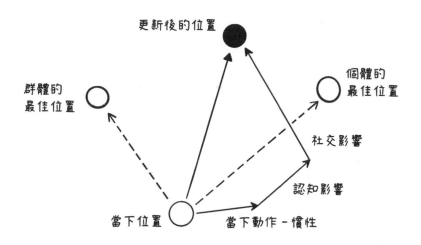

圖 7.22 影響速度更新的各個因子

表 7.4 是各粒子在計算完適應性函數之後的新屬性。

表 7.4 各粒子的資料屬性

粒子	速度	當下鋁用量 (x)	當下塑膠用量 (y)	當下適應性	最佳鋁用量 (x)	最佳塑膠用量 (y)	最佳適應性
1	0	7	1	**296**	2	4	296
2	0	-1	9	**104**	-1	9	104
3	0	-10	1	**80**	-10	1	80
4	0	-2	-5	**365**	-2	-5	365

藉著要使用先前談過的公式來深入理解粒子的速度更新計算過程。

以下是針對本情境所設定的常數:

- 慣性常數設為 *0.2*。這個值代表偏好較慢的探索。

- 認知常數設為 *0.35*。由於本常數小於社交常數,因此相較於認知元件,個別粒子會更偏好認知元件。

- 社交常數設為 *0.45*。由於本常數大於認知常數,代表更偏好社交元件。粒子會對群體找到的最佳值給予更高的權重。

圖 7.23 為慣性元件、認知元件與社交元件三者在速度更新方程式中的計算過程。

慣性元件：

```
inertia * current velocity
= 0.2 * 0
= 0
```

認知元件：

```
cognitive acceleration = cognitive constant * random cognitive number
= 0.35 * 0.2
= 0.07
```

```
cognitive acceleration * (particle best position – current position)
= 0.07 * ([7,1] – [7,1])
= 0.07 * 0
= 0
```

社交元件：

```
social acceleration = social constant * random social number
= 0.45 * 0.3
= 0.135
```

```
social acceleration * (swarm best position – current position)
= 0.135 * ([-10,1] – [7,1])
= 0.135 * sqrt((-10 – 7)² + (1 – 1)²)          距離公式：sqrt((x1 - x2)² + (y1 - y2)²)
= 0.135 * 17
= 2.295
```

新的速度：

```
inertia component + cognitive component + social component
= 0 + 0 + 2.295
= 2.295
```

圖 7.23 粒子速度計算過程

針對所有粒子完成這些計算之後，各粒子的速度就更新完成了，如表 7.5。

表 7.5 各粒子的資料屬性

粒子	速度	當下鋁用量 (x)	當下塑膠用量 (y)	當下適應性	最佳鋁用量 (x)	最佳塑膠用量 (y)	最佳適應性
1	2.295	7	1	**296**	7	1	296
2	1.626	-1	9	**104**	-1	9	104
3	2.043	-10	1	**80**	-10	1	80
4	1.35	-2	-5	**365**	-2	-5	365

更新位置

了解如何更新速度後,就能進一步使用新速度來更新各粒子的當前位置(圖 7.24)。

位置:

`current position + new velocity`

新的位置:

`current position + new velocity`
`= ([7,1]) + 2.295`
`= [9.295, 3.295]`

圖 7.24 計算粒子的新位置

加入當前位置與新速度之後,就能決定各粒子的新位置,並用新速度來更新粒子屬性表。接著會再次根據各粒子的新位置來計算適應性函數,並記錄其最佳位置(表 7.6)。

表 7.6 各粒子的資料屬性

粒子	速度	當下鋁用量 (x)	當下塑膠用量 (y)	當下適應性	最佳鋁用量 (x)	最佳塑膠用量 (y)	最佳適應性
1	2.295	9.925	3.325	**721.286**	7	1	296
2	1.626	0.626	10	**73.538**	0.626	10	**73.538**
3	2.043	7.043	1.043	**302.214**	-10	1	80
4	1.35	-0.65	-3.65	**179.105**	-0.65	-3.65	**179.105**

在第一次迭代中計算各粒子的初始速度相當簡單，因為各粒子都沒有前一個最佳位置，只有群體最佳位置會對社交元件產生影響。

接著來看看，當各粒子的最佳位置與群體新的最佳位置有新資訊時，速度更新計算的過程。圖 7.25 說明了粒子 1 的計算過程。

慣性元件：

```
inertia * current velocity
= 0.2 * 2.295
= 0.59
```

認知元件：

```
cognitive acceleration = cognitive constant * random cognitive number
= 0.35 * 0.2    Note: We're not adjusting the random numbers for ease of understanding only.
= 0.07

cognitive acceleration * (particle best position - current position)
```
$$= 0.07 * ([7,1] - [9.925,3.325])$$
$$= 0.07 * sqrt((7 - 9.925)^2 + (1 - 3.325)^2)$$
$$= 0.07 * 3.736$$
$$= 0.266$$

社交元件：

```
social acceleration = social constant * random social number
= 0.45 * 0.3
= 0.135

social acceleration * (swarm best position - current position)
```
$$= 0.135 * ([0.626,10] - [9.925,3.325])$$
$$= 0.135 * sqrt((0.626 - 9.925)^2 + (10 - 3.325)^2)$$
$$= 0.135 * 11.447$$
$$= 1.545$$

新的速度：

```
inertia component + cognitive component + social component
= 0.59 + 0.266 + 1.545
= 2.401
```

圖 7.25 粒子速度的計算過程

在本迭代情境下，認知元件與社交元件都會對速度造成影響，而圖 7.23 情境由於是在第一次迭代，因此只會受到社交元件所影響。

粒子經過幾次迭代之後會各自移動到不同的位置。圖 7.26 為各粒子的運動，以及它們如何收斂成一個解。

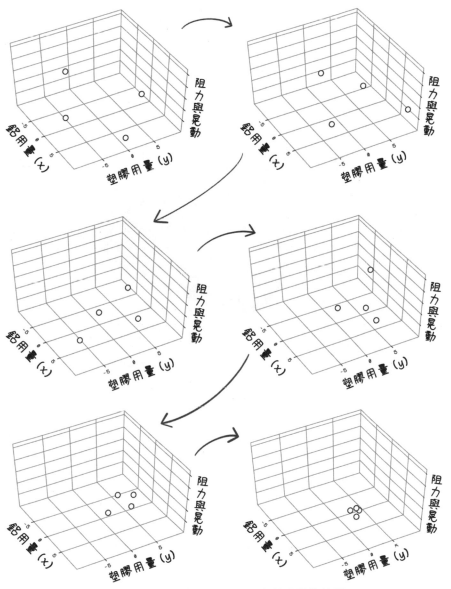

圖 7.26 粒子運動在搜尋空間中的視覺化結果

在圖 7.26 右下角的最後一個子圖中，所有粒子都已收斂到搜尋空間的特定區域中了。群體所得到的最佳解就會被視為最終解。在現實生活的最佳化問題中，事實上不可能把整個搜尋空間全部視覺化呈現出來（這會使得最佳化演算法變得不再有必要）。但先前在無人機範例中所用的函數實際上是一個稱為提升函數（booth function）的已知函數。將其映射到 3D 笛卡兒平面之後，可看出各粒子確實收斂到搜尋空間中的最小值那一點上了（圖 7.27）。

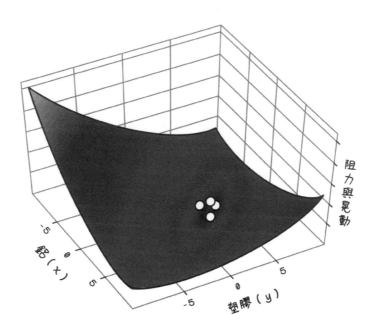

圖 7.27 粒子收斂狀況與已知表面的視覺化結果

運用了無人機範例中的粒子群最佳化演算法之後，我們發現要最小化阻力與晃動的話，鋁與塑膠的最佳比為 1:3 —— 也就是 1 份鋁要配 3 份塑膠。把這些數值送入適應性函數時可得結果為 0，也就是該函數的最小值。

偽代碼

更新步驟看起來有點可怕，但如果把元件拆分成簡易的單一功能函數的話，程式就會變得更簡單，也更易用易懂。首先是慣性計算函式、認知加速函式以及社交加速函式。另外還需要一個可測量兩點之間距離的函式也就是 x 值的差平方加上 y 值的差平方之後的開根號結果：

```
calculate_inertia(inertia_constant, velocity):
  return inertia_constant * current_velocity


calculate_cognitive_acceleration(cognitive_constant):
  return cognitive_constant * random number between 0 and 1


calculate_social_acceleration(social_constant):
  return social_constant * random number between 0 and 1


calculate_distance(best_x, best_y, current_x, current_y):
  return square_root(
             power(best_x - current_x), 2) + power(best_y - current_y), 2)
             )
```

認知元件的計算方式需要先找出認知加速值，會用到先前所定義的函式，以及粒子最佳位置與粒子當前位置之間的距離：

```
calculate_cognitive(cognitive_constant,
                    particle_best_x, particle_best_y
                    particle_current_x, particle_current_y):
  let acceleration equal cognative_acceleration(cognitive_constant)
  let distance equal calculate_distance(particle_best_x,
                                        particle_best_y
                                        particle_current_x,
                                        particle_current_y)
  return acceleration * distance
```

社交元件計算方式也是要先求得社交加速，在此會用到先前所定義的函式，以及
群體最佳位置與粒子當前位置之間的距離：

```
calculate_social(social_constant,
                 swarm_best_x, swarm_best_y
                 particle_current_x, particle_current_y):
  let acceleration equal social_acceleration(social_constant)
  let distance equal calculate_distance(swarm_best_x,
                                         swarm_best_y
                                         particle_current_x,
                                         particle_current_y)
  return acceleration * distance
```

更新函式會把先前所定義的所有東西打包起來，藉此來更新粒子的速度與位置。
速度會用到慣性元件、認知元件與社交元件三者來求出。位置則是粒子當前位置
與新速度的相加結果：

```
update_particle(cognitive_constant, social_constant, particle_velocity,
                particle_best_x, particle_best_y,
                swarm_best_x, swarm_best_y,
                particle_current_x, particle_current_y)
  let inertia equal calculate_inertia(inertia_constant,
                                       particle_constant)
  let cognitive equal calculate_cognitive(cognitive_constant,
                                           particle_best_x, particle_best_y
                                           particle_current_x, particle_current_y)
  let social equal calculate_social(social_constant,
                                     swarm_best_x, swarm_best_y
                                     particle_current_x, particle_current_y)
  let particle.velocity equal inertia + cognitive + social
  let particle.x equal particle.x + velocity
  let particle.y equal particle.y + velocity
```

練習：給定以下粒子資訊，計算粒子 1 的新速度與位置

- 慣性常數設為 0.1。

- 認知常數設為 0.5，而認知隨機數為 0.2。

- 社交常數設為 0.5，而社交隨機數為 0.5。

粒子	速度	當下鋁用量 (x)	當下塑膠用量 (y)	當下適應性	最佳鋁用量 (x)	最佳塑膠用量 (y)	最佳適應性
1	3	4	8	**721.286**	7	1	296
2	4	3	3	**73.538**	0.626	10	**73.538**
3	1	6	2	**302.214**	-10	1	80
4	2	2	5	**179.105**	-0.65	-3.65	**179.105**

解答：給定以下粒子資訊，計算粒子 1 的新速度與位置

Inertia component:

inertia * current velocity

= 0.1 * 3

= 0.3

Cognitive component:

cognitive acceleration = cognitive constant * random cognitive number

= 0.5 * 0.2

= 0.1

cognitive acceleration * (particle best position - current position)

= 0.1 * ([7,1] - [4,8])

= 0.1 * sqrt((7 - 4)^2 + (1 - 8)^2)

= 0.1 * 7.616

= 0.7616

Social component:

social acceleration = social constant * random social number

= 0.5 * 0.5

= 0.25

social acceleration * (swarm best position - current position)

= 0.25 * ([0.626,10] - [4,8])

= 0.25 * sqrt((0.626 - 4)^2 + (10 - 8)^2)

= 0.25 * 3.922

= 0.981

New velocity:

inertia component + cognitive component + social component

= 0.3 + 0.7616 + 0.981

= 2.0426

決定停止準則

群體中的各粒子無法永遠更新並搜尋下去。必須要決定一個停止準則，好讓演算法能在執行合理次數的迭代之後來找出某個良好解（圖 7.28）。

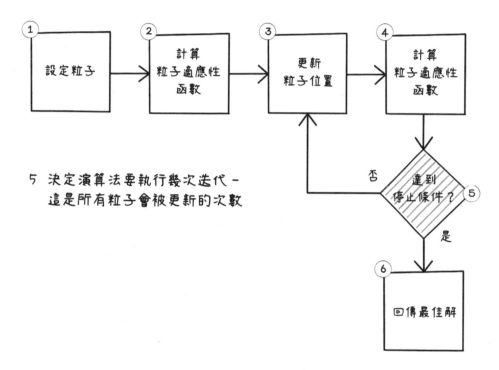

圖 7.28 演算法是否已到達停止條件？

迭代次數會影響尋找解法的一些觀點，如下：

- 探索（*Exploration*）—— 粒子需要一些時間來探索搜尋空間，並找到較佳解的區域。探索也會被更新速度函式中所定義的常數所影響。

- 利用（*Exploitation*）—— 在合理次數的探索之後，粒子應該要收斂到一個良好解。

停止演算法的策略之一是驗證群體中的最佳解，並檢查是否已停滯。停滯代表最佳解的值已不再改變，或不再大幅改變。在這情境下再執行更多次迭代已無助於找到更佳解。當最佳解停滯時，則可調整更新函式的參數來偏好更多探索。如果希望進行更多探索的話，這項調整通常代表了更多次迭代。停滯意味著已找到一個良好解，或群體已卡在某個區域最佳解中。如果一開始進行了足夠多的探索且群體漸漸停滯的話，群體就能收斂到一個良好解（圖 7.29）。

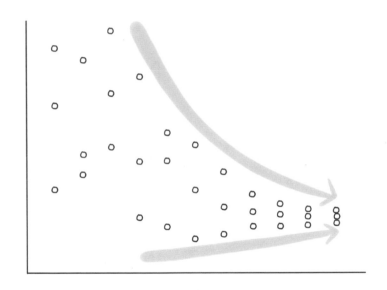

圖 7.29 探索收斂與利用

粒子群最佳化演算法的使用案例

粒子群最佳化演算法之所以有趣是因為它們模擬了某個自然現象，這讓我們能更容易理解，但它們還可應用於不同抽象化程度的各類問題。本章已介紹了一個無人機製造的最佳化問題，但粒子群最佳化演算法可與類神經網路等其他演算法搭配使用，並在尋找良好解的過程中扮演小而關鍵的角色。

粒子群最佳化演算法的一項有趣應用就是深層腦部刺激療法（deep brain stimulation）。這個概念會把裝有電極的探針插入人內大腦並進行刺激，來處理例如帕金森氏症這類的疾病。每根探針都有可被設定為不同方向的電極，好根據病人的病情來正確處置。美國明尼蘇達大學的研究團隊已開發了一套粒子群最佳化演算法，用於最佳化各電極的方向來最大化興趣區域（region of interest）、最小化迴避區域（region of avoidance），還能把耗費的能量降到最低。由於粒子在搜尋這類多維度問題空間上相當有效率，因此粒子群最佳化演算法要找出最佳的探針電極設定也一樣適用（圖 7.30）。

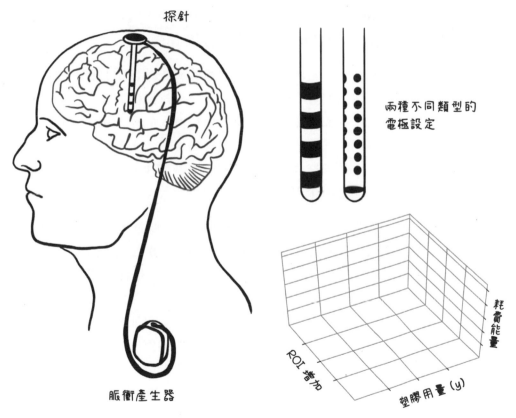

圖 7.30 深層腦部刺激療法探針的各種因素

以下是粒子群最佳化演算法在現實生活中的更多應用情境：

- **最佳化類神經網路的權重** —— 類神經網路是根據人腦的運作方式來建模。神經元會傳送訊號給其他神經元，各神經元會在傳送之前先調整自身訊號。類神經網路使用權重來調整各個訊號。網路的能力在於找出所有權重的正確平衡，好形成與資料有關聯的樣式。由於搜尋空間很大，因此調整權重也需要大量運算。想像一下，如果要暴力破解 10 筆權重的所有十進位數值的可能組合，這件事可能要耗費一年以上。

  這個觀念聽起來很頭痛？別緊張。第 9 章會介紹類神經網路的運作方式。粒子群最佳化可讓神經網路在調整權重上變得更快，因為它不需要大費周章地去嘗試所有組合，就能在搜尋空間中找到最佳值。

- **影片中的動作追蹤** —— 追蹤人體動作在電腦視覺領域中是個相當有挑戰性的任務。目標是使用影片中各張影像的資訊來辨識出人體姿勢並指出某一個動作。雖然人體關節的動作很類似，但每個人的動作都不一樣。由於影像包含了許多不同的面向，搜尋空間就會變得很大，還需要許多維度才能預測個人的動作。粒子群最佳化演算法能妥善運作於高維度搜尋空間，並可用於提升動作追蹤與預測的效能。

- **聲音中的語音增強** —— 錄音有許多細微的地方要注意。不管怎樣都一定會有背景雜音去干擾到某人在錄音檔中的說話。解法之一是從錄好的語音片段中把雜訊移除掉。為達成此目標的一項技術是從聲音片段中濾除雜訊並比對類似的音效，好從聲音片段中移除雜訊。這個方法依然有許多複雜之處，因為移除特定的頻率對聲音的部分片段可能有用，但對其他部分則可能造成反效果。必須進行相當細緻的搜索與對應才能做到良好的雜訊移除效果。由於搜尋空間相當大，傳統方法都顯得很慢。粒子群最佳化在大型搜尋空間中的表現優異，因此也可讓從聲音片段中移除雜訊的過程更快。

總結

PSO 可在大型搜尋空間中找到良好解。

目前位置

最佳位置

速度

粒子會運用自身的最佳位置與群體的最佳位置，來在搜尋空間中移動。

調整粒子的速度為 PSO 演算法的關鍵步驟，會受到慣性、認知與社交元件的影響。

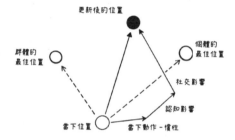

更新後的位置

群體的最佳位置

個體的最佳位置

社交影響

認知影響

當下位置 　當下動作－慣性

新的速度：

inertia component + social component + cognitive component

(inertia * current velocity)

(social acceleration * (swarm best position – current position))

(cognitive acceleration * (particle best position – current position))

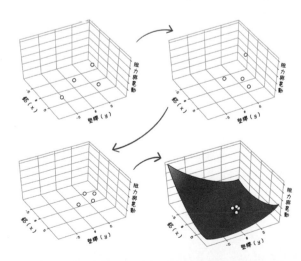

粒子會在尋找不同良好解的過程中在搜尋空間不斷移動，理想情況下會收斂到一個全域最佳解。

本章內容

- 使用機器學習演算法來解決各種問題

- 淺談機器學習生命週期、準備資料與如何選擇演算法

- 理解並實作可進行預測的線性迴歸演算法

- 理解並實作可進行分類的決策樹學習演算法

- 具備關於其他機器學習演算法與其用途的基本觀念

什麼是機器學習？

機器學習好像在學習與應用上都令人望之生畏，但只要有正確的規劃並理解其流程與演算法，它也可以有趣又好玩。

假設你正在找一間新的公寓來住。你與親友討論了一下，也上網搜尋一下市區的公寓。你發現位於不同區域的公寓，其價格大不相同。以下是你所研究的觀察結果：

- 市中心內的單臥室公寓（接近上班地點），每月 $5,000。

- 市中心內的雙臥室公寓，每月 $7,000。

- 市中心內的單臥室公寓，有車庫，每月 $6,000。

- 市中心外的單臥室公寓，需要通勤上班，每月 $3,000。

- 市中心外的雙臥室公寓，每月 $4,500。

- 市中心外的單臥室公寓，有車庫，每月 $3,800。

你發現了一些規則。位於市中心的公寓最貴，每月租金約在 $5,000 到 $7,000 之間。市區外的公寓就便宜多了。房間數量增加會讓每月租金增加 $1,500 到 $2,000，而配備車庫的話會增加 $800 到 $1,000（圖 8.1）。

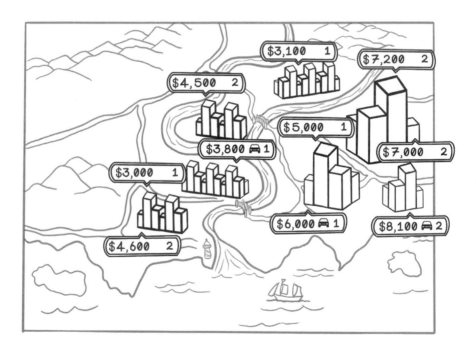

圖 8.1　不同地區的房產價格與特徵示意圖

本範例說明了如何運用資料來找出樣式（pattern）並做出決策。如果你碰到了市中心內的雙臥室公寓又有車庫的話，可以合理假設價格會落在每個月 $8,000 左右。

機器學習（machine learning）的目標是針對現實生活中的實務應用，找出資料中的樣式。我們可以在本範例的小資料集中自行找出某些樣式，但機器學習技術可以幫助我們在超複雜的大型資料集中來找出它們。圖 8.2 為資料各屬性之間的關係。每個點都代表一個獨立的不動產。

請注意靠近市中心的點數明顯多很多，這樣可看出對應於每月租金有一個清楚的關係：隨著與市中心的距離漸漸增加，價格也隨之漸漸降低。在每月租金與房間數量則觀察到了另一個樣式；從下方的點叢集與上方的點叢集之間的區隔可看出價格明顯跳了一級。我們可以粗略地假設這個現象可能與市中心距離有關。機器學習演算法可幫助我們證明或推翻這個假設。本章會深入介紹這個流程的運作方式。

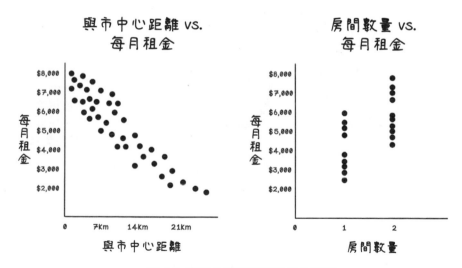

圖 8.2　資料之間關係的視覺化範例

一般來說，資料可在表格中呈現。各欄可視為資料的**特徵**（*feature*），各列則是**案例**（*example*）。當比較兩個特徵時，要被量測的特徵通常會用 y 來代表，而會改變的特徵則統稱為 x。後續隨著介紹更多問題，就能更多掌握這些術語。

可應用機器學習的各種問題

你必須先有資料以及有機會能藉由這些資料來解答的問題，機器學習才能派上用場。機器學習演算法可找出資料中的樣式，但畢竟不是變魔術。不同種類的機器學習演算法會針對不同情境，也會採用不同的方法來回答不同的問題。這些包山包海的範疇包含監督式學習、非監督式學習與強化學習（圖 8.3）。

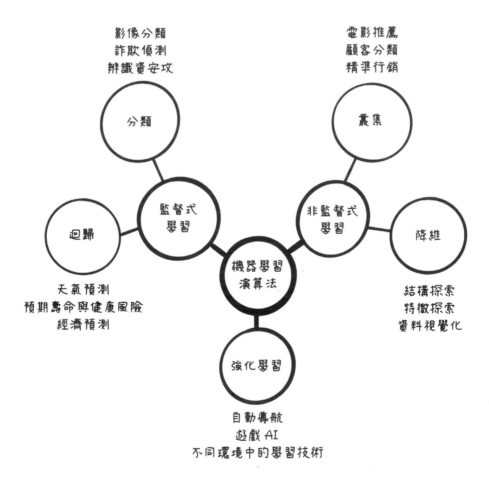

圖 8.3 機器學習與其用途的分類

監督式學習

傳統機器學習中一項最常見的技術是**監督式學習**（*supervised learning*）。我們想要觀察資料、理解資料中的樣式與關係，以及在以相同格式給定不同資料的新案例時來預測結果。找公寓問題就屬於一種可找出樣式的監督式學習。另外在實際面上，當在搜尋引擎輸入時的自動完成功能，或音樂程式根據我們的活動與偏好來推薦新歌也是這類技術的應用。監督式學習包含了兩個子種類：迴歸與分類。

迴歸（*regression*）需要繪製一條通過一組資料點的線來盡可能擬合資料的整體形狀。迴歸可用於找出新行銷方案與銷售額之間的**趨勢**（線上廣告行銷與產品實際銷售額之間有直接關係嗎？）。它也可用於決定可能影響某事的因子。（時間與加密貨幣的價值之間有直接關係嗎？加密貨幣的價值是否會隨著時間而指數增長？）

分類（*classification*）則會根據特徵來預測案例的類別。（可否根據車子的輪子數量、重量與極速來決定這是一般汽車或卡車？）

非監督式學習

非監督式學習要做到的是找出隱含於資料底下的樣式，這些樣式如果是靠手動去檢查資料可能難以發現。非監督式學習適用於把具備類似特徵的資料叢集起來，並發現其中的一些重要特徵。以電子商務網站為例，各種產品可能會根據顧客購買行為進行叢集。如果許多顧客會一起購買肥皂、海綿與毛巾，則很有可能有更多顧客會喜歡這樣的產品組合，因此肥皂、海綿與毛巾就會被叢集起來並推薦給新的顧客。

強化學習

強化學習／增強式學習（*Reinforcement learning*）的靈感來自於行為心理學，操作上是根據演算法在環境中的動作來進行獎勵或懲罰。它有點類似於監督式學習與非監督式學習，當然也有著不小的差異。強化學習的目標是根據獎勵與懲罰來訓練一個位於特定環境中的代理。想像一下用小餅乾來獎勵寵物的好行為；當牠

因特定行為收到更多獎勵時，牠就更有動機去展現該行為。第 10 章會深入討論
強化學習。

機器學習工作流程

機器學習不是僅僅有演算法而已。事實上，它通常與資料的脈絡、如何準備資料
以及所要詢問的問題息息相關。

有兩種找出問題的方式：

- 可透過機器學習來解決的問題，並需要收集有助於解決問題的正確資料。
  假設某家銀行有大量關於合法交易與詐欺交易的資料，並想訓練一個模型
  來處理這個問題："我們有辦法即時偵測出詐欺交易嗎？"

- 我們手邊有一些針對特定背景的資料，並想要決定如何用其來解決一些問
  題。舉例來說，農業公司可能會具備不同地點的氣象資料、不同作物所需
  的營養素與不同地點的土壤成分。這時候的問題就可能是"我在這些不同
  類型的資料中可以找到怎樣的相關性與關係呢？"這些關係有機會帶出更
  具體的問題，例如"可以根據某個地點的氣候與土壤條件來決定特定植栽
  的最佳生長地點嗎？"

圖 8.4 為常見機器學習流程的簡化後步驟。

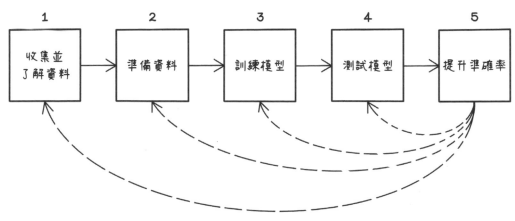

圖 8.4 機器學習實驗與專案的工作流程

收集並了解資料：理解脈絡

收集並理解你所要操作的資料，是機器學習專案能否成功的最終關鍵。如果你是金融產業中某個特殊領域的從業人員，是否理解該領域的相關術語、工作流程與資料，對於你想達到的目標來說，這就是成功收集到有助於解決問題的資料的關鍵。如果你想要製作一個詐欺偵測系統，知道哪些與交易有關的資料會被儲存起來以及這些資料的意義，對於能否辨識出詐欺交易就非常關鍵了。資料也可能來自於各類系統，且需要組合起來才能有效運用。有時候，我們所使用的資料會藉由組織外部的資料來增強，好進一步提高準確率。本段會使用一個關於鑽石測量的範例資料集，藉此認識機器學習工作流程並介紹各種演算法（圖 8.5）。

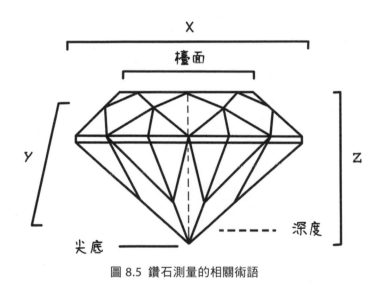

圖 8.5 鑽石測量的相關術語

表 8.1 中是多顆鑽石與其諸多特性。X、Y 與 Z 用於描述鑽石的三維空間大小。本範例只會用到一部分資料集。

表 8.1 鑽石資料集

	Carat	Cut	Color	Clarity	Depth	Table	Price	X	Y	Z
1	0.30	Good	J	SI1	64.0	55	339	4.25	4.28	2.73
2	0.41	Ideal	I	SI1	61.7	55	561	4.77	4.80	2.95
3	0.75	Very Good	D	SI1	63.2	56	2,760	5.80	5.75	3.65
4	0.91	Fair	H	SI2	65.7	60	2,763	6.03	5.99	3.95
5	1.20	Fair	F	I1	64.6	56	2,809	6.73	6.66	4.33
6	1.31	Premium	J	SI2	59.7	59	3,697	7.06	7.01	4.20
7	1.50	Premium	H	I1	62.9	60	4,022	7.31	7.22	4.57
8	1.74	Very Good	H	I1	63.2	55	4,677	7.62	7.59	4.80
9	1.96	Fair	I	I1	66.8	55	6,147	7.62	7.60	5.08
10	2.21	Premium	H	I1	62.2	58	6,535	8.31	8.27	5.16

鑽石資料集包含了 10 欄資料，每一欄都代表一個特徵。完整的資料集包含了超過 50,000 列（筆）資料。各特徵說明如下：

- 克拉（*Carat*）—— 鑽石的重量。小知識：1 克拉等於 200 mg。

- 切工（*Cut*）—— 鑽石的品質，由低到高分別為：一般（fair）、好（good）、很好（very good）、極好（premium）與理想（ideal）。

- 色澤（*Color*）—— 鑽石的色澤，分級為 D 到 J，D 為最佳色澤，J 為最差。D 代表這是一顆純淨的鑽石，J 則代表看起來霧霧的。

- 淨度（*Clarity*）—— 鑽石的淨度，品質為遞減：FL、IF、VVS1、VVS2、VS1、VS2、SI1、SI2、I1、I2 與 I3。（不理解這些代碼的意思先別擔心；它們只是代表不同等級的淨度）。

- 深度（*Depth*）—— 深度的百分比，代表鑽石尖底到檯面的距離。一般來說，檯面深度比對於鑽石的"火光（sparkle）"來說非常重要。

- 檯面（*Table*）—— 鑽石扁平端相對於 X 軸尺寸的百分比。

- 價格（*Price*）—— 鑽石售出價格。

- *X* —— 鑽石的 x 軸尺寸，單位為 mm（公厘）。

- *Y* —— 鑽石的 y 軸尺寸，單位為 mm。

- *Z* —— 鑽石的 z 軸尺寸，單位為 mm。

請記得這個資料集；我們會用其來說明如何使用機器學習演算法來準備與處理資料。

準備資料：清理與管理

現實生活中的資料永遠不可能完美無瑕。資料可能來自不同的系統與組織，針對資料完整性各自有不同的標準與規則。永遠都會有資料遺失、資料不一致，以及資料格式難以被所選用的演算法來處理等問題。

看到表 8.2 的範例鑽石資料集，再次強調，各欄是代表資料的一項特徵，而各列則是一個案例。

表 8.2　部分資料遺失的鑽石資料集

	Carat	Cut	Color	Clarity	Depth	Table	Price	X	Y	Z
1	0.30	Good	J	SI1	64.0	55	339	4.25	4.28	2.73
2	0.41	Ideal	I	si1	61.7	55	561	4.77	4.80	2.95
3	0.75	Very Good	D	SI1	63.2	56	2,760	5.80	5.75	3.65
4	0.91	-	H	SI2	-	60	2,763	6.03	5.99	3.95
5	1.20	Fair	F	I1	64.6	56	2,809	6.73	6.66	4.33
6	1.21	Good	E	I1	57.2	62	3,144	7.01	6.96	3.99
7	1.31	Premium	J	SI2	59.7	59	3,697	7.06	7.01	4.20
8	1.50	Premium	H	I1	62.9	60	4,022	7.31	7.22	4.57
9	1.74	Very Good	H	i1	63.2	55	4,677	7.62	7.59	4.80
10	1.83	fair	J	I1	70.0	58	5,083	7.34	7.28	5.12
11	1.96	Fair	I	I1	66.8	55	6,147	7.62	7.60	5.08
12	-	Premium	H	i1	62.2	-	6,535	8.31	-	5.16

遺失資料

在表 8.2 中，案例 4 的 Cut 與 Depth 的特徵數值是遺失的，而案例 12 的 Carat、Table 與 Y 等數值遺失了。我們需要全盤理解資料才能比較各案例，但數值遺失會讓這件事變得很困難。機器學習專案的目標之一可能是估計這些值；後續就會談到如何估計。假設遺失的資料會對我們的目標造成負面影響，使之無法達到某些用途。以下是一些處理資料遺失的方法：

- **移除**（*Remove*）── 移除特徵值已遺失的案例 ── 以本範例來說為案例 4 與 12（表 8.3）。這個做法的好處是資料較為可靠，因為沒有任何假設性的東西；不過，那些被移除的案例對我們所要達成的目標來說可能相當重要。

表 8.3 部分資料遺失的鑽石資料集：移除案例

	Carat	Cut	Color	Clarity	Depth	Table	Price	X	Y	Z
1	0.30	Good	J	SI1	64.0	55	339	4.25	4.28	2.73
2	0.41	Ideal	I	si1	61.7	55	561	4.77	4.80	2.95
3	0.75	Very Good	D	SI1	63.2	56	2,760	5.80	5.75	3.65
4	0.91	-	H	SI2	-	60	2,763	6.03	5.99	3.95
5	1.20	Fair	F	I1	64.6	56	2,809	6.73	6.66	4.33
6	1.21	Good	E	I1	57.2	62	3,144	7.01	6.96	3.99
7	1.31	Premium	J	SI2	59.7	59	3,697	7.06	7.01	4.20
8	1.50	Premium	H	I1	62.9	60	4,022	7.31	7.22	4.57
9	1.74	Very Good	H	i1	63.2	55	4,677	7.62	7.59	4.80
10	1.83	fair	J	I1	70.0	58	5,083	7.34	7.28	5.12
11	1.96	Fair	I	I1	66.8	55	6,147	7.62	7.60	5.08
12	-	Premium	H	i1	62.2	-	6,535	8.31	-	5.16

- **平均數或中位數** ── 另一個選項是用對應特徵的平均數或中位數來取代遺失數值。

  平均數是所有值相加之後再除以案例總數。中位數計算方式是先以其值來升冪排列所有案例，再選出位於中間的數值。

使用平均數是相當簡單也有效率的作法，但這麼做無法考量到特徵之間可能的相關性。請注意，這個方法無法用於類別型特徵，例如鑽石資料集（表 8.4）中的切工（Cut）、淨度（Clarity）與深度（Depth）等特徵。

表 8.4 部分資料遺失的鑽石資料集：使用平均數

	Carat	Cut	Color	Clarity	Depth	Table	Price	X	Y	Z
1	0.30	Good	J	SI1	64.0	55	339	4.25	4.28	2.73
2	0.41	Ideal	I	si1	61.7	55	561	4.77	4.80	2.95
3	0.75	Very Good	D	SI1	63.2	56	2,760	5.80	5.75	3.65
4	0.91	-	H	SI2	-	60	2,763	6.03	5.99	3.95
5	1.20	Fair	F	I1	64.6	56	2,809	6.73	6.66	4.33
6	1.21	Good	E	I1	57.2	62	3,144	7.01	6.96	3.99
7	1.31	Premium	J	SI2	59.7	59	3,697	7.06	7.01	4.20
8	1.50	Premium	H	I1	62.9	60	4,022	7.31	7.22	4.57
9	1.74	Very Good	H	i1	63.2	55	4,677	7.62	7.59	4.80
10	1.83	fair	J	I1	70.0	58	5,083	7.34	7.28	5.12
11	1.96	Fair	I	I1	66.8	55	6,147	7.62	7.60	5.08
12	**1.19**	Premium	H	i1	62.2	**57**	6,535	8.31	-	5.16

計算表格中各特徵的平均數時，我們要把所有可用的值相加起來，並除以所用到值的總數：

```
Table mean = (55 + 55 + 56 + 60 + 56 + 62 + 59 + 60 + 55 + 58 + 55) / 11
Table mean = 631 / 11
Table mean = 57.364
```

使用 Table（檯面）欄的平均數來處理遺失值看起來有點道理，因為各案例中的檯面尺寸看起來沒有大幅差異。但可能有一些我們未觀察到的相關性，例如檯面尺寸與鑽石寬度（X dimension）之間的關係。

另一方面，使用克拉的平均數就沒意義了，如果把這些資料畫成圖表，可看出克拉與價格兩個特徵之間明顯存在著相關性。價格看起來會隨著克拉值增加而上升。

- 最常出現（*Most frequent*）—— 使用該特徵最常出現的值來取代遺失值，也就是資料的眾數（mode）。這個做法很適用於類別型特徵，但無法考慮到特徵之間的可能相關性，且使用最常出現的值也可能造成偏誤。

- （進階）統計方法 —— 使 K 最近鄰（K-nearest neighbor）法或神經網路。K 最近鄰法會運用資料的許多特徵來找出一個估計值。類似於 K 最近鄰法，神經網路只要給予足量資料就可以正確預測這些遺失值。這兩種演算法在處理遺失資料方面，都算是運算量相當大的。

- （進階）什麼都不做 —— 某些演算法，例如 XGBoost，可以在無須任何準備作業就能處理資料遺失問題，但如果是我們所要介紹的演算法這樣做的話就會失敗。

含糊值

另一個問題是代表相同事物但卻有不同表示方式的數值。請看到鑽石資料集中的 2、9、10 與 12 等列。這些列裡的 Cut 與 Clarity 特徵值為小寫而非大寫。請注意我們之所以理解，是因為我們知道這些特徵與其可能的數值。沒有這些知識的話，就可能把 Fair 與 fair 視為不同的類別。為了解決這個問題，可把這些值一律標準化為大寫或小寫來維持一致性（表 8.5）。

表 8.5 具備含糊資料的鑽石資料集：標準化

	Carat	Cut	Color	Clarity	Depth	Table	Price	X	Y	Z
1	0.30	Good	J	SI1	64.0	55	339	4.25	4.28	2.73
2	0.41	Ideal	I	si1	61.7	55	561	4.77	4.80	2.95
3	0.75	Very Good	D	SI1	63.2	56	2,760	5.80	5.75	3.65
4	0.91	-	H	SI2	-	60	2,763	6.03	5.99	3.95
5	1.20	Fair	F	I1	64.6	56	2,809	6.73	6.66	4.33
6	1.21	Good	E	I1	57.2	62	3,144	7.01	6.96	3.99
7	1.31	Premium	J	SI2	59.7	59	3,697	7.06	7.01	4.20
8	1.50	Premium	H	I1	62.9	60	4,022	7.31	7.22	4.57
9	1.74	Very Good	H	i1	63.2	55	4,677	7.62	7.59	4.80

表 8.5 具備含糊資料的鑽石資料集：標準化（續）

	Carat	Cut	Color	Clarity	Depth	Table	Price	X	Y	Z
10	1.83	fair	J	I1	70.0	58	5,083	7.34	7.28	5.12
11	1.96	Fair	I	I1	66.8	55	6,147	7.62	7.60	5.08
12	1.19	Premium	H	i1	62.2	57	6,535	8.31	-	5.16

編碼類別型資料

由於電腦與統計模型只能處理數值（numeric value），因此要對字串值與類別值（例如 Fair、Good、SI1 與 I1）建模時就會發生問題。我們要把這些類別值改用數值來代表。以下是一些做法：

- 獨熱編碼（One-hot encoding）—— 請把這種編碼方式視為一堆開關，只有一個為開，其餘全關。唯一開的那一個就代表特徵出現的位置。如果要用獨熱編碼來代表 Cut 的話，Cut 特徵會變成五個不同的特徵，相較於每個對應的案例來說，除了用來代表某一筆案例的 Cut 值之外，其餘每個值都為 0。請注意因為空間的關係，表 8.6 中的其他特徵已被移除。

表 8.6 改為編碼值的鑽石資料集

	Carat	Cut: Fair	Cut: Good	Cut: Very Good	Cut: Premium	Cut: Ideal
1	0.30	0	1	0	0	0
2	0.41	0	0	0	0	1
3	0.75	0	0	1	0	0
4	0.91	0	0	0	0	0
5	1.20	1	0	0	0	0
6	1.21	0	1	0	0	0
7	1.31	0	0	0	1	0
8	1.50	0	0	0	1	0
9	1.74	0	0	1	0	0
10	1.83	1	0	0	0	0
11	1.96	1	0	0	0	0
12	1.19	0	0	0	1	0

- 標籤編碼（*Label encoding*）—— 將各個類別以一個介於 0 與類別數量的數字來代表。這個方法只可用於評分或相關的標籤；否則我們所要訓練的模型會假設這個數字具備了與該案例有關的權重，這樣可能造成預期之外的偏誤。

練習：辨識並修改本範例的問題資料

先選定一種資料準備技術來修正以下資料集，再決定要刪除哪一列、哪個值要用平均數取代、以及要如何編碼類別型值。請注意以下資料與先前所討論過的有些許不同。

	Carat	Origin	Depth	Table	Price	X	Y	Z
1	0.35	South Africa	64.0	55	450	4.25		2.73
2	0.42	Canada	61.7	55	680		4.80	2.95
3	0.87	Canada	63.2	56	2,689	5.80	5.75	3.65
4	0.99	Botswana	65.7		2,734	6.03	5.99	3.95
5	1.34	Botswana	64.6	56	2,901	6.73	6.66	
6	1.45	South Africa	59.7	59	3,723	7.06	7.01	4.20
7	1.65	Botswana	62.9	60	4,245	7.31	7.22	4.57
8	1.79		63.2	55	4,734	7.62	7.59	4.80
9	1.81	Botswana	66.8	55	6,093	7.62	7.60	5.08
10	2.01	South Africa	62.2	58	7,452	8.31	8.27	5.16

解答：辨識並修改本範例的問題資料

修改本資料集的方法包含以下三個任務：

- **由於 Origin 欄位遺失，移除 row 8。** 目前不知道這個資料集的用途是什麼。如果產地（Origin）特徵很重要的話，這一列的遺失就可能造成問題。反之，如果這項特徵與其他特徵有某種關係的話，它的值則是可被估計的。

- **使用獨熱編碼來編碼 Origin 欄的各值。** 本章到目前為止所介紹的各範例中，都是使用標籤編碼來把字串值轉換為數值。這個方法之所以可行，是因為這個值代表了更好的切工、淨度或色澤。如果換成產地（Origin），該值就代表鑽石的來源。如果對它使用標籤編碼的話，就會讓資料集產生偏誤，因為在本資料集中沒有哪個產地地點是優於其他地點的。

- **找出遺失值的平均數**。Row 1、2、4 與 5 中，各自遺失了 Y、X、Table 與 Z 值。使用平均數應該是個不錯的方法，因為就我們對鑽石的了解，尺寸與檯面（Table）特徵是彼此相關的。

測試資料與訓練資料

在開始訓練線性迴歸模型之前，需要確保我們已準備好了用於教導（或訓練）模型的資料，以及一些用於測試模型在預測新案例時表現的資料。回想一下先前的房價範例，大致了解那些屬性會影響房價之後，就可以根據與市中心距離與房間數來預測房價。本範例會用表 8.7 作為訓練資料，後續可改用更多真實世界中的資料來訓練。

訓練模型：使用線性迴歸來預測

到底要選擇哪一個演算法受到以下兩個因素所影響：所要詢問的問題，以及可用資料的本質。如果問題是要根據指定克拉數（重量）來預測鑽石價格，迴歸演算法就派上用場了。要選用哪種演算法也端看資料集中的特徵數量以及這些特徵彼此之間的關係而定。如果資料有許多維度（代表預測時要考慮許多特徵），也有多種演算法與方法可採用。

迴歸代表預測一個連續型數值，例如價格或鑽石克拉數。連續（continuous）代表這個值可為某個範圍中的任何一個數。例如，$2,271 這筆價格是一個介於 0 與任何鑽石最高價格之間的連續值，就可用迴歸技術來進行預測。

線性迴歸屬於最簡單的機器學習演算法；它可找出兩個變數之間的關係，並藉由指定某個變數來預測另一個。其中一個例子就是根據鑽石的克拉值來預測其價格。只要觀察多筆已知的鑽石案例，包含其價格與克拉值，就能讓模型學會這些關係，並要求它來估計預測結果。

找出可擬合資料的直線

現在，試著在資料中找出趨勢，並試著做一些預測吧。如果是線性迴歸，我們會問的問題會是 "鑽石的克拉與其價格是否彼此相關，如果有的話，我們可據此做出正確的預測嗎？"

一開始要把克拉與價格這兩個特徵區隔開來，並把這些資料畫成圖表。由於我們想要根據克拉值來找出價格，在此會把克拉當作 x，價格則為 y。為什麼要選用這個方法呢？

- 克拉在此為獨立變數（x）—— 獨立變數（*independent variable*）在實驗中會被改變，並決定對於應變變數的影響。在本範例來說，會調整克拉值來決定該值所對應的鑽石價格。

- 價格則是應變變數（y）—— 應變變數（*dependent variable*）就是我們要測試的目標。它會受到獨立變數所影響，也就是根據獨立變數值的變化而變化。在本範例中，我們想知道的是特定克拉值所對應的價格。

圖 8.6 為克拉與價格資料所繪製的圖表，表 8.7 則為實際資料。

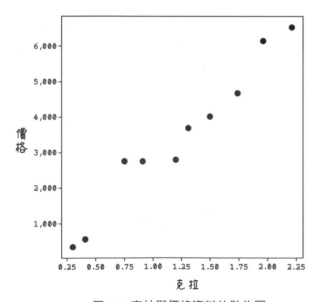

圖 8.6 克拉與價格資料的散佈圖

表 8.7 克拉與價格資料

	Carat (x)	Price (y)
1	0.30	339
2	0.41	561
3	0.75	2,760
4	0.91	2,763
5	1.20	2,809
6	1.31	3,697
7	1.50	4,022
8	1.74	4,677
9	1.96	6,147
10	2.21	6,535

請注意相較於價格，克拉值小了很多。價格動輒上千，而克拉的範圍則在小數點上下。為了本章的學習目標好讓計算更容易理解，我們可以調整克拉值好讓其更容易與價格值來比較。把每個克拉值乘以 1,000，就能得到後續較方便手動計算的數字。請注意在此是放大所有的列，資料中的關係並未受到影響，因為所有案例都經過了相同的運算。調整後的資料（圖 8.7）也列於表 8.8。

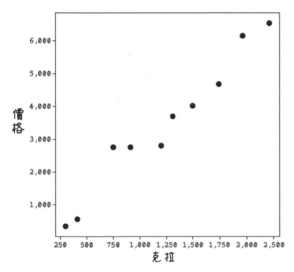

圖 8.7 克拉與價格資料的散佈圖

表 8.8 調整克拉值後的資料

	Carat (x)	Price (y)
1	300	339
2	410	561
3	750	2,760
4	910	2,763
5	1,200	2,809
6	1,310	3,697
7	1,500	4,022
8	1,740	4,677
9	1,960	6,147
10	2,210	6,535

找出各特徵的平均數

選定迴歸線要做的第一件事就是找出各特徵的平均數。平均數等於所有數值的總和除以數值總數。克拉的平均數為 1,229，就是縱貫 x 軸的那條垂直線。價格平均數為 $3,431，就是橫過 y 軸的那條水平線（圖 8.8）。

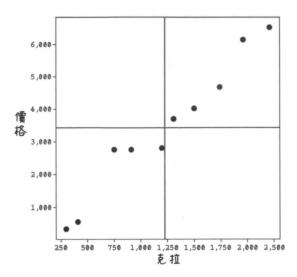

圖 8.8 分別由垂直線與水平線代表 x 與 y 的平均數

平均數相當重要 ，因為就數學上來說，我們所找到的任何迴歸線都會通過 x 平均數與 y 平均數的交點。很多條線都有可能通過該點。某些迴歸線在資料擬合的效果可能會優於其他。最小平方法（*method of least squares*）的目標是建立一條線，滿足該線與資料集中的所有點之間的距離為最小。最小平方法是尋找迴歸線的常見方法。圖 8.9 是一些迴歸線的範例。

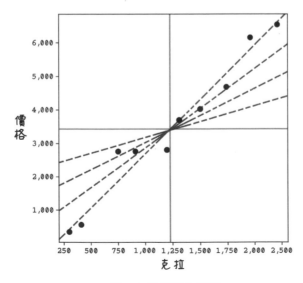

圖 8.9 可能的迴歸線

使用最小平方法求得迴歸線

迴歸線的用途是什麼呢？如果我們要建造一條地鐵，並希望盡可能接近所有主要的建築物。讓地鐵去經過所有建築根本不切實際；會有太多地鐵站，價格也會非常驚人。所以，我們想要建立一條筆直的路線，讓這條線與所有建築之間的距離為最小。某些通勤族可能要比其他人多走一點路，但這條直線是針對所有人的辦公室位置之最佳化結果。這項目標正是迴歸線想要達到的；各個建築為資料點，而直線就是地鐵路線（圖 8.10）。

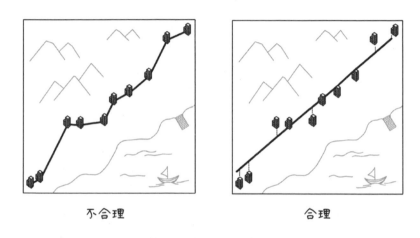

不合理　　　　　　　　　　合理

圖 8.10 迴歸線的基本觀念

線性迴歸會找出一條用於擬合資料的直線，並讓它與所有點之間的距離為最小。理解這條線的等式非常重要，因為我們要學會如何找出可描述這條直線的變數值。

這條直線可由等式 $y = c + mx$ 來表示（圖 8.11）：

- y：應變變數

- x：獨立變數

- m：直線斜率

- c：直線與 y 軸截點的 y 值

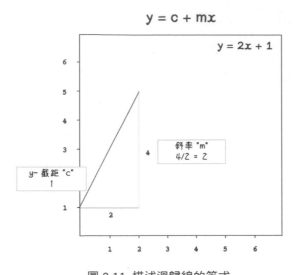

圖 8.11 描述迴歸線的等式

最小平方法可用來找出迴歸線。就高階觀點來說，這個流程就是圖 8.12 中所說的各個步驟。為了找出最接近所有資料點的直線，首先要求出實際資料值與預測資料值的差。各資料點的差值都不一樣。某些差值很大，有些則很小。某些差值為負數，其他則為正數。把這些差值平方之後再加總，就等於把所有資料的差值都考慮進來了。將總差值最小化就能取得最小平方差，並達到一條良好的迴歸線。如果圖 8.12 看起來有點可怕，先別擔心；之後會一步步介紹。

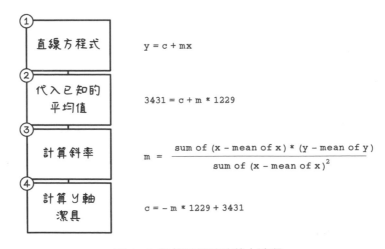

圖 8.12 計算迴歸線的基本流程

到目前為止，這條線有幾個已知點。如步驟 2 中所述，我們已知某一點的 *x* 值為 1,229，*y* 值則為 3,431。

接著，要計算每一筆克拉值與克拉平均數的差，以及每一筆價格值與價格平均數的差，也就是（*x* - *x* 平均數）與（*y* - *y* 平均數），這在步驟 3 會用到（表 8.9）。

表 8.9 鑽石資料集與相關計算，第 1 部分

	Carat (*x*)	Price (*y*)	*x* – mean of *x*		*y* – mean of *y*	
1	300	339	300 – 1,229	-929	339 – 3,431	-3,092
2	410	561	410 – 1,229	-819	561 – 3,431	-2,870
3	750	2,760	750 – 1,229	-479	2,760 – 3,431	-671
4	910	2,763	910 – 1,229	-319	2,763 – 3,431	-668
5	1,200	2,809	2,100 – 1,229	-29	2,809 – 3,431	-622
6	1,310	3,697	1,310 – 1,229	81	3,697 – 3,431	266
7	1,500	4,022	1,500 – 1,229	271	4,022 – 3,431	591
8	1,740	4,677	1,740 – 1,229	511	4,677 – 3,431	1,246
9	1,960	6,147	1,960 – 1,229	731	6,147 – 3,431	2,716
10	2,210	6,535	2,210 – 1,229	981	6,535 – 3,431	3,104
	1,229	3,431				
	平均					

到了步驟 3，我們要計算每一筆克拉值與克拉平均數的差平方，也就是（*x* - *x* 平均數）^2。最後再把這些結果加總起來進行最小化，也就是表 8.10 中的 3,703,690。

表 8.10 鑽石資料集與相關計算，第 2 部分

	Carat (x)	Price (y)	x – mean of x		y – mean of y		(x – mean of x)^2
1	300	339	300 – 1,229	-929	339 – 3,431	-3,092	863,041
2	410	561	410 – 1,229	-819	561 – 3,431	-2,870	670,761
3	750	2,760	750 – 1,229	-479	2,760 – 3,431	-671	229,441
4	910	2,763	910 – 1,229	-319	2,763 – 3,431	-668	101,761
5	1,200	2,809	2,100 – 1,229	-29	2,809 – 3,431	-622	841
6	1,310	3,697	1,310 – 1,229	81	3,697 – 3,431	266	6,561
7	1,500	4,022	1,500 – 1,229	271	4,022 – 3,431	591	73,441
8	1,740	4,677	1,740 – 1,229	511	4,677 – 3,431	1,246	261,121
9	1,960	6,147	1,960 – 1,229	731	6,147 – 3,431	2,716	534,361
10	2,210	6,535	2,210 – 1,229	981	6,535 – 3,431	3,104	962,361
	1,229	3,431					3,703,690
	平均						總和

步驟 3 等式中最後一筆遺失值為 （x - x 平均數）*（y - y 平均數）。這裡又會用到所有值的總和，也就是 11,624,370 （表 8.11）。

表 8.11 鑽石資料集與相關計算，第 3 部分

	Carat (x)	Price (y)	x – mean of x		y – mean of y		(x – mean of x)^2	(x – mean of x) * (y – mean of y)
1	300	339	300 – 1,229	-929	339 – 3,431	-3,092	863,041	2,872,468
2	410	561	410 – 1,229	-819	561 – 3,431	-2,870	670,761	2,350,530
3	750	2,760	750 – 1,229	-479	2,760 – 3,431	-671	229,441	321,409
4	910	2,763	910 – 1,229	-319	2,763 – 3,431	-668	101,761	213,092
5	1,200	2,809	2,100 – 1,229	-29	2,809 – 3,431	-622	841	18,038
6	1,310	3,697	1,310 – 1,229	81	3,697 – 3,431	266	6,561	21,546
7	1,500	4,022	1,500 – 1,229	271	4,022 – 3,431	591	73,441	160,161
8	1,740	4,677	1,740 – 1,229	511	4,677 – 3,431	1,246	261,121	636,706
9	1,960	6,147	1,960 – 1,229	731	6,147 – 3,431	2,716	534,361	1,985,396
10	2,210	6,535	2,210 – 1,229	981	6,535 – 3,431	3,104	962,361	3,045,024
	1,229	3,431					3,703,690	11,624,370
	平均						總和	

現在可以把計算後的各數值帶入最小平方等式來求出 m：

```
m = 11624370 / 3703690
m = 3.139
```

現在已經求出 m 值，只要代入 x 與 y 的平均數就能求出 c。別忘了所有迴歸線都會通過這一點，因此這點必然是迴歸線上的一個已知點：

```
y = c + mx

3431 = c + 0.3186x
3431 = c + 391.5594
3431 - 391.5594 = c
c = 3,039.4406
```

完整的迴歸線：

```
y = 3039.4406 + 0.3186x
```

最後，我們可以用一些介於最大與最小值之間的克拉值，將它們代入迴歸線的等式中就可以畫出這條線（圖 8.13）：

```
x (Carat) minimum = 300
x (Carat) maximum = 2210
```
區間為 500 的前提下，介於最小值與最大值之間的樣本：
```
x = [300, 2210]
```
將所有 x 值代入迴歸線：
```
y = [-426 + 3.139(300) = 515.7,
     -426 + 3.139(2210) = 6511.19]
```

完整的 x 與 y 樣本：
```
x = [300, 2210]
y = [3981, 9975]
```

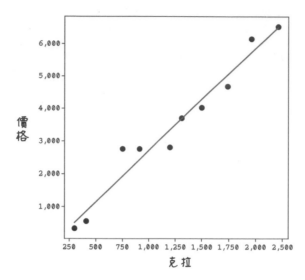

圖 8.13 使用一些資料點畫出迴歸線

現在已經根據手邊的資料集訓練好一條可以正確擬合資料的線性迴歸線了，也就是說我們手動完成了機器學習呢。

練習：使用最小平方法計算迴歸線

使用上述步驟與以下資料集，使用最小平方法來計算迴歸線。

	Carat (x)	Price (y)
1	320	350
2	460	560
3	800	2,760
4	910	2,800
5	1,350	2,900
6	1,390	3,600
7	1,650	4,000
8	1,700	4,650
9	1,950	6,100
10	2,000	6,500

解答：使用最小平方法計算迴歸線

首先要算出各維度的平均數。x 的平均數為 1,253，y 平均數則是 3,422。下一步則是計算每一筆值與其平均數的差。然後要求出 x 與 x 平均數的差平方，接著加總起來，結果是 3,251,610。最後，x 與 x 平均數的差要乘以 y 與 y 平均數的差並加總起來，結果是 10,566,940。

	Carat (x)	Price (y)	x – mean of x	y – mean of y	(x – mean of x)^2	(x – mean of x) * (y – mean of y)
1	320	350	-933	-3,072	870,489	2,866,176
2	460	560	-793	-2,862	628,849	2,269,566
3	800	2,760	-453	-662	205,209	299,886
4	910	2,800	-343	-622	117,649	213,346
5	1,350	2,900	97	-522	9,409	-50,634
6	1,390	3,600	137	178	18,769	24,386
7	1,650	4,000	397	578	157,609	229,466
8	1,700	4,650	447	1,228	199,809	548,916
9	1,950	6,100	697	2,678	485,809	1,866,566
10	2,000	6,500	747	3,078	558,009	2,299,266
	1,253	3,422			3,251,610	10,566,940

以下數值可用於求出斜率 m：

```
m = 10566940 / 3251610
m = 3.25
```

回想一下直線的等式：

```
y = c + mx
```

代入 x 與 y 的平均數與方才求出的 m：

```
3422 = c + 3.35 * 1253
c = -775.55
```

代入 *x* 的最小值與最大值來計算繪製直線所需兩點：

```
點 1 使用最小值，Carat: x = 320
y       =        775.55 +      3.25    *       320
y       =        1 815.55


點 2 使用最大值，Carat: x = 2000
y       =        775.55 +      3.25    *       2000
y       =        7 275.55
```

大致了解如何操作線性迴歸以及計算迴歸線之後，來看一下偽代碼。

偽代碼

在此的偽代碼類似於先前的各步驟。一個有趣之處在於用到了兩個 for 迴圈，會迭代資料集中的所有元素來計算各值的加總結果：

```
fit_regression_line(carats, prices):
  let mean_X equal mean(carats)
  let mean_Y equal mean(price)
  let sum_x_squared equal 0
  for i in range(n):
    let ans equal (carats[i] - mean_X) ** 2
    sum_x_squared equal sum_x_squared + ans
  let sum_multiple equal 0
  for i in range(n):
    let ans equal (carats[i] - mean_X) * (price[i] - mean_Y)
    sum_multiple equal sum_multiple + ans
  let b1 equal sum_multiple / sum_x_squared
  let b0 equal mean_Y - (b1 * mean_X)
  let min_x equal min(carats)
  let max_x equal max(carats)
  let y1 equal b0 + b1 * min_x   ◀──── 以 y = c + mx 來表示迴歸線
                                        的第一個點
  let y2 equal b0 + b1 * max_x   ◀──── 以 y = c + mx 來表示迴歸線
                                        的第二個點
```

測試模型：判斷模型的準確率

決定迴歸線之後，就可用它來根據其他克拉值來預測價格了。我們可用新的案例來評估迴歸線的效能。由於我們知道這些新案例的實際價格，就能判斷線性迴歸模型是否準確。

無法使用原本用於訓練的相同資料來測試模型。這樣做會產生無意義的高準確率。訓練完成的模型一定要透過未用於訓練的真實資料來測試才行。

區分訓練與測試資料

訓練與測試資料通常是以 80/20 的比例來分割，其中 80% 的可用資料是訓練資料，另外 20% 則用於測試模型。之所以使用這個比例，是因為訓練模型所需的正確案例數量通常難以得知；不同背景與不同問題，所需的資料可能更多也可能更少。

圖 8.14 與表 8.12 是鑽石範例的一組測試資料。別忘了我們調整了克拉值來匹配價格值（所有克拉值都乘以 1,000），讓它們更容易判讀與操作。圖中各點代表一筆測試資料點，而直線就是訓練好的迴歸線。

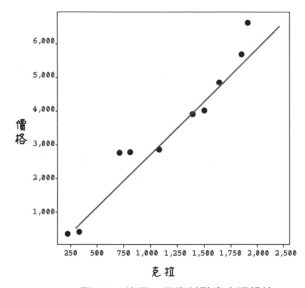

圖 8.14 使用一些資料點畫出迴歸線

表 8.12 克拉與價格資料

	Carat (x)	Price (y)
1	220	342
2	330	403
3	710	2,772
4	810	2,789
5	1,080	2,869
6	1,390	3,914
7	1,500	4,022
8	1,640	4,849
9	1,850	5,688
10	1,910	6,632

測試模型會使用未用於訓練的資料來進行預測，接著使用實際值來比較模型預測的準確率。在鑽石範例中，我們有真實的價格值，可以由此判斷模型的預測結果並比較差異。

量測迴歸線的效能

在線性迴歸中，測量模型準確率的常見作法之一是計算 R^2 值。R^2 是用來決定實際值與預測值之間的變異數（variance）。以下等式是用來計算 R^2 分數：

$$R^2 = \frac{\text{sum of (predicted y - mean of actual y)}^2}{\text{sum of (actual y - mean of actual y)}^2}$$

類似於訓練步驟，我們要依序算出真實價格值的平均數、實際價格值與價格平均數之間的距離、接著是這些值的平方。在此會用到圖 8.14 中各點的值（計算如表 8.13）。

表 8.13 鑽石資料集與相關計算

	Carat (*x*)	Price (*y*)	*y* – mean of *y*	(*y* – mean of *y*)^2
1	220	*342*	-3,086	9,523,396
2	330	*403*	-3,025	9,150,625
3	710	*2,772*	-656	430,336
4	810	*2,789*	-639	408,321
5	1,080	*2,869*	-559	312,481
6	1,390	*3,914*	486	236,196
7	1,500	*4,022*	594	352,836
8	1,640	*4,849*	1,421	2,019,241
9	1,850	*5,688*	2,260	5,107,600
10	1,910	*6,632*	3,204	10,265,616
		3,428		37,806,648
		平均		總和

下一步是計算每一筆克拉值的預測價格值、計算預測價格值與價格平均數之間的距離、將這些值平方，最後計算這些值的總和（計算如表 8.14）。

表 8.14 鑽石資料集與相關計算，第 2 部分

	Carat (x)	Price (y)	y – mean of y	(y – mean of y)^2	Predicted y	Predicted y – mean of y	(Predicted y – mean of y)^2
1	220	342	-3,086	9,523,396	264	-3,164	10,009,876
2	330	403	-3,025	9,150,625	609	-2,819	7,944,471
3	710	2,772	-656	430,336	1,802	-1,626	2,643,645
4	810	2,789	-639	408,321	2,116	-1,312	1,721,527
5	1,080	2,869	-559	312,481	2,963	-465	215,900
6	1,390	3,914	486	236,196	3,936	508	258,382
7	1,500	4,022	594	352,836	4,282	854	728,562
8	1,640	4,849	1,421	2,019,241	4,721	1,293	1,671,748
9	1,850	5,688	2,260	5,107,600	5,380	1,952	3,810,559
10	1,910	6,632	3,204	10,265,616	5,568	2,140	4,581,230
			3,428	3,7806,648			33,585,901
			平均	總和			總和

透過預測價格與平均價格的差平方總和，以及實際價格與平均價格的差平方總和，就能求得 R^2 分數：

$$R^2 = \frac{\text{sum of (predicted y – mean of actual y)}^2}{\text{sum of (actual y – mean of actual y)}^2}$$

$$R^2 = 33585901 / 37806648$$
$$R^2 = 0.88$$

計算結果 0.88，代表模型對於未見過的新資料的準確率有 88%。這個結果相當不錯，證實這個線性迴歸模型相當準確。對本鑽石範例來說，這樣的結果已令人滿意。要判斷這個準確率可否滿足我們所要解決的問題，當然也要考量到該問題的領域。下一段將會探討各種機器學習模型的效能。

更多資訊：關於對資料找出擬合線的入門介紹，請參考 http://mng.bz/Ed5q，這是由 Manning Publications 所出版的《Math for Programmers》一書的其中一章。線性迴歸還可應用於更多維度的問題。舉例來說，我們可透過稱為多元迴歸（multiple regression）的流程來找出克拉值、價格與鑽石切工之間的關係。這個流程在計算上當然會比較複雜，但基本原則是一樣的。

提升準確率

透過資料來訓練模型，並量測它對於新測試資料的效能好壞之後，我們對於模型效能就有基本的概念了。多數狀況下，模型的效能通常都不如預期，如果可能的話就需要採取額外作業來改善模型。改善方法包含了在機器學習生命週期的某些步驟中進行迭代（圖 8.15）。

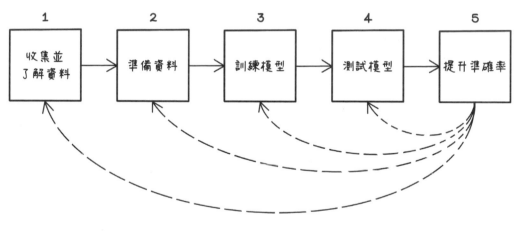

圖 8.15 機器學習生命週期 —— 再次複習

這樣的結果可能需要我們去額外關注以下的一或多個領域。在決定最佳效能方案之前，機器學習屬於一種實驗性的作法，需要在不同階段來測試不同的策略。在鑽石範例中，如果模型用克拉值來預測價格的表現很差，我們則可用代表鑽石大小的維度值再搭配克拉值，希望能更準確地預測價格。以下是一些提升模型準確率的方法：

- **收集更多資料**。方法之一就是收集更多與要探討的資料集有關的資料，這可能會用到相關的外部資料來增強資料，或納入先前未考慮到的資料。

- **不同的資料準備方式**。用於訓練的資料可能需要以不同的方式來準備。回顧本章稍早所提的資料修補技術，這些做法也可能發生錯誤。我們可能要用不同的技術來找出遺失資料的值、取代含糊資料，另外也要對類別型資料進行編碼。

- **選擇資料中的不同特徵**。資料集的其他特徵用於預測應變變數可能也有不錯的效果。例如，X 維度值在預測檯面（table）值時應該是個好選擇，因為由鑽石術語圖（圖 8.5）可知，兩者之間有著物理上的關係，反之用 X 維度來預測淨度就沒意義了。

- **使用不同的演算法來訓練模型**。有時候，我們選用的演算法不一定適合所要解決的問題或資料的本質。這時可改用不同的演算法來解決不同目標，下一段就會談到這一點。

- **處理偽陽性測試**。測試結果可能會騙人呢。良好的測試分數可能代表模型的成效很好，但當模型面對未見過的資料時，它則可能表現不佳。這個問題可能起因於對資料發生了過擬合（overfitting）。過擬合是指模型過度貼近於其訓練資料，而在處理變異性更大的新資料時則失去了彈性。這個做法通常適用於分類問題，一樣會在下一段談到。

如果線性迴歸無法提供有用的結果，或者有了另一個要詢問的問題，我們也可以試試看其他的演算法。接下來的兩段會探討，當面對本質上就不一樣的問題時所需的演算法。

使用決策樹進行分類

簡言之，分類問題是指根據案例的屬性，對其指派一個標籤。這些問題與迴歸並不相同，後者需要估計出一個值。來深入認識分類問題並看看如何解決它們。

分類問題：不是這個就是那個

我們已經知道，迴歸是指根據一或多個變數來預測出另一個值，例如根據克拉值來預測鑽石的價格。分類的概念也很類似，目標也是預測出一個值，但預測結果不再是連續值而是多個離散的類別。離散值就是資料集中的類別型特徵，例如鑽石資料集中的切工、色澤與淨度，資料集中的連續值則是價格與深度。以下是另一個範例，假設我們有好幾台車輛，可能是房車或卡車。

我們會測量每輛車的重量以及輪子數量。現在先暫時忽略房車與卡車在外觀上的不同吧。幾乎所有的車輛都有四個輪子，而許多大型卡車則有超過四個輪子。卡車通常比房車來得重，但講求運動性能的大型車則有可能和小卡車一樣重。我們可以找出車重與輪子數量之間的關係，來預測某台車到底是房車還是卡車（圖8.16）。

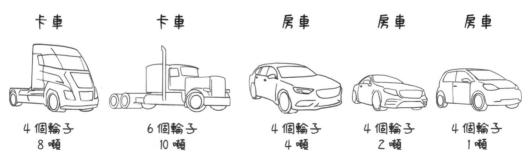

圖 8.16　根據輪子數量與車重的車輛分類範例

練習：迴歸 **VS.** 分類

考慮以下情境，請決定哪些是迴歸問題，哪些是分類問題：

1. 根據老鼠的資料，我們已知預期壽命與肥胖這兩項特徵。我們要試著找出這兩個特徵之間的相關性。

2. 根據動物的資料，我們知道各種動物的重量以及牠有沒有翅膀。我們要試著判斷這個動物是不是鳥類。

3. 根據運算裝置的資料，我們知道多款裝置的螢幕大小、重量與作業系統。我們想要判斷某個裝置是否為平板電腦、筆記型電腦或手機。

4. 根據天氣的資料，我們知道降雨量與濕度值。我們想要判斷不同雨季的溼度。

解答：迴歸 **VS.** 分類

1. **迴歸** —— 探索兩個變數之間的關係。預期壽命是應變變數，而肥胖則是獨立變數。

2. **分類** —— 我們想要使用某個案例的重量與有沒有翅膀等特徵，將其分類為鳥類，或非鳥類。

3. **分類** —— 使用案例的其他特徵，將其分類為平板電腦、筆記型電腦或手機。

4. **迴歸** —— 探索降雨量與濕度之間的關係。濕度是應變變數，而降雨量則是獨立變數。

決策樹基本觀念

有許多不同的演算法可用於解決迴歸與分類問題。一些知名的演算法包括支援向量機（support vector machines）、決策樹與隨機森林。本段會透過決策樹演算法來學習如何分類。

決策樹是描述一系列決策過程的資料結構，可用於找出指定問題的解（圖8.17）。如果想要決定今天要不要穿短褲，我們可能會進行一連串的決策來得到某個結果。今天一整天都會冷嗎？如果不會，當天氣真的變冷時，我們會在外頭待到晚上嗎？天氣暖和時，我們應該會決定穿短褲，但天氣冷且需要外出時，就不會穿短褲。

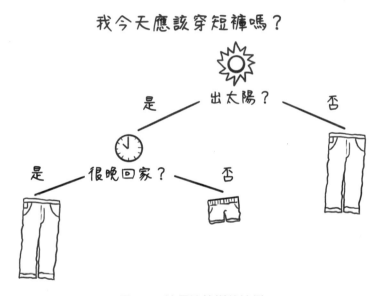

圖 8.17 簡易決策樹的範例

對於鑽石範例來說，我們可使用決策樹並根據克拉與價格值來預測鑽石的切工。為簡化本範例，假設我們是不在意個別鑽石切工的鑽石商人。我們會把不同的切工分為兩個較廣義的類別。Fair 與 Good 這兩種切工等級會被分到名為 Okay 的類別，而 Very Good、Premium 與 Ideal 等三種切工等級則會被分到名為 Perfect 的類別，如下：

1	Fair	1	Okay
2	Good		
3	Very Good	2	Perfect
4	Premium		
5	Ideal		

樣本資料集現在看起來會如同表 8.15。

表 8.15 用於分類範例的資料集

	Carat	Price	Cut
1	0.21	327	Okay
2	0.39	897	Perfect
3	0.50	1,122	Perfect
4	0.76	907	Okay
5	0.87	2,757	Okay
6	0.98	2,865	Okay
7	1.13	3,045	Perfect
8	1.34	3,914	Perfect
9	1.67	4,849	Perfect
10	1.81	5,688	Perfect

檢視這個小範例中的各個值，試著找出其中的樣式，我們應該會注意到一些東西。價格似乎會在超過 0.98 克拉之後明顯增加，而價格的增加程度看起來與 Perfect 類別的鑽石有某種相關性，而克拉值較小的鑽石則通常會是 Okay 類別。但請看到第 3 筆樣本，它的類別為 Perfect，但其克拉值卻比較小。圖 8.18 說明了當我們建立各種問題來過濾資料並手動將其分類時，後續所發生的事情。請注意，在各個決策節點中就包含了我們所要問的問題，而各個葉節點則包含了分類之後的案例。

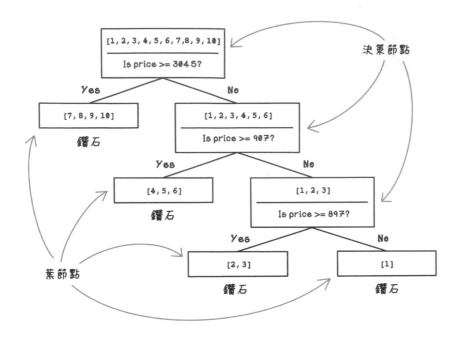

圖 8.18　直覺設計出的範例決策樹

如果資料集很小，那當然很簡單就能手動把這些鑽石分類完成。不過在現實世界資料集中的案例可能成千上萬，各自又有上千筆特徵，使得根本不可能單靠人手來建立決策樹。現在就是決策樹演算法登場的時候了。決策樹可建立各種用來過濾案例的問題，並可找出那些能讓篩選更準確但可能被遺漏的樣式。

訓練決策樹

要建立一個決策樹，並在分類鑽石上具備一定的智能來做出正確決策的話，我們需要一個能從資料中來學習的訓練演算法。決策樹學習演算法的家族龐大，在此會採用的是 CART（分類與迴歸樹，Classification and Regression Tree）。CART 與其他樹學習演算法的基本觀念是這樣的：決定所要詢問的問題，以及何時要詢問這些問題才能將這些案例分類到對應類別的效果達到最佳。以鑽石範例來說，演算法必須學會關於克拉與價格值所要詢問的最佳問題、何時詢問，這樣才能讓 Okay 與 Perfect 鑽石分類的效果最好。

決策樹的資料結構

為了幫助你理解決策樹的結構，先讓我們介紹以下的資料結構，並以適合決策樹學習演算法的方式來整理其邏輯與資料：

- **類別／標籤分組的映射** —— 映射（map）一組元素的鍵值對（key-value pair），其中不可有兩個相同的鍵。這樣的結構很適合用於儲存對應於特定標籤的案例數量，另外也可用來儲存計算熵值（或稱不確定性）所需的值。後續就會介紹什麼是熵。

- **節點所組成的樹** —— 如先前圖 8.18 所示，多個節點相連之後就成為了樹。這個範例與先前章節中的某些範例相當類似。樹中的各個節點對於把案例篩選／分割到各類別中來說非常重要：

  ○ **決策節點** —— 一個會在其中來分割（或篩選）資料集的節點。

    - 問題：要被詢問的問題（請參考以下的問題說明）。

    - 真案例：可滿足問題的案例。

    - 偽案例：無法滿足問題的案例。

  ○ **案例節點／葉節點** —— 只包含案例清單的節點。本清單中的所有案例已被正確分類完成。

- **問題** —— 問題可根據自身彈性來以不同方式呈現。我們可能會問："克拉值 > 0.5 且 < 1.13 ？"為了讓這個範例簡單理解，本問題由變動特徵、變動值與 >= 運算子所組成："克拉值 >= 0.5?" 或 "價格 >= 3,045?"

  ○ **特徵** —— 要進行比較的特徵

  ○ **數值** —— 用於比較數值是否大於等於的一個常數

決策樹學習生命週期

本段要討論決策樹演算法如何根據其決策步驟來過濾資料,好對資料集正確分類。圖 8.19 是訓練決策樹時所需的步驟,流程會在本段後續介紹到。

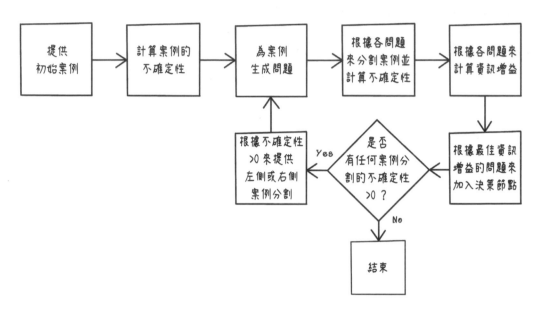

圖 8.19 建置決策樹的基本流程

建置決策樹時,我們會測試所有可能的問題來決定在決策樹的某一點上,哪一個是可被詢問的最佳問題。測試問題時會用到熵(*entropy*)的概念 —— 描述資料集不確定的一項度量。如果我們有 5 顆 Perfect 的鑽石,5 顆 Okay 的鑽石,從這 10 顆鑽石中隨機挑選一個,則選出 Perfect 鑽石的機率為何(圖 8.20)?

圖 8.20 不確定性的範例

指定克拉、價格與切工等特徵的鑽石資料集之後,我們可使用吉尼指數(Gini index)來判斷資料集的不確定性。吉尼指數如果為 0,代表這份資料集無任何不確定性,乾乾淨淨;例如,它可能包含了 10 顆類別為 Perfect 的鑽石。圖 8.21 為吉尼指數的計算方式。

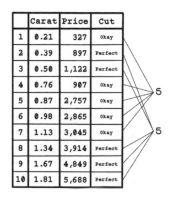

$$Gini = 1 - (Okay\ count\,/\,total)^2 - (Perfect\ count\,/\,total)^2$$
$$Gini = 1 - (5\,/\,10)^2 - (5\,/\,10)^2$$
$$Gini = 1 - (0.5)^2 - (0.5)^2$$
$$Gini = 1 - 0.5$$
$$Gini = 0.5$$

圖 8.21 吉尼指數的計算方式

如果吉尼指數為 0.5,代表隨機選擇時會有 50% 的機會選到錯誤標註的案例,如先前的圖 8.20。

下一個步驟是建立用於分割資料的決策節點。決策節點須包含一個用於分割資料的問題,這個問題不但要合理,還要能降低不確定性。別忘了,0 代表無任何不確定性。我們的目標是把資料集切分成多個子集且不確定性為零。

根據各案例的所有特徵來產生許多問題,接著用這些問題來分割資料並決定最佳分割結果。由於我們有 2 筆特徵與 10 筆案例,所產生的問題總數就會是 20。圖 8.22 是一些要被詢問的問題(這些都是簡單的問題)例如某個特徵值是否大於或等於特定值。

資料集的不確定性是由**吉尼指數**所決定,而這些問題的目標是降低不確定性。**熵**是另一個量測混亂程度的概念,根據所詢問的問題來對某個資料分割來運用吉尼指數進行判斷。

我們必須有個方法來判斷這個問題降低不確定的效果到底好不好，並透過量測資訊增益來完成這個任務。**資訊增益**（*Information gain*）描述了詢問特定問題之後所獲得的資訊量。如果獲得大量資訊的話，不確定性也會降低。

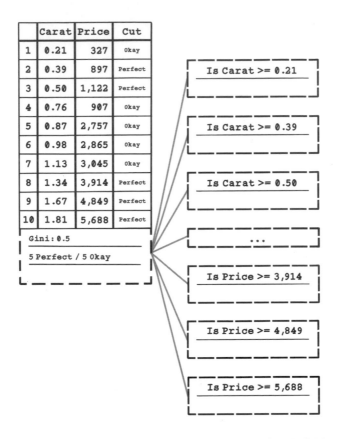

圖 8.22　使用決策節點搭配範例問題來分割資料

資訊增益的計算方式是將問題之前的熵減去問題之後的熵，步驟如下：

1. 詢問一個問題來分割資料集。

2. 量測左側分割的吉尼指數。

3. 計算左側分割的熵，並與分割之前的資料集進行比較。

4. 量測右側分割的吉尼指數。

5.　計算右側分割的熵，並與分割之前的資料集進行比較。

6.　相加左側熵與右側熵來求出整體熵。

7.　計算資訊增益，也就是從問題之前的整體熵減去問題之後的整體熵。

圖 8.23 是針對 "價格 >= 3914?" 這個問題的資料分割與資訊增益。

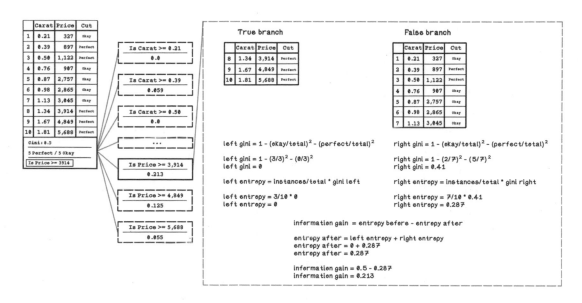

圖 8.23　根據特定問題來進行資料分割與資訊增益示意圖

在圖 8.23 的範例中，所有問題的資訊增益都已求出，而資訊增益最高的那個問題會被選為決策樹中該點所要詢問的最佳問題。接著，原始資料集會根據問題為 "Is Price >= 3,914?" 的決策節點來分割。一個包含本問題的決策節點會被加入決策樹中，而從該節點下可看到左側與右側分割後的分支。

在圖 8.24 中，在資料集分割完成後，左側的資料集中只有 Perfect 的鑽石，而右側資料集則包含了混合的鑽石分類，其中有兩顆 Perfect 鑽石與五顆 Okay 鑽石。因此必須針對右側資料集詢問另一個問題，才能進一步分割資料集。在此，因為使用了資料集中各個案例的特徵而產生了數個問題。

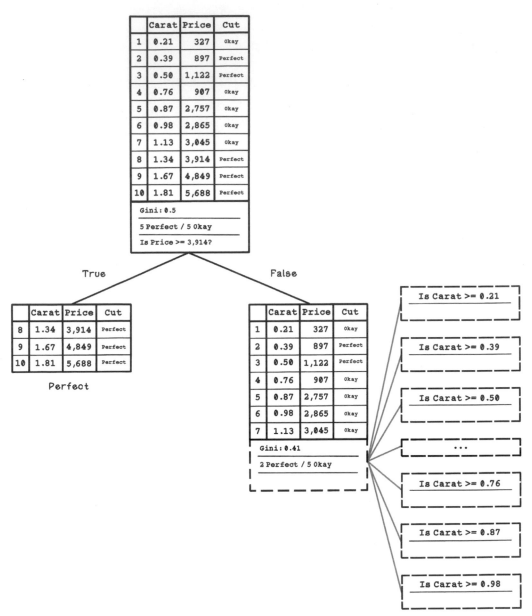

圖 8.24 經過第一個決策節點與可能問題之後的決策樹

練習：計算指定問題的不確定性與資訊增益

運用所學並參考圖 8.23，請計算 "Is Carat >= 0.76" 這個問題的資訊增益。

解法：計算指定問題的不確定性與資訊增益

圖 8.25 中的解法強調了在指定問題之後，如何重複使用那些決定熵與資訊增益的計算方式。請自由練習更多問題，並將計算結果與圖中的資訊增益值比較一下。

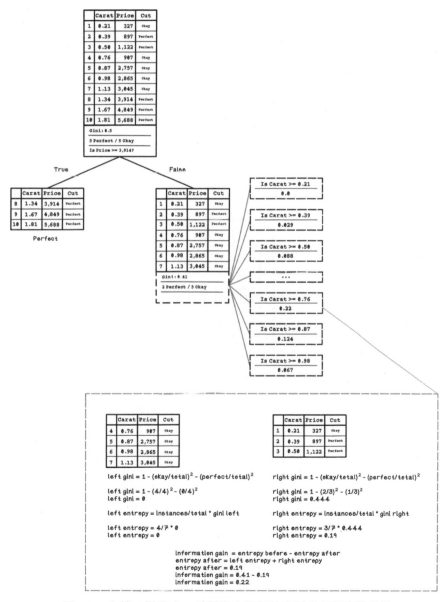

圖 8.25 在第二階層中，針對指定問題的資料分割與資訊增益

分割資料、產生問題，以及決定資訊增益，這樣的流程會不斷做下去，直到資料
集被這些問題完整分類完成為止。圖 8.26 為完整的決策樹，其中包含了所有要詢
問的問題與分割結果。

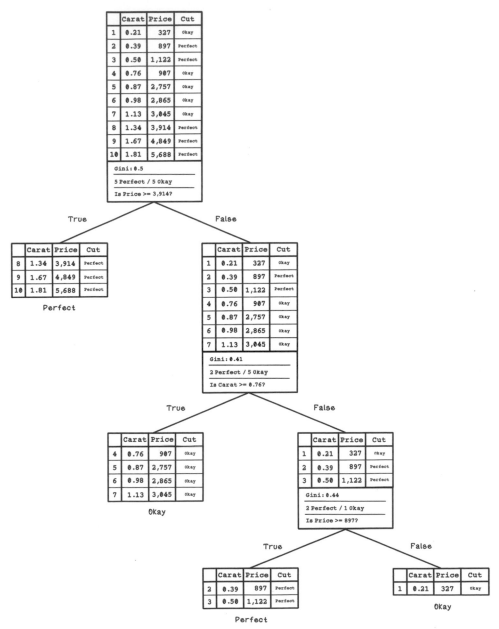

圖 8.26 完整訓練後的決策樹

值得注意的是，決策樹通常是用更大量的資料樣本來訓練。要被詢問的問題須更具備一般性來處理更多樣化的資料，也因此需要更多樣化的案例來從中學習。

偽代碼

從頭編寫決策樹程式時，第一步是計算各類別中的案例數量。以本範例來說就是 Okay 鑽石與 Perfect 鑽石的數量：

```
find_unique_label_counts(examples):
  let class_count equal empty map
  for example in examples:
    let label equal example['quality']
    if label not in class_count:
      let class_count[label] equal 0
    class_count[label] equal class_count[label] + 1
  return class_count
```

接著，要根據某個問題來分割所有案例。可滿足問題的案例會被存放於 examples_true，其他則存放於 examples_false：

```
split_examples(examples, question):
  let examples_true equal empty array
  let examples_false equal empty array
  for example in examples:
    if question.filter(example):
      append example to examples_true
    else:
      append example to examples_false
  return examples_true, examples_false
```

在此需要一個函式來計算一批案例的吉尼指數，以下函式可運用圖 8.23 所提到的
方法來計算吉尼指數：

```
calculate_gini(examples):
  let label_counts equal find_unique_label_counts(examples)
  let uncertainty equal 1
  for label in label_counts:
    let probability_of_label equal label_counts[label] / length(examples))
    uncertainty equals uncertainty - probability_of_label ^ 2
  return uncertainty
```

information_gain 會用到左側分割、右側分割與當下的不確定性來決定資訊
增益：

```
calculate_information_gain(left, right, current_uncertainty):
  let total equal length(left) + length(right)
  let left_gini equal calculate_gini(left)
  let left_entropy equal length(left) / total * left_gini
  let right_gini equal calculate_gini(right)
  let right_entropy equal length(right) / total * right_gini
  let uncertainty_after equal left_entropy + right_entropy
  let information_gain equal current_uncertainty - uncertainty_after
  return information_gain
```

以下函式看起來有點嚇人，但它事實上只是把資料集中的所有特徵與對應值跑過一遍，並找出最佳資訊增益來決定所要詢問的最佳問題：

```
find_best_split(examples,number_of_features):
    let best_gain equal 0
    let best_question equal None
    let current_uncertainty equal calculate_gini(examples)
    for feature_index in range(number_of_features):
        let values equal [example[feature_index] for example in examples]
        for value in values:
            let question equal Question(feature_index,value)
            let true_examples,false_examples equal
                split_examples(examples,question)
            if length(true_examples) != 0 or length(false_examples) != 0:
                let gain equal calculate_information_gain
                    (true_examples,false_examples,current_uncertainty)
                if gain >= best_gain:
                    best_gain,best_question equal gain,question
    return best_gain,best_question
```

以下函式負責整合所有東西，並使用先前定義的函式來建置決策樹：

```
build_tree(examples,number_of_features):
    let gain,question equal find_best_split(examples,number_of_features)
    if gain == 0:
        return ExamplesNode(examples)
    let true_examples,false_examples equal split_examples(examples,question)
    let true_branch equal build_tree(true_examples)
    let false_branch equal build_tree(false_examples)
    return DecisionNode(question,true_branch,false_branch)
```

請注意本函式為迭代執行。它會一直分割資料，並不斷將結果資料集再次分割，直到不再有資訊增益為止，代表這些案例已無法再進一步分割了。提醒一下，決策節點是用來分割各案例，而案例節點則負責儲存分割後的案例。

現在，我們已經知道如何建置一個決策樹分類器了。請記得，訓練完成的決策樹模型會用它未見過的資料來測試，這方法類似與先前介紹過的線性迴歸法。

決策樹會碰到的問題之一，也是過擬合，發生於模型針對少數案例的訓練成效太好，但對於新案例則表現很差的時候。過擬合發生的時機在於當模型學會了訓練資料的樣式，但真實世界的新資料又有點不一樣，且不符合這個已訓練模型的分割準則。準確率高達 100% 的模型通常已對資料過度擬合。理想模型但卻對部分案例分類錯誤，這可視為模型已對不同案例具備更高的一般性所帶來的副作用。任何機器學習模型都可能碰到過擬合，可不是只有決策樹才會碰到。

圖 8.27 說明了過擬合的概念。欠擬合（underfitting）包含了過多錯誤的分類，而過擬合則包含了過少或根本沒有錯誤的分類；理想狀況則介於兩者之間。

欠擬合　　　　　　　　理想　　　　　　　　過擬合

圖 8.27 欠擬合、理想與過擬合

使用決策樹來分類案例

現在決策樹已經訓練完成，也決定了正確的問題，這時可用全新的待分類資料來測試它。在此所說的模型就是由上述訓練步驟所建立，針對各問題所產生的決策樹。

為了測試模型，我們會提供數筆全新的資料案例並評估分類是否正確，所以還需要知道測試資料的標籤。在鑽石範例中，我們當然會需要更多鑽石的資料，包括 Cut 特徵（正確答案），來測試決策樹（表 8.16）。

表 8.16 用於分類的鑽石資料集

	Carat	Price	Cut
1	0.26	689	Perfect
2	0.41	967	Perfect
3	0.52	1,012	Perfect
4	0.76	907	Okay
5	0.81	2,650	Okay
6	0.90	2,634	Okay
7	1.24	2,999	Perfect
8	1.42	3850	Perfect
9	1.61	4,345	Perfect
10	1.78	3,100	Okay

圖 8.28 是我們所訓練好的決策樹模型，已可用於處理新的案例了。每個案例都會被送進決策樹來進行分類。

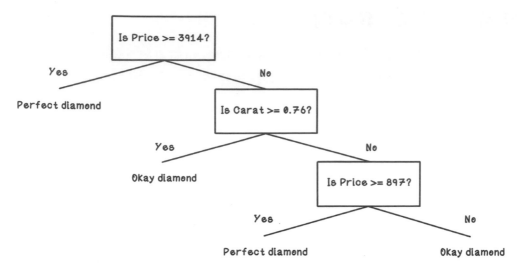

圖 8.28 用於處理新案例的決策樹模型

預測的分類結果詳列於表 8.17。假設我們想要預測類別為 Okay 的鑽石。請注意有三筆案例是分類錯誤的。也就是 10 筆中錯了 3 筆,代表模型正確預測了 10 筆中的 7 筆(或 70%)的測試資料。這效能不算太差,但也正好說明案例是有可能被錯誤分類的。

表 8.17 用於分類與預測的鑽石資料集

	Carat	Price	Cut	Prediction	
1	0.26	689	Okay	Okay	✓
2	0.41	880	Perfect	Perfect	✓
3	0.52	1,012	Perfect	Perfect	✓
4	0.76	907	Okay	Okay	✓
5	0.81	2,650	Okay	Okay	✓
6	0.90	2,634	Okay	Okay	✓
7	1.24	2,999	**Perfect**	**Okay**	†
8	1.42	3,850	**Perfect**	**Okay**	†
9	1.61	4,345	Perfect	Perfect	✓
10	1.78	3,100	**Okay**	**Perfect**	†

混淆矩陣（confuse matrix）常用於評估模型針對測試資料的效能。混淆矩陣使用以下指標來描述模型效能（圖 8.29）：

- 真陽性（*True positive, TP*）—— 將案例正確分類為 Okay

- 真陰性（*True negative, TN*）—— 將案例正確分類為 Perfect

- 偽陽性（*False positive, FP*）—— Perfect 案例被分類為 Okay

- 偽陰性（*False negative, FN*）—— Okay 案例被分類為 Perfect

	預測為陽性	預測為陰性	
實際為陽性	真陽性 TP	偽陰性 FN	敏感度 TP / TP + FN
實際為陰性	偽陽性 FP	真陰性 TN	特異度 TN / TN + FP
	精確率 TP / TP + FP	負向精確率 TN / TN + FN	準確率 TP + TN / TP + TN + FP + FN

圖 8.29 混淆矩陣

使用先前未見的案例來測試模型，其結果可推導出以下幾項量度：

- 精確率（*Precision*）—— Okay 案例被正確分類的比率

- 負向精確率（*Negative precision*）—— Perfect 案例被正確分類的比率

- 敏感度或召回率（*Sensitivity or recall*）—— 也稱為真陽性率（true-positive rate）；也就是在訓練資料集中，正確被分類為 Okay 的鑽石與所有 Okay 鑽石的比率

- 特異度（*Specificity*）—— 也稱為真陰性率（true-negative rate）；也就是在訓練資料集中，正確被分類為 Perfect 的鑽石與所有 Perfect 鑽石的比率

- 準確率 —— 分類器對於所有類別的正確率

圖 8.30 為使用鑽石案例作為輸入的最終混淆矩陣。準確率固然重要，但其他量度也可揭露更多關於模型效能的有用資訊。

	Predicted positive	Predicted negative	
Actual positive	True positive 4	False negative 1	Sensitivity 4 / 4 + 1 = 0.8
Actual negative	False positive 2	True negative 3	Specificity 3 / 3 + 2 = 0.6
	Precision 4 / 6 = 0.67	Negative precision 3 / 4 = 0.75	Accuracy $\frac{7}{10}$ = 0.7

圖 8.30 鑽石測試範例的混淆矩陣

運用這些量度，我們就能在機器學習生命週期中做出更周全的決策來提升模型效能。如本章先前所述，機器學習是運用了某些試誤過程的實驗性作法。這些指標可在過程中作為指引。

其他常用的機器學習演算法

本章介紹了兩種常用且重要的機器學習演算法。線性迴歸演算法是針對可找出特徵之間某些關係的迴歸問題。決策樹演算法則用於可找出案例特徵與類別之間某些關係的分類問題。但對於不同情境與在解決不同問題時，還有許多其他的機器學習演算法也很適用。圖 8.31 說明了一些常用的演算法，以及要被劃入機器學習範疇的哪一個部分。

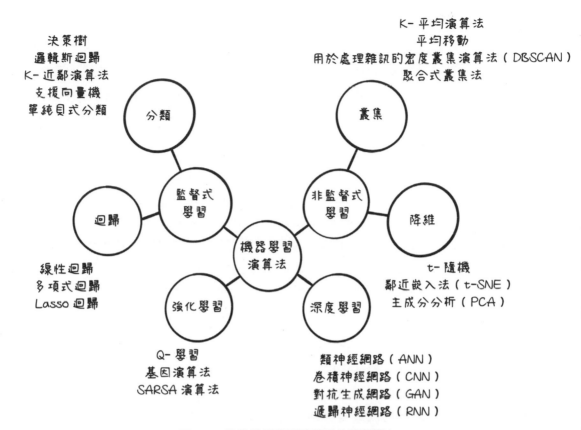

圖 8.31 熱門機器學習演算法之關係圖

分類與迴歸演算法可滿足類似於本章所介紹的問題。屬於非監督式學習的演算法則有助於某些資料準備步驟、找出資料中的潛在隱藏關係，並推導出在機器學習實驗中可詢問的問題。

請注意圖 8.31 中出現了深度學習。第 9 章會談到類神經網路（artificial neural network）── 深度學習的關鍵概念，並讓大家對於這些方法可處理的問題類型以及相關演算法的實作方式有更好的理解。

機器學習演算法的使用案例

機器學習可用於幾乎是所有的產業來解決不同領域的各種問題。只要給予正確的資料與問題，可能性可說是無窮無盡。在每日生活中，我們其實已經遇過某些運用了機器學習與資料建模某些面向的產品或服務了。本段列出了針對不同規模的真實世界問題，機器學習可以派上用場的常見方式。：

- **詐欺與威脅偵測** —— 金融產業可運用機器學習來偵測並預防詐欺交易。金融機構經年累月下來已有大量的交易資訊，其中當然也包含了由其顧客所回報的詐欺交易。這些詐欺報告可作為輸入來標註並找出詐欺交易的特徵。模型可能需要考量到交易地點、金額、零售商等等來對交易進行分類，好讓顧客免於潛在損失，金融機構也能免於保險損失。相同的模型也可應用於網路威脅偵測，可以根據已知的網路用途與回報的異常行為來偵測並預防各種網路攻擊。

- **產品與內容推薦** —— 我們會在各種電子商務網站上購買消費性影音商品或媒體串流服務。網站會根據我們所購買的東西來推薦更多產品，或根據我們的喜好來推薦相關內容。這類功能通常都是奠基於機器學習，從人們的互動來得到購物或檢視行為的各種樣式。愈來愈多的產業與應用都已採用推薦系統來提升銷售業績或提供更好的使用者體驗。

- **產品與服務之動態定價** —— 產品與服務通常是根據人們願意付出多少費用或根據風險來定價。對共乘系統來說如果可用的車輛數量低於需求的話，提高價格是合理的做法，而這就稱為動態定價（surge pricing）。在保險業中，如果某人被分類為高風險的話，相關價格就有可能會提高。機器學習可根據各種動態條件與個人的詳細資料來找出特定屬性，以及會影響定價的屬性之關聯性。

- **健康狀況風險預測** —— 醫療產業需要健康照護相關專業才能取得診斷與處置病人的大量相關知識。多年以來，他們已取得關於病人的巨量資料：血型、DNA、家族病史、地理位置與生活方式等等。這些資料可用於找出疾病診斷的潛在樣式。運用資料來做出正確診斷的威力就在於，我們有機會在病況惡化之前就先行處置。再者，藉由把結果回饋給機器學習系統，我們還能進一步提升它的預測可信度。

總結

機器學習除了演算法之外，
還包含了釐清脈絡、理解資料與詢問正確的問題

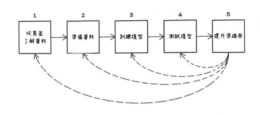

機器學習專案的生命週期會不斷反覆
且需多方試驗。

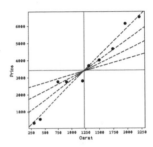

線性迴歸是指找出可擬合資料的最佳直線，
代表將各資料的誤差最小化。

可能的迴歸線

決策樹可運用多個問題來分割資料，直到整個資料集都被完美分割到
各個類別為止。關鍵在於降低資料集的不確定性。

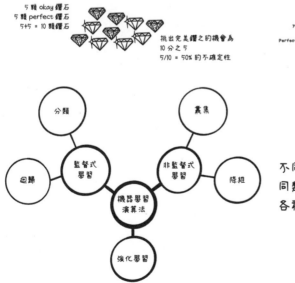

不同的機器學習演算法可用於解決不
同類型的問題，並在不同脈絡中達成
各種目標。

類神經網路 | 9

本章內容

- 認識什麼是類神經網路

- 可用類神經網路解決的問題

- 使用訓練後的網路來理解並實作前向傳播

- 理解並實作反向傳播來訓練網路

- 設計類神經網路架構來處理各種問題

什麼是類神經網路？

類神經網路（*artificial neural network, ANN*）是一套威力強大的機器學習工具，運用的方式可說是五花八門，能解決像是影像辨識、自然語言處理，當然還有遊戲等許多目標。ANN 在學習上類似於其他機器學習演算法：都會用到資料來訓練自已。它們最適用於難以理解特徵彼此之間關係的非結構化資料。本章會介紹各種 ANN 的靈感；也會說明演算法的運作方式，以及 ANN 在設計上如何解決各種不同的問題。

289

為了讓你清楚理解 ANN 如何打入更廣大的機器學習版圖,先來複習一下機器學習演算法的組成與分類吧。**深度學習**(*Deep Learning*)是這款演算法被賦予的名稱,代表將 ANN 應用於各種架構來完成某個目標。深度學習,當然也包含了 ANN,可用於解決各種監督式學習、非監督式學習與強化學習問題。圖 9.1 說明了深度學習與各種 ANN 以及其他機器學習概念之間的關係。

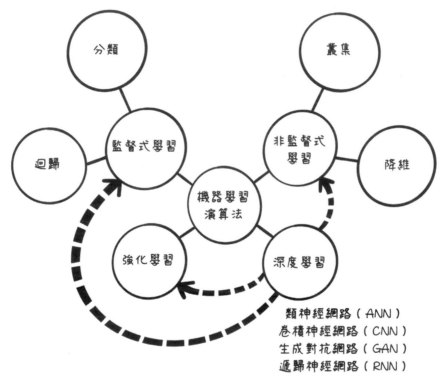

類神經網路(ANN)
卷積神經網路(CNN)
生成對抗網路(GAN)
遞歸神經網路(RNN)

圖 9.1 描述深度學習與 ANN 之彈性應用的對應關係圖

ANN 可視為機器學習生命週期(請回顧第 8 章)的另一種模型。圖 9.2 幫助你回想一下關於這個生命週期:一個需要被界定的問題;需要收集、理解與準備資料;有必要的話還需要對 ANN 模型進行測試與改良。

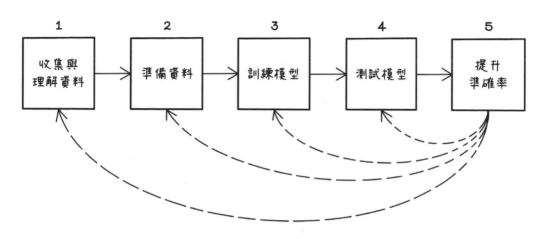

圖 9.2 機器學習實驗與專題的工作流程

現在我們已經大概知道 ANN 如何融入抽象的機器學習範疇，也知道 ANN 就是另一種可在自身生命週期中被訓練的模型。來介紹 ANN 的基本觀念與運作方式吧。類似於基因演算法與群體智能演算法，ANN 的靈感來自於一種自然現象 —— 在此就是指人腦與神經系統。神經系統是一種能讓我們感受到各種知覺的生物結構，同時也是腦部運作的基礎。我們的全身都布滿了神經，以及許多行為類似於腦神經元的神經元。

神經網路是由彼此互聯的神經元所組成，並透過電氣與化學訊號來傳送資訊。神經元會把資訊傳遞給其他神經元，並調整相關資訊來完成特定的功能。當你拿取杯子並啜一口水時，就會有數百萬計的神經元去處理你想要做什麼事情的意圖、為了完成這件事的肢體動作，還有用於判斷你是否成功的回饋。想一下，小小朋友學著如何從杯子喝水。他們一開始都表現地很不好，常常把杯子掉到地上。接著他們學會用兩隻手抓住杯子，到最後慢慢學會了單手拿杯子喝水而沒有任何問題。這個過程可能要好幾個月。小朋友的腦部與神經系統所發生的事情，就是透過練習或訓練來學習。圖 9.3 是一個簡化後的模型，說明了接收輸入（刺激）、在神經網路中進行處理，並提供輸出（回應）。

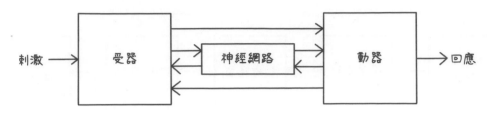

圖 9.3 生物神經系統的簡化模型

簡言之，**神經元**（圖 9.4）包含了多個樹突，可接收來自其他神經元的訊號；可觸發並調整訊號的細胞本體與細胞核；可把訊號傳送給其他神經元的軸突；以及在訊號被傳送給下一個神經元的樹突之前，用於乘載訊號的突觸。大約 900 億個神經元一起運作的結果，我們的大腦就能展現許多眾所周知的高階智能。

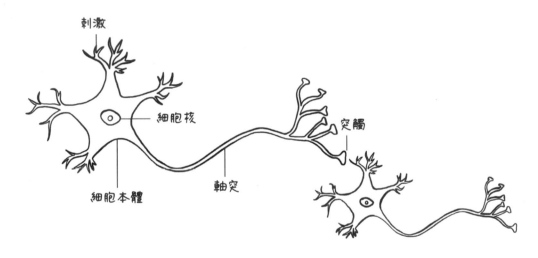

圖 9.4 神經元的一般組成

雖然 ANN 的靈感是來自於生物神經網路，也用了許多在這些系統中所觀察到的概念，ANN 卻無法完全呈現生物神經系統。關於大腦與神經系統，我們還有太多要學習的地方了。

感知器：神經元的代表

神經元是構成大腦與神經系統的基本概念。如前所述，它可接受來自其他神經元的許多輸入、處理這些輸入，並把結果傳送到其他彼此相連的神經元。ANN 是奠基於感知器的基本概念 —— 單一生物神經元的邏輯表達方式。

如同神經元，感知器可接收輸入（如樹突）、運用權重（如突觸）來調整這些輸入、處理加權後的輸入（如細胞本體與細胞核），最後輸出一個結果（如軸突）。感知器勉強可說是以神經元為基礎。你可能已發現突觸是接在樹突之後，代表突觸對於所送進來的輸入可造成某種程度的影響。圖 9.5 為感知器的邏輯架構。

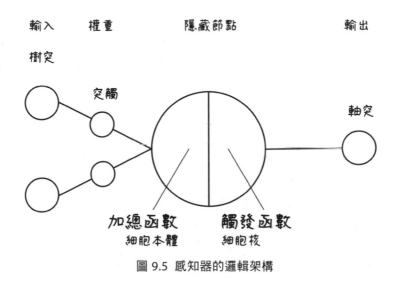

圖 9.5 感知器的邏輯架構

感知器的各個元件可用變數來描述，這樣在計算輸出時相當方便。權重會修改輸入；該值會由某個隱藏節點來處理；最後的輸出就是運算結果。

感知器各元件簡述如下：

- **輸入** —— 描述輸入值。在神經元中，這些值就代表了一筆輸入訊號。

- **權重** —— 描述輸入與隱藏節點之間各連結的權重。權重會影響到一筆輸入的強度並產生一筆加權後的輸入。在神經元中，這些連結就是突觸。

- **隱藏節點（加總與觸發）** —— 把加權後的輸入值進行加總，接著將觸發函數應用於加總結果。觸發函數決定了隱藏節點（神經元）的觸發（輸出）結果。

- **輸出** —— 描述感知器的最終輸出。

為了理解感知器的運作方式，我們要回顧第 8 章的找屋範例來驗證其用途。假設我們是不動產仲介，試著從公寓大小與價格來判斷它是否會在一個月之內租出去。假設感知器已訓練完成，代表感知器的所有權重都已調整完成。本章稍後會介紹感知器與 ANN 的訓練方式；就目前來說，只要先了解權重如何調整個別輸入的強度來對輸入之間的關係進行編碼即可。

圖 9.6 說明如何運用一個預先訓練好的感知器來分類某間公寓是否已租出去了。在此的輸入代表公寓的價格與該公寓的大小。另外也會用到價格與大小的最大值來調整輸入（價格最大值為 \$8,000，尺寸最大值為 80 平方公尺）。關於縮放資料的詳細說明請參考下一段。

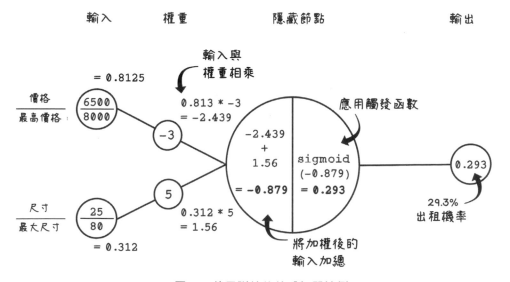

圖 9.6 使用訓練後的感知器範例

請注意，在此的輸入為公寓的價格與大小，而輸出則是某間公寓是否租出去的預測機率。權重是能否正確預測的關鍵。權重是網路中的變數，可學會輸入之間的關係。在此會用到加總運算與觸發函數來處理與對應權重相乘之後的各筆輸入，好進行預測。

在此要用到的觸發函數稱為 sigmoid 函數。觸發函數在感知器與 ANN 中扮演了關鍵角色。在本範例中，觸發函數是用來解決線性問題。但到了下一段的 ANN 時，就會談到要接收輸入來解決非線性問題時，觸發函數是相當好用的。圖 9.7 說明了線性問題的基本觀念。

sigmoid 函數是一個當接收到介於 0 與 1 之間的輸入時，輸出會是介於 0 與 1 之間的 S 型曲線。由於 sigmoid 函數會讓 x 的變化對 y 造成小量變化，因此可做到漸進的緩步學習。當本章稍後深入介紹 ANN 的運作原理時，就會看到這個函數如何有助於解決非線性問題。

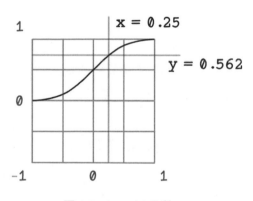

圖 9.7 sigmoid 函數

先退一步，換個角度看看用於感知器的資料。理解某間公寓是否租出的相關資料，對於理解感知器的運作方式來說非常重要。圖 9.8 呈現了資料集的各個案例，包含了各公寓的價格與大小。每間公寓都會被標註為這兩個類別其中之一：租出（rented）或未租出（not rented）。 區分這兩個類別的直線就是由感知器所描述的函數。

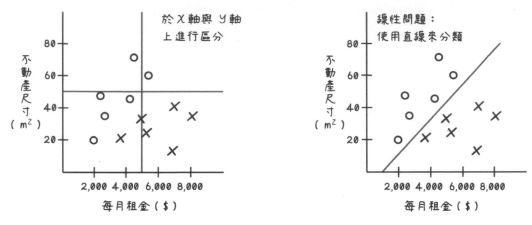

圖 9.8 線性分類問題範例

感知器在處理線性問題上相當好用，但它無法解決非線性問題。如果某個資料集無法透過直線來分類的話，感知器在處理上就會失敗。

ANN 大量使用了感知器的觀念。許多類似於感知器的神經元協同運作，就能解決多維度的非線性問題。請注意，所選用的觸發函數也會影響 ANN 的學習成效。

練習：計算給定以下輸入的感知器輸出

運用你對於感知器運作的理解來計算下圖的輸出：

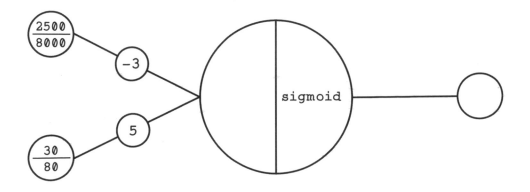

解答：計算給定以下輸入的感知器輸出

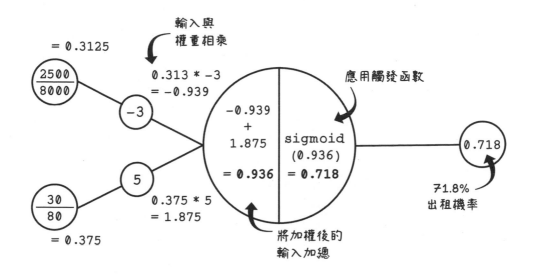

定義類神經網路

感知器在處理簡易問題時相當好用，但隨著資料維度不斷增加，它就變得不太可行了。ANN 遵循了感知器的基本原則，並應用於許多隱藏節點，作法與單一節點是一樣的。

為了說明多節點 ANN 的運作方式，在此用車輛碰撞／事故的範例資料集。假設我們有來自多台車的資料，記錄了當有預料之外物體闖入其移動路徑時的相關資料。資料集包含了關於條件與是否發生碰撞的特徵，如下：

- 車速（*Speed*）── 在撞到物體之前，車輛的移動速度

- 路面品質（*Terrain quality*）── 在撞到物體之前，車輛所行駛於其上的路面品質

- 視角（*Degree of vision*）── 在撞到物體之前，駕駛者的視角

- 整體經驗（*Total experience*）── 車輛駕駛者的整體駕駛經驗

- 發生碰撞？（*Collision occurred?*）── 是否發生碰撞

有了這些資料之後，我們想要訓練一個機器學習模型（也就是 ANN）來學習與碰撞有關的特徵之間的關係，如表 9.1。

表 9.1 車輛碰撞資料集

	速度	路面品質	視角	整體經驗	發生碰撞？
1	65 km/h	5/10	180°	80,000 km	No
2	120 km/h	1/10	72°	110,000 km	Yes
3	8 km/h	6/10	288°	50,000 km	No
4	50 km/h	2/10	324°	1,600 km	Yes
5	25 km/h	9/10	36°	160,000 km	No
6	80 km/h	3/10	120°	6,000 km	Yes
7	40 km/h	3/10	360°	400,000 km	No

以下的 ANN 範例架構可根據所有的特徵來分類是否會發生碰撞。資料集的各個特徵必須被映射為 ANN 的輸入，而我們試著要預測的類別則是被映射為 ANN 的輸出。在本範例中，輸入節點為速度、路面品質、視角與整體經驗；而輸出節點則是是否發生碰撞（圖 9.9）。

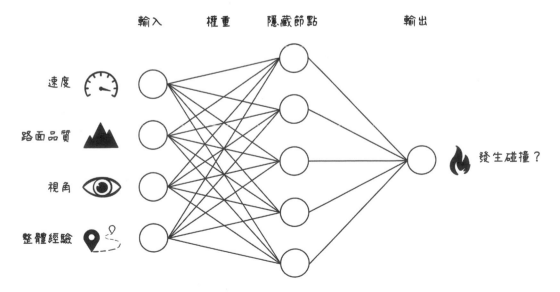

圖 9.9 車輛碰撞範例的 Example ANN 架構

如同先前介紹過的那些機器學習演算法，準備資料對於 ANN 可否成功分類資料來說也同樣關鍵。主要的考量點是讓資料以可被比較的方式來呈現。就我們人類來說，我們當然理解車速與視角的意義，但 ANN 就不具備這個想法了。把時速 65 km/h 與 36 度的視角直接拿來比較，對 ANN 來說是沒有意義的，但是速度與視角的比率就很有用了。為了完成這件事，就需要縮放資料。

縮放資料以便讓其可被比較的常見方式之一，就是最小 - 最大縮放法，做法就是把資料的值調整到 0 ～ 1 之間。只要把資料集的所有資料縮放到格式一致的話，即便是不同的特徵也可被比較了。由於 ANN 不具備原始特徵的任何脈絡，也要一併移除較大輸入值所造成的偏差。例如，1,000 看起來比 65 大非常多，但 1,000 就整體駕駛經驗來說是很糟糕的，而 65 就車速來說則已經非常快。由於最小 - 最大縮放法可以考慮到各個特徵可能的最小值與最大值，就能這些資料片段以正確的脈絡來呈現。

以下是車輛碰撞資料中，各特徵所選定的最小值與最大值：

- **速度** —— 速度最小值為 0，代表車子沒有移動。在此會設定最高車速為 120，因為 120 km/h 是世界絕大多數地方的最高合法速限。我們會假設駕駛者遵循相關法規。

- **路面品質** —— 由於這項資料已經列於評分系統中，因此直接採用其最小值為 0，最大值為 10。

- **視角** —— 已知完整的視野就是 360 度。因此最小值為 0，最大值為 360。

- **整體經驗** —— 如果駕駛者無任何駕駛經驗，則最小值為 0。在此把駕駛經驗的最大值主觀地設定為 400,000。這樣做的原因在於，如果某位駕駛者已具備 400,000 公里的駕駛經驗，我們就將其視為充分合格，就算再累積經驗也沒有影響了。

最小 - 最大縮放法會用到各特徵的最小值與最大值，再算出該特徵實際值的百分比。計算公式很簡單：該值減去最小值，再除以最大值減去最小值的結果。圖 9.10 說明了如何使用最小 - 最大縮放法應用於車輛碰撞範例的第一列資料：

	速度	路面品質	視角	整體經驗	發生碰撞？
1	65 km/h	5/10	180°	80,000 km	No

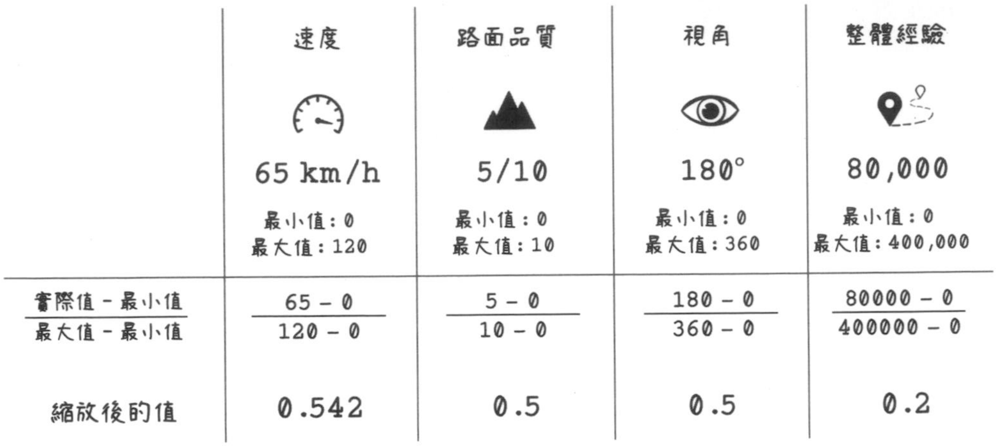

	速度	路面品質	視角	整體經驗
	65 km/h	5/10	180°	80,000
	最小值：0 最大值：120	最小值：0 最大值：10	最小值：0 最大值：360	最小值：0 最大值：400,000
實際值 − 最小值 最大值 − 最小值	$\dfrac{65 - 0}{120 - 0}$	$\dfrac{5 - 0}{10 - 0}$	$\dfrac{180 - 0}{360 - 0}$	$\dfrac{80000 - 0}{400000 - 0}$
縮放後的值	0.542	0.5	0.5	0.2

圖 9.10 最小 - 最大縮放法應用於車輛碰撞資料

可看到，現在所有的值都已介於 0 ～ 1 之間，也可被公平比較了。相同的方程式會套用於資料集的所有列，來確保所有值都已被正確縮放。請注意 "發生碰撞" 的特徵值，Yes 已被取代為 1，而 No 則變成了 0。表 9.2 為調整後的車輛碰撞資料。

表 9.2 縮放之後的車輛碰撞資料集

	速度	路面品質	視角	整體經驗	發生碰撞？
1	0.542	0.5	0.5	0.200	0
2	1.000	0.1	0.2	0.275	1
3	0.067	0.6	0.8	0.125	0
4	0.417	0.2	0.9	0.004	1
5	0.208	0.9	0.1	0.400	0
6	0.667	0.3	0.3	0.015	1
7	0.333	0.3	1.0	1.000	0

偽代碼

用於縮放資料的程式碼完全遵循了最小 - 最大縮放法的邏輯與計算方式。我們需要每個特徵的最小值與最大值，以及資料集中的特徵總數。scale_dataset 函式會用到這些參數來把資料集的所有案例跑過一遍，再用 scale_data_feature 函式來縮放相關數值：

```
FEATURE_MIN = [0, 0, 0, 0]
FEATURE_MAX = [120, 10, 360, 400000]
FEATURE_COUNT = 4

scale_dataset(dataset, feature_count, feature_min, feature_max):
  let scaled_data equal empty array
  for data in dataset:
    let example equal empty array
    for i in range(0, feature_count):
      append scale_data_feature(data[i], feature_min[i], feature_max[i])
        to example
    append example to scaled_data
  return scaled_data

scale_data_feature(data, feature_min, feature_max):
  return (data - feature_min) / (feature_max - feature_min)
```

現在，資料已經以適合 ANN 處理的方式準備好了，接著要介紹簡易 ANN 的架構。請記得，用來預測某個類別的特徵就是輸入節點，而要被預測的類別則是輸出節點。

圖 9.11 是具備一個隱藏層的 ANN，就是圖中唯一的那個垂直層，其中有五個隱藏
節點。這些層由於無法直接由網路外部來觀察，因此稱為隱藏層（hidden layer）。
只有輸入與輸出是可接受互動的，這也使得 ANN 的感知過程向來被視為神秘的黑
箱。每個隱藏節點都類似於感知器。隱藏節點會接受輸入與權重，並進行加總與應
用觸發函數。接著再由單一輸出節點來處理來自各個隱藏節點的結果。

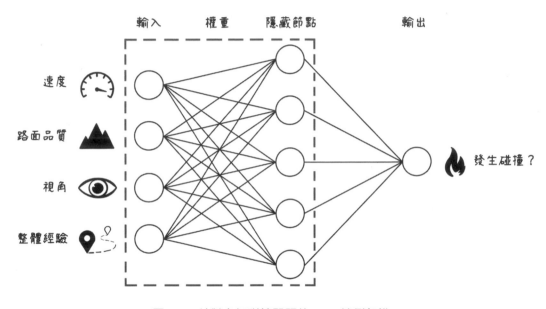

圖 9.11 針對車輛碰撞問題的 ANN 範例架構

在討論 ANN 所需的運算之前，讓我們用更高層次的觀點來思考網路權重到底在
做什麼。由於每個隱藏節點都會與所有輸入節點相連，但每一條連結都具備各自
的權重，個別的隱藏節點也許可抓到兩個或多個輸入節點的特定關係。

圖 9.12 所呈現的情境，其中第一個隱藏節點對於路面品質與視角的連結有較強的
權重，但對於車速與整體經驗的連結權重則較弱。這個隱藏節點注意到了路面品
質與視角之間的關係。它有機會理解這兩個特徵之間的關係，以及這如何影響到
會否發生碰撞；舉例來說，糟糕的路面品質與不良的視角對於碰撞發生機率的影
響力，可能會大於良好的路面品質與一般狀況的視角。關係實際上通常會比這個
簡易範例來得更加錯綜複雜。

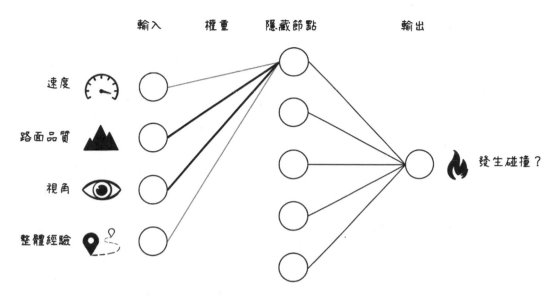

圖 9.12 比較路面品質與視角的範例隱藏節點

圖 9.13 中，第二個隱藏節點對於路面品質與整體駕駛經驗之間的連結有較強的權重。也許是因為不同的路面與整體駕駛經驗多寡，兩者對於會否發生碰撞存在著某種關係呢。

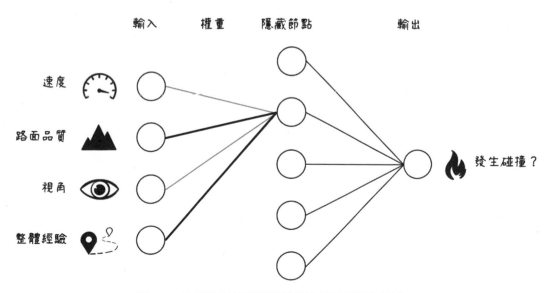

圖 9.13 比較路面品質與整體經驗的範例隱藏節點

隱藏層中的節點在概念上可與第 6 章的螞蟻相比。個別的小螞蟻完成了看起來無關痛癢的小任務，但當這些螞蟻集結成群時就會顯露出某種智能行為。同樣地，ANN 中的個別隱藏節點會貢獻己力來完成更大的目標。

只要分析一下車輛碰撞 ANN 與其中所需運算，就可以說明演算法所需的資料結構了：

- **輸入節點** —— 輸入節點可用一個陣列來表示，用於存放某個案例的相關數值。陣列大小就等於資料集的特徵數量，而這些特徵可用於預測類別。在車輛碰撞範例中，我們有四筆輸入，所以陣列大小為 4。

- **權重** —— 權重可用一個矩陣（2D 陣列）來表示，因為每一個輸入節點都會連到每一個隱藏節點，因此每個輸入節點會有 5 條連結。由於共有 4 個輸入節點，並各自有 5 條連結，因此 ANN 對於隱藏層共有 20 筆權重，而對於輸出層則有 5 筆權重，這是因為有 5 個隱藏節點與 1 個輸出節點。

- **隱藏節點** —— 隱藏節點也可用一個陣列來表示，用於存放對應節點的觸發結果。

- **輸出節點** —— 輸出節點是一筆純量，代表針對指定案例的預測類別，或該案例屬於某個類別的機率。輸出值可能為 1 或 0，代表是否發生碰撞；它也可為 0.65 這樣的數字，代表某個案例會導致碰撞的機率為 65%。

偽代碼

下一段偽代碼是用於呈現神經網路的類別。請注意，各層會以類別的屬性來呈現，而所有的屬性都是一個陣列，唯一的例外是權重，它會以矩陣來呈現。output 屬性代表針對指定案例的預測結果，而 expected_output 屬性則會在訓練過程中用到：

```
NeuralNetwork(features, labels, hidden_node_count):
    let input equal features
    let weights_input equal a random matrix, size: features * hidden_node_count
    let hidden equal zero array, size: hidden_node_count
    let weights_hidden equal a random matrix, size: hidden_node_count
    let expected_output equal labels
    let output equal zero array, size: length of labels

let nn equal NeuralNetwork(scaled_feature_data,
                           scaled_label_data,
                           hidden_node_count)
```

前向傳播：使用訓練後的 ANN

訓練好的 ANN 還是一個神經網路，但它已從各案例中學習並調整自身權重，對於新案例的類別也可做出最佳預測。關於訓練是如何發生以及權重如何被調整，先別緊張；下一段就會討論這個主題。理解前向傳播有助於我們理解何謂反向傳播（權重的訓練方式）。

現在，我們對於 ANN 的一般性架構以及網路中各節點所做的事情已經有一定程度的理解了，現在要介紹用來操作已訓練後 ANN 的演算法（圖 9.14）。

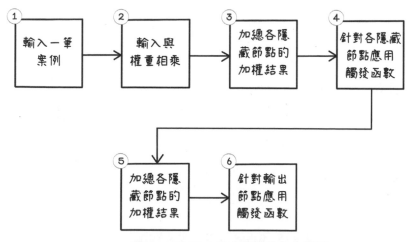

圖 9.14 ANN 中前向傳播的生命週期

如前所述，計算 ANN 中各節點結果所需的步驟與感知器類似。可對許多協同運作的節點執行類似的運算；這不只修復了感知器的缺點，也代表它可用於解決更高維度的問題。前向傳播的一般性流程如下：

1. **輸入一筆案例** —— 提供資料集中的一筆案例，我們想用它來預測類別。

2. **輸入與權重相乘** —— 將所有輸入乘以它對隱藏節點之連結的權重。

3. **加總各個隱藏節點的加權輸入結果** —— 把加權輸入的結果加總起來。

4. **對各個隱藏節點應用觸發函數** —— 對加權輸入的總和應用觸發函數。

5. **加總與輸出節點相連之各隱藏節點的加權輸入結果** —— 把來自所有隱藏節點的觸發函數加權結果加總起來。

6. **對輸出節點應用觸發函數** —— 對各個加總後的加權隱藏節點應用出發函數。

為了讓你確實理解何謂前向傳播，我們會假設 ANN 已被訓練完成，也找到了網路的最佳權重。圖 9.15 可看到各連結的權重。例如，第一個隱藏節點旁的方塊中，3.35 這筆權重是對應於速度輸入節點；而 -5.82 這筆權重則是對應於路面品質輸入節點，以此類推。

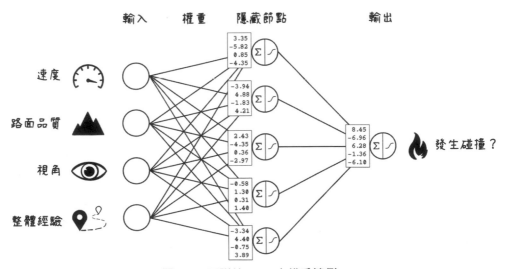

圖 9.15　預訓練 ANN 之權重範例

由於神經網路已經訓練完成，我們可對它提供一筆案例來預測其碰撞機率。表 9.3 只是把會用到的已縮放資料集再放一次出來。

表 9.3　縮放後的車輛碰撞資料集

	速度	路面品質	視角	整體經驗	發生碰撞？
1	0.542	0.5	0.5	0.200	0
2	1.000	0.1	0.2	0.275	1
3	0.067	0.6	0.8	0.125	0
4	0.417	0.2	0.9	0.004	1
5	0.208	0.9	0.1	0.400	0
6	0.667	0.3	0.3	0.015	1
7	0.333	0.3	1.0	1.000	0

如果之前沒有接觸過 ANN，可能會發現許多嚇人的數學記號。現在要把一些可透過數學來呈現的概念一一拆解。

ANN 的輸入會用 X 來表示。每一筆輸入變數會是 X 旁邊跟著一個下標數字。速度是 X_0、路面品質是 X_1，以此類推。網路輸出則是以 y 表示，而網路權重則是用 W 來表示。由於這個 ANN 中有兩層（一個隱藏層與一個輸出層）就會有兩組權重。第一組是 W_0，而第二組則是 W_1。各筆權重會根據其所連接的節點來表示。速度節點與第一個隱藏節點之間的權重為 $W_{00,0}$，而路面品質節點與第一個隱藏節點之間的權重為 $W_{01,0}$。這些表示方式在本範例來說不算太重要，但理解一下還是有助於未來的學習。

圖 9.16 是以下資料在 ANN 中的呈現方式：

	速度	路面品質	視角	整體經驗	發生碰撞？
1	0.542	0.5	0.5	0.200	0

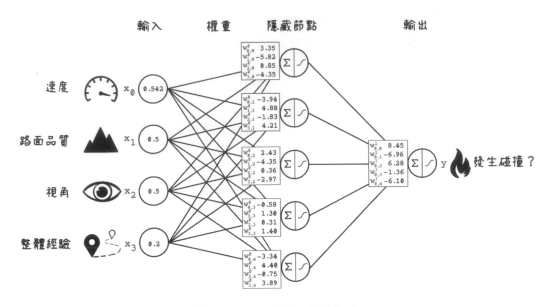

圖 9.16 ANN 的數學表示方式

至於感知器，第一步是算出輸入與各隱藏節點權重的加權總和。在圖 9.17 中，各輸入會乘以各個權重，並根據每個隱藏節點來加總。

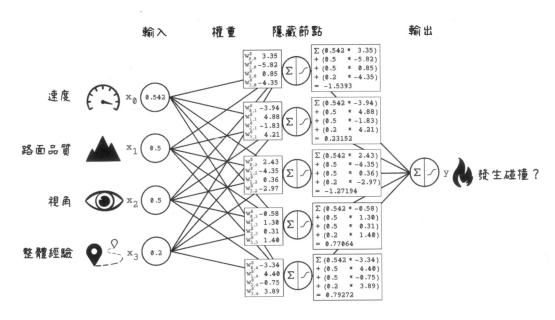

圖 9.17 每個隱藏節點的加權總和計算過程

下一步是計算各隱藏節點的觸發。在此會用到 sigmoid 函數，而該函數的輸入就是針對各隱藏節點所求得之各筆加權總和（圖 9.18）。

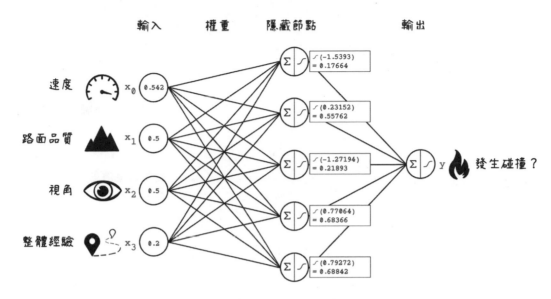

圖 9.18 每個隱藏節點的觸發函數計算過程

現在各隱藏節點的觸發結果已經算出來了。把這些結果回頭到神經元，觸發結果則代表了各神經元的觸發強度。由於不同的隱藏節點可透過權重來捕捉到資料中的不同關係，所有權重可一併用來決定整體觸發，代表在給定輸入之後的碰撞發生機率。

圖 9.19 說明了各隱藏節點的觸發，以及各隱藏節點與輸出節點之間的權重。為了計算最終輸出，就需要對每個隱藏節點都重複一次這個加權總和計算過程，並對該結果應用 sigmoid 觸發函數。

NOTE 隱藏節點中的 sigma 符號是代表加總運算。

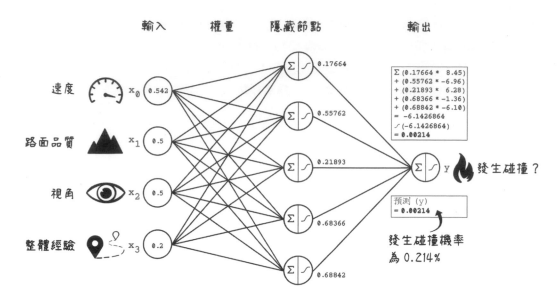

圖 9.19 輸出節點的最終觸發結果計算過程

本範例所輸出的預測結果已經算出來了。結果為 0.00214，但這個數字的意義是什麼呢？輸出是一個介於 0 到 1 之間的數字代表碰撞的可能發生機率。以本範例來說，輸出為百分之 0.214（0.00214 x 100），代表發生碰撞的機率幾乎等於 0。

以下練習用到了資料集的另一個案例。

練習：運用以下 ANN 進行前向傳播，計算案例的預測結果

	速度	路面品質	視角	整體經驗	發生碰撞？
2	1.000	0.1	0.2	0.275	1

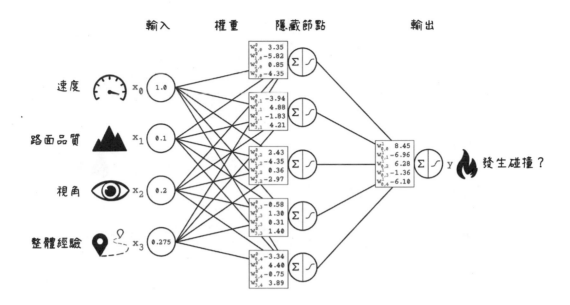

練習：運用以下 ANN 進行前向傳播，計算案例的預測結果

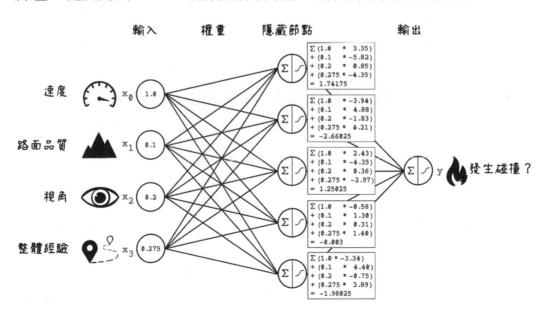

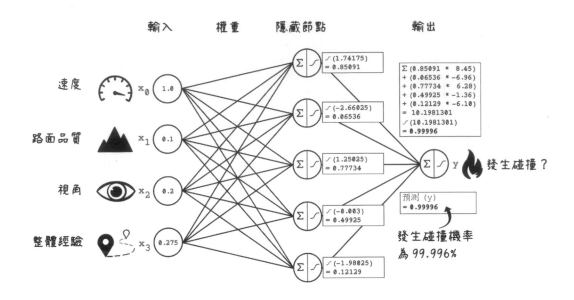

把這筆案例送入訓練完成的 ANN 之後，得到的輸出為 0.99996，也就是 99.996%，代表發生碰撞的機率非常高。用我們身為人類的直覺來看看這個案例，不難看出為什麼容易撞車了：駕駛者以最高合法速限高速行駛、路面品質很差，視野也不佳，危險！

偽代碼

本範例中的重要觸發函數之一就是 sigmoid 函數。本方法說明了用來呈現 S 型曲線的數學函數：

```
sigmoid(x):
    return 1 / (1 + exp(-x))
```

Exp 是稱為歐拉數的數學常數，值約為 2.71828。

請注意，接下來的程式碼是本章先前定義的同一個神經網路類別，但這次多了一個 forward_propagation 函式。這個函式會把輸入與介於該筆輸入與各隱藏節點之間的權重相乘結果加總起來、對各筆結果應用 sigmoid 函數，接著將輸出儲存為隱藏層中對應節點的結果。隱藏節點的輸出以及對於輸出節點的權重也要這麼做：

```
NeuralNetwork(features, labels, hidden_node_count):
  let input equal features
  let weights_input equal a random matrix, size: features * hidden_node_count
  let hidden equal zero array, size: hidden_node_count
  let weights_hidden equal a random matrix, size: hidden_node_count
  let expected_output equal labels
  let output equal zero array, size: length of labels

forward_propagation():
  let hidden_weighted_sum equal input · weights_input
  let hidden equal sigmoid(hidden_weighted_sum)
  let output_weighted_sum equal hidden · weights_hidden
  let output equal sigmoid(output_weighted_sum)
```

符號．
代表矩陣乘法．

反向傳播：訓練 ANN

理解前向傳播的運作原理，對於理解如何訓練 ANN 是很有幫助的，因為前向傳播是用於訓練流程。第 8 章所介紹的機器學習生命週期與原則對於理解 ANN 的反向傳播過程來說至為關鍵。ANN 可被視為另一款機器學習模型。我們還是需要一個問題去問它。也同樣需要收集並理解與問題脈絡有關的資料，並且在準備資料時要讓模型可以順利處理它們。

我們需要用於訓練的資料子集，還有用於測試模型效能的另一個資料子集。再者，我們會透過收集更多資料、以不同方式來準備資料，或調整 ANN 的架構與設定，藉此不斷反覆執行與改良。

訓練 ANN 包含了三個主要階段。階段 A 是設定 ANN 架構、包含設定輸入、輸出與隱藏層。階段 B 則是前向傳播。最後，階段 C 是反向傳播，這也是訓練發生的地方（圖 9.20）。

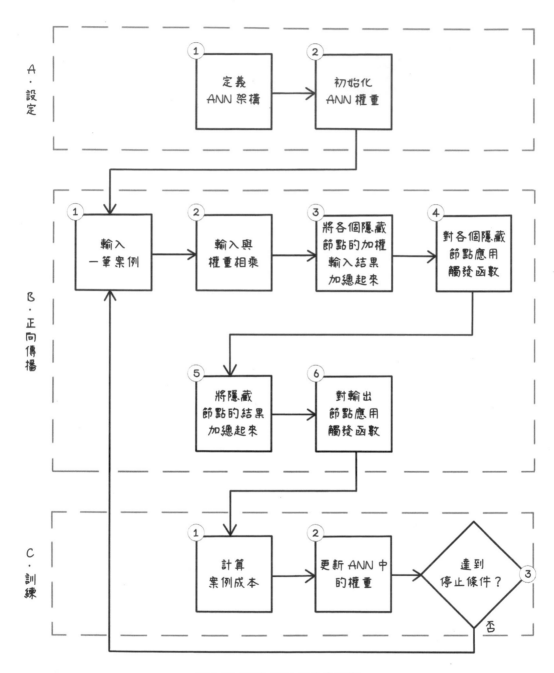

圖 9.20 訓練 ANN 的生命週期

階段 A、B、C 分別描述了反向傳播演算法的各階段與運算內容。

階段 A：設定

1. **定義 *ANN* 架構。**本步驟定義的步驟包括輸入節點、輸出節點、隱藏層數量、各隱藏層中的神經元數量、要用的觸發函數等等。

2. **初始化 *ANN* 權重。**ANN 中的權重必須被初始化為某些值。在此可用的方法還不少，一個重要原則是權重會在 ANN 藉由案例來訓練的過程中不斷被調整。

階段 B：正向傳播

本流程與階段 A 相同，計算過程也一樣。不過，所預測的輸出會與訓練資料集中個案例的實際類別來比較，藉此來訓練網路。

階段 C：訓練

1. **計算成本。**根據前向傳播，成本（cost）等於預測輸出與訓練資料集中案例的實際類別之差異。成本可有效決定 ANN 在預測案例類別的表現。

2. **更新 *ANN* 中的權重。**ANN 的權重是唯一可由網路本身來調整的東西。階段 A 中定義的網路架構在訓練過程中是不會改變的。權重本質上會把網路的智能進行編碼。權重值在調整過程中可能會變大或變小，因而影響到輸入的強度。

3. **定義停止條件。**訓練不能無窮盡做下去。如同本書所提及的諸多演算法，需要決定一個合理的停止條件。如果資料集很大的話，我們可能會決定要用到訓練資料集中的 500 筆案例，並迭代超過 1,000 次來訓練 ANN。以本範例來說，這 500 筆案例會被送進網路 1,000 次，並在每次迭代中都會調整權重。

在進行前向傳播時，由於網路已被訓練完成，所以所有權重都是定義好的了。在開始訓練網路之前，我們需要把權重初始化為某些值，並且權重還要能根據訓練案例來調整。初始化權重的方法之一是從常態分配中隨機選擇權重。

圖 9.21 說明了 ANN 權重的隨機生成結果，也說明了在選入一筆訓練案例之後，隱藏節點的前向傳播計算過程。在此會用到在前向傳播那一段的第一筆案例來強調，在給定不同網路權重之後的輸出差異。

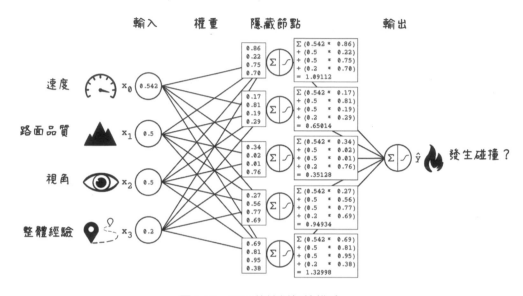

圖 9.21 ANN 的範例初始權重

下一個步驟是前向傳播（圖 9.22）。關鍵做法是求出預測結果與實際類別的差異。

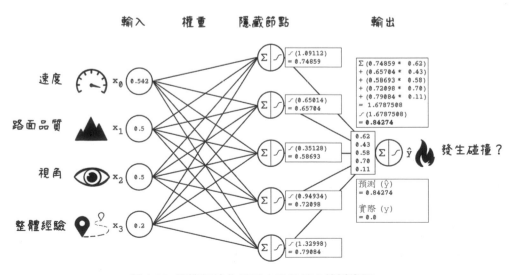

圖 9.22 隨機初始化權重之後的前向傳播範例

把預測結果與實際類別拿來比較，就可以算出成本。我們採用一個簡單的成本函數：實際輸出減去預測輸出。在本案例中要從 0.0 減去 0.84274，因此成本為 -0.84274。這筆結果代表了預測的不正確程度，並可被用來調整 ANN 中的權重。ANN 中的權重會在每次算出成本之後被小幅調整。這個動作會運用訊料資料來執行數千次，好決定 ANN 的最佳權重並做出準確的預測。請注意，對同一組資料訓練太久可能導致過擬合，這在第 8 章談過了。

這裡可能會看到一些不太熟悉的數學：連鎖律。在運用連鎖律之前，先讓我們快速了解一下權重的意義，以及如何藉由調整它們來提升 ANN 的效能。

如果把可能的權重與其對應的成本畫成圖表的話，可以找到某些能夠代表這些可能權重的函數。函數中的某些點會產生較低的成本，而其他點則會讓成本較高。我們要找出能讓成本最小化的這些點（圖 9.23）。

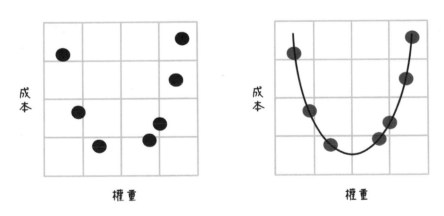

圖 9.23 權重與成本之繪製結果

來自微積分世界的一項好用工具，稱為**梯度下降**（*gradient descent*），可藉由找出**導數**（*derivative*）來讓權重朝著最小值移動。導數相當重要，因為它可用於量測函數對於變化的敏感度。例如，速度可為物體的位置相對於時間的導數；而加速度則是物體的速度相對於時間的導數。導數可找出函數中某一點的斜率。梯度下降法就是運用斜率來決定移動的方向與程度。圖 9.24 與 9.25 說明了如何使用導數與斜率來指出最小值的方向。

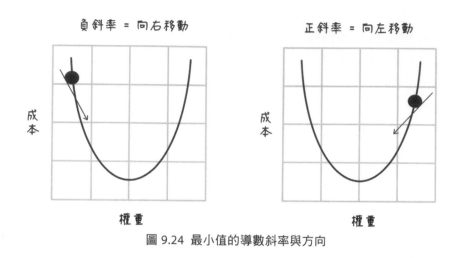

圖 9.24 最小值的導數斜率與方向

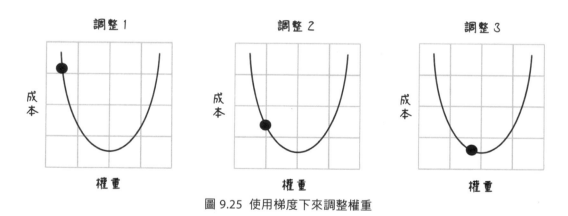

圖 9.25 使用梯度下來調整權重

當個別檢視某一筆權重時，就算找到一個可以將成本最小化的值好像也無關痛癢，但多筆權重在彼此平衡之後就能對網路整體成本造成影響。當 ANN 表現得很不錯時，因為其中某些權重可能較為接近其降低成本的最佳點，但其他權重可能不是這樣。

由於 ANN 是由許多函數所組成，我們可以好好運用連鎖律。連鎖律是另一項來自微積分領域的定理，可用於求出合成函數（composite function）的導數。合成函數會把函數 g 作為函數 f 的參數，並以此產生函數 h，基本上就是把某個函數用作為另一個函數的參數。

圖 9.26 說明如何使用連鎖律來求出 ANN 不同層的權重更新值。

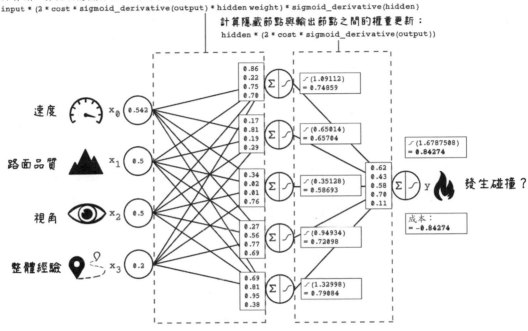

計算輸入節點與隱藏節點之間的權重更新：
input * (2 * cost * sigmoid_derivative(output) * hidden weight) * sigmoid_derivative(hidden)

計算隱藏節點與輸出節點之間的權重更新：
hidden * (2 * cost * sigmoid_derivative(output))

圖 9.26 使用連鎖率計算權重更新的方程式

計算權重更新時，我們可以把對應的值帶入上述的方程式中。計算過程好像很可怕，請先注意到所用到的變數以及它們在 ANN 中扮演的角色。方程式看起來雖然很複雜，但它用到的都是先前已經求出的數值（圖 9.27）。

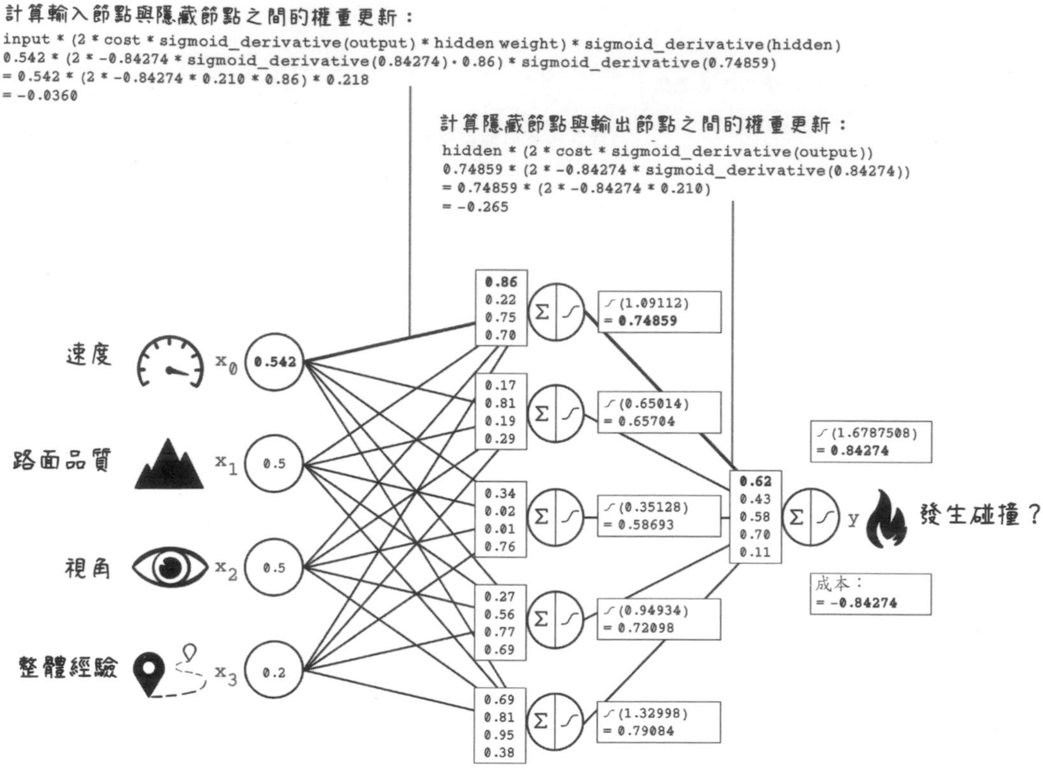

計算輸入節點與隱藏節點之間的權重更新：
input * (2 * cost * sigmoid_derivative(output) * hidden weight) * sigmoid_derivative(hidden)
0.542 * (2 * -0.84274 * sigmoid_derivative(0.84274) · 0.86) * sigmoid_derivative(0.74859)
= 0.542 * (2 * -0.84274 * 0.210 * 0.86) * 0.218
= -0.0360

計算隱藏節點與輸出節點之間的權重更新：
hidden * (2 * cost * sigmoid_derivative(output))
0.74859 * (2 * -0.84274 * sigmoid_derivative(0.84274))
= 0.74859 * (2 * -0.84274 * 0.210)
= -0.265

圖 9.27 使用連鎖率的權重更新計算過程

仔細看一下圖 9.27 中的計算過程：

計算輸入節點與隱藏節點之間的權重更新：
hidden * (2 * cost * sigmoid_derivative(output))

0.74859 * (2 * -0.84274 * sigmoid_derivative(0.84274))
= 0.74859 * (2 * -0.84274 * 0.210)
= -0.265

計算隱藏節點與輸出節點之間的權重更新：
input * (2 * cost * sigmoid_derivative(output) * hidden weight) * sigmoid_derivative(hidden)

0.542 * (2 * -0.84274 * sigmoid_derivative(0.84274) * 0.86) * sigmoid_derivative(0.74859)
= 0.542 * (2 * -0.84274 * 0.210 * 0.86) * 0.218
= -0.0360

求出更新值之後，就可以把結果應用在 ANN 的權重上了，作法是把更新值與對應的權重相加即可。圖 9.28 說明了在不同的層中，各筆權重的更新結果。

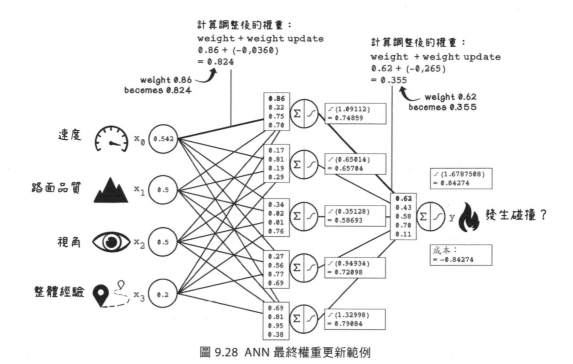

圖 9.28 ANN 最終權重更新範例

練習：計算指定權重的新權重值

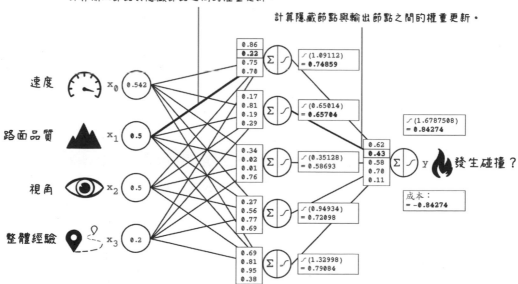

練習：計算指定權重的新權重值

計算輸入節點與隱藏節點之間的權重更新：

```
input * (2 * cost * sigmoid_derivative(output) * hidden weight) * sigmoid_derivative(hidden)
0.5* (2 * -0.84274 * sigmoid_derivative(0.84274) · 0.22) * sigmoid_derivative(0.74859)
= 0.5 * (2 * -0.84274 * 0.210 * 0.22) * 0.218
= -0.008
weight + weight update
0.22 + (-0,008)
= 0.212
```

計算隱藏節點與輸出節點之間的權重更新：

```
hidden * (2 * cost * sigmoid_derivative(output))
0.65704 * (2 * -0.84274 * sigmoid_derivative(0.84274))
= 0.65704 * (2 * -0.84274 * 0.210)
= -0.233
weight + weight update
0.43 + (-0.233)
= 0.197
```

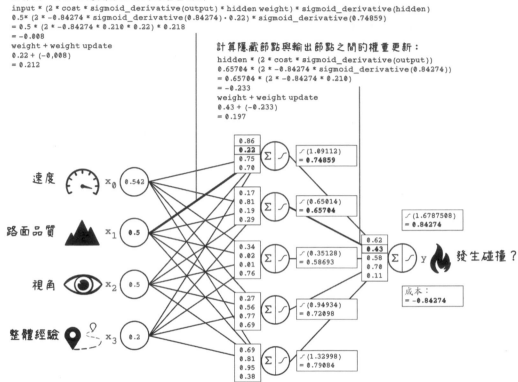

這個問題加上連鎖律可能讓你回想到第 7 章的無人機範例。粒子群體最佳化在例如本範例這樣的高維度空間中尋找最佳值的效果相當好，共有 25 筆需要進行最佳化的權重。找出合適的 ANN 權重恰恰就是最佳化問題。梯度下降並非權重最佳化的唯一作法；根據脈絡與所要解決的問題，還有許多不同的方法可以運用。

偽代碼

導數在反向傳播演算法扮演了關鍵角色。以下偽代碼複習了 sigmoid 函數，並說明了調整權重所需的導數計算公式：

```
sigmoid(x):
  return 1 / (1 + exp(-x))
```

Exp 是稱為歐拉數的數學常數，
值約為 2.71828。

```
sigmoid_derivative(x):
  return sigmoid(x) * (1 - sigmoid(x))
```

再次看到了神經網路類別，這次還多了一個反向傳播函式來計算成本、使用連鎖律所計算出的權重更新量，並將權重更新結果與既有權重相加起來。這個流程會在指定成本之後算出各個權重的變化量。請記得，成本需要用到案例特徵、預測輸出與實際輸出才能求得。預測輸出與實際輸出兩者之差就是成本：

```
NeuralNetwork(features, labels, hidden_node_count):
  let input equal features
  let weights_input equal a random matrix, size: features * hidden_node_count
  let hidden equal zero array, size: hidden_node_count
  let weights_hidden equal a random matrix, size: hidden_node_count
  let expected_output equal labels
  let output equal zero array, size: length of labels

  back_propagation():
    let cost equal expected_output - output
    let weights_hidden_update equal
        hidden · (2 * cost * sigmoid_derivative(output))
    let weights_input_update equal
        input · (2 * cost * sigmoid_derivative(output) * weights_hidden)
        * sigmoid_derivative(hidden)
    let weights_hidden equal weights_hidden + weights_hidden_update
    let weights_input equal weights_input + weights_input_update
```

符號 ·
代表矩陣乘法。

我們已有用於代表神經網路的類別、縮放資料的函式，以及執行前向傳播與反向傳播的函式，可以把這些程式片段組合起來訓練神經網路了。

偽代碼

這段偽代碼中的 run_neural_network 函式可接受 epochs 作為輸入。這個函式會縮放資料,並用縮放後的資料、標籤與隱藏節點的數量來建立新的神經網路。該函式接著會根據 epochs 所指定的次數來執行 forward_propagation 與 back_propagation 方法:

```
run_neural_network(epochs):
  let scaled_feature_data equal
    scale_dataset(feature_data, feature_count, features_min, features_max)
  let nn equal NeuralNetwork(scaled_feature_data,
                             scaled_label_data,
                             hidden_node_count)
  for epoch in range(epochs):
    nn.forward_propagation()
    nn.back_propagation()
```

其他的觸發函數

本段要簡單介紹觸發函數與其重要的屬性。感知器與 ANN 的範例採用了 sigmoid 函數作為觸發函數,因為它很適用於我們所要操作的案例。觸發函數可在 ANN 中導入非線性的特性。如果不採用觸發函數的話,神經網路就會變得與第 8 章所介紹的線性迴歸差不多了。圖 9.29 是一些常用的觸發函數。

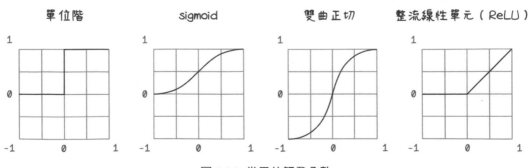

圖 9.29 常用的觸發函數

不同情境會用到不同的觸發函數，各自的優勢也不同：

- **單位階**（*Step unit*）── 單位階函數（譯註：也稱為階梯函數）是用於二元分類器。給定一個介於 -1 與 1 之間的輸入，它的輸出可為 0 或 1。二元分類器不太適合從隱藏層中的資料來學習，但它可被用於二元分類的輸出層。例如，如果我們想要知道某個小動物是貓是狗，0 可代表貓，而 1 可代表狗。

- *Sigmoid* ── 給定一個介於 -1 與 1 之間的輸入，sigmoid 函數會產生一個介於 0 與 1 之間的 S 型曲線。由於 sigmoid 函數可讓 x 的變化造成 y 的小量變化，使它可用於學習與解決各種非線性問題。這類採用 sigmoid 函數的問題以有時會讓數值達到極值，使得導數變化變得非常小，至終讓學習效果變得很差。這個問題就稱為消失梯度（vanishing gradient）問題。

- **雙曲正切**（*Hyperbolic tangent*）── 雙曲正切函數類似於 sigmoid 函數，差別在於其結果會落在 -1 與 1 之間。本函數的優點在於導數較大，因此可加快學習。與 sigmoid 函數一樣，消失梯度也是本函數在其極值所面臨的問題。

- **整流線性單元**（*Rectified Linear unit, ReLU*）── ReLU 函數對於介於 -1 與 0 之間的輸出為 0，而 0 與 1 之間的輸入則是線性增加。在具備大量神經元且採用 sigmoid 或雙曲正切函數的大型 ANN 中，所有神經元都會一直被觸發（除非結果為 0），結果就是需要大量的運算並微調許多值才能找出解。ReLU 函數可讓部分神經元不被觸發，可降低運算量並有機會快點找到解。

下一段要介紹一些 ANN 的設計考量點。

設計類神經網路

ANN 在設計上屬於實驗性質,且根據想要解決的問題而有所不同。ANN 的架構與設定在我們試著提升預測效能時,會常常隨著試誤過程而改變。本段會簡介一些我們可以修改的架構參數,來提升效能或處理不同的問題。圖 9.30 中的類神經網路在設定上與本章一路以來所看到的不太一樣。最顯著的差異是新增了一個隱藏層,且具備兩個輸出。

> **NOTE** 在多數科學或工程問題中,"何謂理想的 *ANN* 設計?"這個問題的答案通常是 "看狀況。" 調整 ANN 的設定需要對資料以及所要解決的問題有深入的理解。針對架構與設定的一刀切的通用藍圖還不存在⋯至少目前不存在。

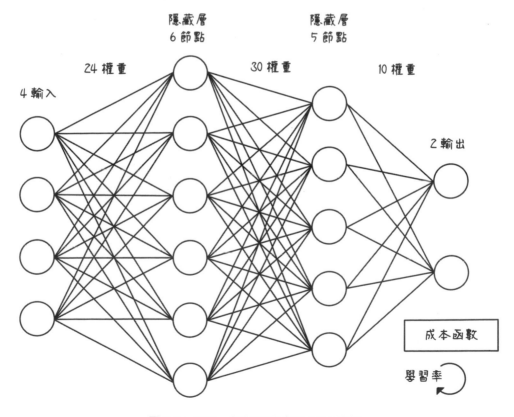

圖 9.30 不只一個輸出的多層 ANN 範例

輸入與輸出

ANN 的輸入與輸出是操作網路時的最重要基本參數。ANN 模型訓練完成之後，這個訓練好的 ANN 模型就有機會被不同的操作者用於各種脈絡與系統。網路的介面是由其輸入與輸出所定義。在本章的 ANN 範例中，使用了四筆輸入來描述駕駛情境的相關特徵，並用一筆輸出作為發生碰撞的機率。不過當輸入與輸出分別代表不同的東西時，就可能發生問題。例如，如果我們有代表手寫數字的 16x16 像素影像，就可把像素作為輸入，而影像所代表的數字則為輸出。輸入會由 256 個代表像素值的節點所組成，而輸出則是由代表 0 到 9 的 10 個節點所組成，各自代表影像為對應數字的機率。

隱藏層與節點

ANN 可包含多個隱藏層，各層的節點數量也不固定。加入更多隱藏層有助於解決更高維度且更複雜的分類線問題。在圖 9.8 的範例中，有一條可以正確分類資料的直線。有時候，這條線不一定是直線但還算簡單。但如果這條線是在多維度中（甚至無法視覺化出來）由多條曲線所組成的複雜函數，又該怎麼辦呢？加入更多層有助於找出這些超複雜的分類函數。如何選擇 ANN 中要有多少層、每層又要有多少節點通常需要不斷嘗試與持續改進。多多練習，我們就有機會根據所遇到的類似問題且使用其設定來解決問題之後，好進一步掌握合適的函數設定。

權重

如何初始化權重非常重要，因為它等於是讓權重在經過多次迭代之後可進行微調的起點。權重如果初始化過小會發生先前談過的梯度消失問題，但權重初始化過大則會發生另一個問題，也就是**梯度爆炸（exploding gradient）**問題，使得權重會在期望結果附近大幅震盪而無法收斂。

有許多種權重的初始化方法，只能說都有好有壞。大方向就是要先確保某一層觸發結果的平均數需為 0，也就是該層中所有隱藏節點結果的平均數。另外，觸發結果的變化程度應該相同：也就是各個隱藏節點結果的變化性在經過多次迭代之後應還能保持一致。

偏誤

在 ANN 還可使用偏誤（bias），作法是對網路的輸入節點或其他層的加權總和再加入一個數值。偏誤可用於位移觸發函數的觸發值。它能在 ANN 提供一定程度的彈性，並讓觸發函數左移或右移。

快速了解偏誤的方法之一是想像一條通過平面上 (0, 0) 這個點的一條直線；只要對變數加 1 就可讓這條線去通過另一個截點。這個值會根據我們想要解決的問題而有所不同。

觸發函數

先前已談過 ANN 中常見的觸發函數。大原則之一就是要確保同一層的所有節點都必須使用相同的觸發函數。在多層 ANN 中，不同的層根據所要解決的問題當然可以使用不同的觸發函數。例如，用於決定是否核准貸款的神經網路可能會在隱藏層使用 sigmoid 函數來決定機率，並在輸出使用階梯函數來取得明確的 0 或 1 決策。

成本函數與學習率

先前的範例中使用了簡易的成本函數，其實就是把實際的輸出減去預測輸出，但其實成本函數還有許許多多呢。成本函數對於 ANN 的影響非常深遠，而如何針對問題與手邊的資料集來選用正確的函數則至關重要，因為它說明了 ANN 的目標。一款最常用的成本函數為*均方誤差*（*mean square error*），這與第 8 章所用的函數相當類似。然而，必須根據對於訓練資料的掌握度、訓練資料的大小、期望的精確率與召回率才能選出最合適的成本函數。隨著更多嘗試，我們就能掌握更種不同的成本函數。

最後，ANN 的學習率說明了權重在反向傳播過程中的調整幅度。較小的學習率會讓訓練過程拉長，因為權重每次只會被微幅更新，反之拉高學習率可能會讓權重大幅改變，而造成訓練過程混亂不堪。解法之一是從某個固定的學習率開始，並在訓練發生停滯且無法進一步改善成本時調整該值。這個流程會在訓練週期中不斷重複執行，且同樣需要多方嘗試。對於處理這類問題的最佳化器來說，隨機梯度下降（Stochastic gradient descent）是個實用的好方法。其運作方式類似於梯度下降，但允許權重跳出區域最小值來探索更佳解。

如本章所用的這類標準 ANN 在處理非線性分類問題上相當好用。如果我們想要根據多個特徵來分類案例的話，這類 ANN 就是很棒的選項。

平心而論，ANN 並非仙丹妙藥，也不會是所有問題的終極演算法。甚者，第 8 章介紹的傳統機器學習演算法在許多常見案例的表現甚至還比較好。回想一下機器學習的生命週期，在追求效能提升的過程中，你可能會在重複試誤過程中嘗試多種不同的機器學習模型。

類神經網路的類型與用途

ANN 的種類繁多，並可藉由不同的設計來處理各種問題。特定問題就需要某些架構類型的 ANN 才好處理。ANN 的架構類型可視為網路的基礎設定。本段的範例會特別說明一些不同的設定。

卷積神經網路

卷積神經網路（*convolutional neural network*, CNN）是針對影像辨識所設計。這類網路可找出影像中的不同物體與特定區域之間的關係。在影像辨識應用中，卷積運算是應用於單一像素與其在某個半徑之內的鄰近像素。這項技術以往是用於邊緣偵測、影像銳化與模糊。CNN 運用了卷積與池化運算來找出影像中像素之間的關係。卷積運算可以找出影像中的各種特徵，而池化運算則可透過總結特徵來對 "樣式" 進行下抽樣，好讓影像中的獨特點可在藉由多張影像來學習的過程中被正確編碼起來（圖 9.31）。

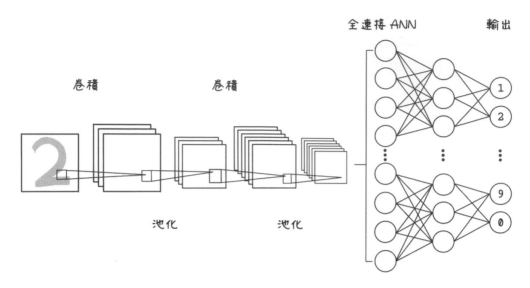

圖 9.31 CNN 的簡易範例

CNN 已普遍用於影像分類。就算你從未在網路上搜尋過圖片，你應該也間接與 CNN 互動過了。這類網路也很適用於光學字元辨識應用，也就是從影像中擷取出文字資料。CNN 已普遍用於醫療產業，可透過 X 光或其他人體掃描結果來偵測各種異常與健康狀態。

遞歸神經網路

一般的標準 ANN 可接受固定數量的輸入值，但遞歸神經網路（*Recursive Neural Network*, RNN）可接受無預定長度的連續輸入，這些輸入好比是我們說話的長短句子。RNN 是由代表時間的多個隱藏層所組成，因此具備記憶的概念；這個概念讓網路能夠保留一段輸入之間關係的資訊。在訓練 RNN 時，貫穿整個時間軸的隱藏層權重同樣也會受到反向傳播的影響；圖中使用多筆權重來代表不同時間點的同一筆權重（圖 9.32）。

輸入　　　　　　　　隱藏層　　　　　　　輸出

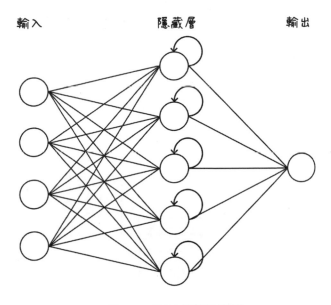

圖 9.32 RNN 的簡易範例

RNN 適用於語音 / 文字辨識與預測有關的應用。相關用途還有通訊軟體的語句自動完成、語音翻譯成文字，以及語音翻譯成另一種語言的語音等等。

生成對抗網路

生成對抗網路（*Generative adversarial Network*, GAN）是由一個生成器（generator）網路與一個鑑別器（discriminator）網路所組成。舉例來說，**生成器**會產出一個可能的解（例如一張風景影像），而**鑑別器**則運用真實的風景影像來判斷所生成的風景影像的真實性（或正確性）。誤差（也就是成本）會被送回網路來進一步提升它在生成擬真風景影像與判斷正確性的能力。關鍵就在於**對抗**一詞，這與第 3 章的遊戲樹是相同的概念。這兩個網路會彼此競爭好讓自己本來就在做的事情變得更厲害，並藉由競爭來生成愈來愈好的解（圖 9.33）。

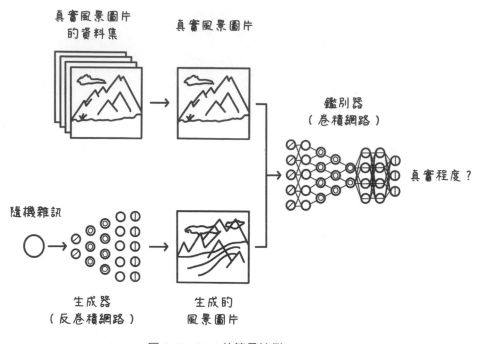

圖 9.33 GAN 的簡易範例

GAN 已被用於生成知名人士的假冒但超級逼真的影片（也稱為深偽 /deepfake），但也造成了大眾對於媒體資訊可信度的關注。GAN 的其他實務應用還包括像是在人臉上更換各種髮型，並已被用於從 2D 影像來生成 3D 物件，例如從 2D 圖片來生成一張 3D 的椅子。這個用途聽起來好像不怎麼重要，但重點在於神經網路已可由不完整的來源來準確估計與產生資訊。這在 AI 與相關科技的整體進展上是巨大的一步。

本章的目標是把機器學習的觀念與 ANN 的神秘世界串起來。想要深入學習 ANN 與深度學習的話，請參考《*Grokking Deep Learning*》（Manning Publications）一書；如果要找關於建置 ANN 的實用教學與整體框架的話，請參考《*Deep Learning with Python*》（Manning Publications）一書。

總結

類神經網路的靈感是來自人腦，並可被視為一種機器學習模型。

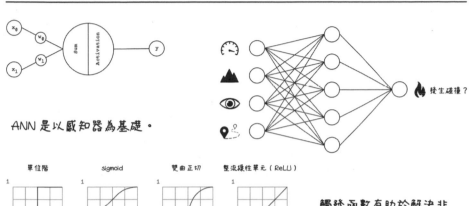

ANN 是以感知器為基礎。

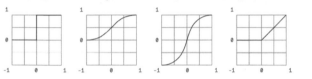

觸發函數有助於解決非線性問題。

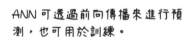

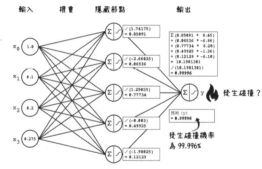

ANN 可透過前向傳播來進行預測，也可用於訓練。

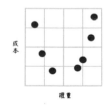

觸發函數有助於解決非線性問題。

ANN 可透過前向傳播來進行預測，也可用於訓練。

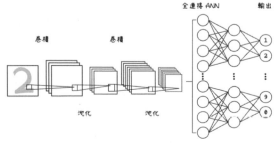

使用 Q- 學習進行強化學習 | 10

本章內容

- 什麼是強化學習

- 可用強化學習解決的問題

- 設計與實作強化學習演算法

- 理解各種強化學習方法

什麼是強化學習？

強化學習（*Reinforcement Learning*, RL）是一款起源於行為心理學的機器學習領域。強化學習概念是針對代理在動態環境中所採取的動作，進行累積的獎勵或懲罰。想像一隻小狗漸漸長大的過程。狗狗就是代理，位於環境之中，也就是我們的家裡。當希望狗狗坐下時，我們通常會說「坐下」，狗狗當然聽不懂人話，所以我們可能會輕輕推牠一下，讓牠確實彎著後腿坐下來。狗狗真的坐下之後，我們通常會摸摸牠或給牠一點獎勵。這個過程需要重複幾次，但過一段時間之後，我們就已正向強化了坐下這個概念。環境中的觸發機制是說出「坐下」這句話；學會的行為是坐下；而獎勵就是摸摸或給點零嘴。

強化學習是除了**監督式學習**與**非監督式學習**以外的另一種機器學習方法。監督式學習運用標註好的資料來進行預測與分類，而非監督式學習則運用未經標註的資料來找出叢集與趨勢。強化學習根據所執行動作的回饋來學會在不同的情境下，哪些動作或哪些順序的動作更有助於達成終極目標。當你知道目標是什麼但不知道有哪些合理的動作來達成目標時，強化學習就非常有用了。圖 10.1 是各種機器學習概念的關係圖，還有強化學習與它們的關係。

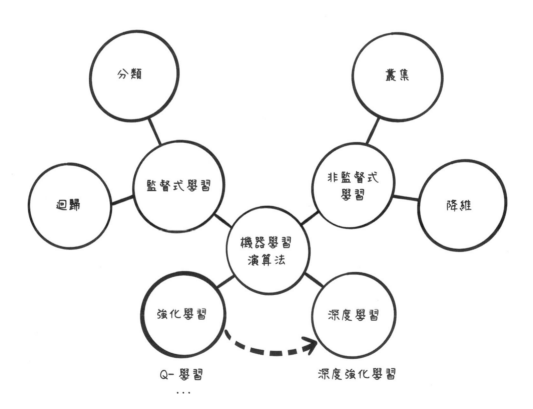

圖 10.1　強化學習與機器學習的關係

強化學習可藉由傳統技術或運用了類神經網路的深度學習來達成。根據所要解決的問題，很難說哪種方法比較好。

圖 10.2 說明了不同機器學習方法的使用時機。本章會透過傳統方法來介紹強化學習。

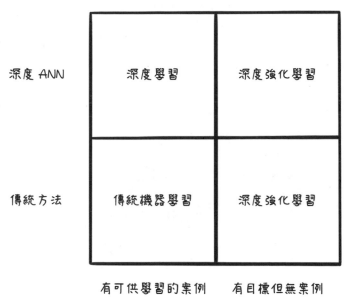

深度 ANN　　　深度學習　　　深度強化學習

傳統方法　　　傳統機器學習　　　深度強化學習

有可供學習的案例　　　有目標但無案例

圖 10.2　機器學習、深度學習與強化學習的分類

強化學習的靈感來源

讓機器能夠做到強化學習,這想法也是衍生自行為心理學,也就是關於人類與其他動物的行為研究。行為心理學通常是藉由反射動作或個體以往所學會的某個事物來解釋各種行為。後者涵蓋了透過獎勵或懲罰來探索強化、行為的激勵因子,以及造成該行為之個體環境面向。

試誤法是一種最常見的方法,大多數已演化完成的動物透過這個方法來學習哪些東西對其有益,哪些則不是。試誤法就是嘗試某個東西 / 做法、可能造成失敗,並嘗試另一個不同的東西 / 作法直到成功為止。在獲得期望的結果之前,這個過程可能會重複發生多次,並會明顯受到某種獎勵所驅動。

這樣的行為在自然界中就能觀察到了。舉例來說,剛出生的小雞會試著啄起地上的任何小東西。透過不斷試誤,小雞就能學會只會去啄可以吃的東西。

另一個例子則是黑猩猩，牠透過試誤過程來學會使用棒子來挖洞，會比用手挖的效果更好。目標、獎勵與懲罰在強化學習中是非常重要的。黑猩猩的目標是找到食物；在此的獎勵或懲罰可能是牠要挖洞的數量或挖好一個洞所需的時間。牠愈快挖好一個洞，就能愈快找到食物。

圖 10.3 是強化學習中的常見術語，並用訓練狗狗的簡單範例做為參考。

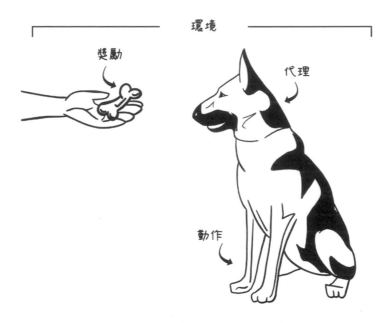

圖 10.3 強化學習範例：使用食物作為獎勵來教導狗狗坐下

強化學習會有負向與正向的強化。**正向強化**（*Positive reinforcement*）是指在執行某個動作之後收到獎勵，例如狗狗坐下之後就可以拿到一塊小點心。**負向強化**（*Negative reinforcement*）則是在執行某個動作之後收到懲罰，例如狗狗在把毯子撕爛之後被大罵一頓。正向強化會激勵所期望的行為，而負向強化則是去壓制不期望的行為。

強化學習的另一個重要概念，就是要在立即性滿足與長期性後果之間取得平衡。吃一條巧克力對於快速取得糖分與熱量當然很有幫助；這是**立即性滿足**。但每30 分鐘就吃一條巧克力就可能在你之後的人生造成健康問題；這屬於**長期性後**

果。強化學習目標是最大化長期效益而非短期效益,雖然短期效益也可能累積為長期效益。

強化學習很注重於環境中各個動作的長期後果,所以時間點與動作順序非常重要。假設我們被困在野外,目標是存活愈久愈好並移動愈遠愈好,希望能找到一個安全棲身之所。我們現在位於河岸並有兩個選項:跳進河裡順流移動或沿著河岸步行。請注意圖 10.4 中河岸邊的船。如果選擇游泳的話,我們就能移動得更快,但很可能會被帶往河的不同支流而錯過小船。但如果用走的話,就一定能找到小船,並讓之後的旅程變得更輕鬆,但我們在一開始並不知道這件事。

本範例說明了動作順序在強化學習中的重要性,另外也說明了立即性的滿足可能導致長期性的損害。再者,在一段找不到小船的地面上,游泳的後果就是可以移動得更快但衣服會濕掉,如果不巧感冒的話就是大問題了。走路的後果當然是移動速度變慢了但是衣服不會濕掉,這強調了某個動作可能對於特定情境有用,但其他情境就不一定了。從許多模擬嘗試中來學習,對於可否找出更全面性的方法而言非常重要。

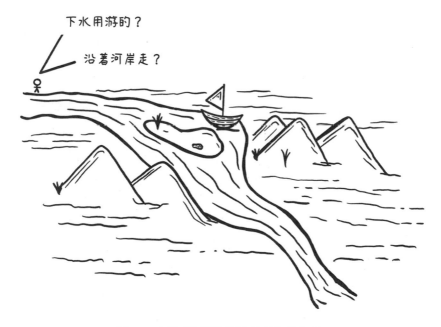

圖 10.4 不同長期性後果的可能動作範例

強化學習可應用的問題

簡單說，強化學習的目標是解決一個已知的目標，但達成目標所需的動作卻未知的那些問題。這類問題包括在環境中控制代理的動作。某些動作獲得的獎勵可能會比其他動作來的多，但我們最關心的還是所有動作的累積獎勵。

強化學習對於把許多個別動作集結起來，好成就更偉大的目標這類的問題尤其有用。這類應用領域例如策略規劃、產業流程自動化與機器人都是強化學習的絕佳應用案例。在這類應用中，個別動作對於取得有利的結果來說可能並非最佳。想像一下西洋棋這類的策略遊戲。根據棋盤當下的狀態，某些棋步可能是很糟糕的選擇，但它們有助於在後續棋賽中把局面統整為更好的策略性贏面。

如果問題領域中的一連串事件對於能否得到良好解來說相當重要的話，就特別適合用強化學習來處理。

接著要說明強化學習演算法的各個步驟，在此會用到第 9 章的車輛碰撞範例來示範。不過這一次，我們會用到一台位於停車場中的自駕車視覺資料，小車會試著導航到它的主人身邊。假設我們有停車場的地圖，包含一台自駕車、其他車輛與行人。我們的自駕車可以朝著東西南北四個方向移動。其他車輛與行人在本範例中則保持靜止。

小車的目標是找到路並導航到主人身邊，並盡可能減少與其他車輛與行人的碰撞 —— 理想狀況當然是不發生任何碰撞。撞到其他車輛會讓小車本身受損所以當然不好，但撞到行人就更糟糕了。在本問題中，我們要把碰撞次數最小化，但如果可以選擇撞車或撞人的話，我們會選擇撞車。圖 10.5 說明了本情境。

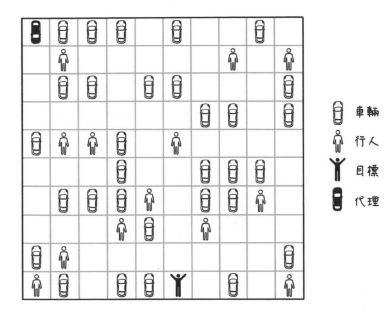

車輛

行人

目標

代理

圖 10.5 停車場問題中的自駕車

我們會用本範例來說明,代理如何在動態環境中使用強化學習來學會什麼是好的動作。

強化學習的生命週期

如同其他機器學習演算法,強化學習模型在其可被使用之前也需要被妥善訓練。訓練階段的著眼點是在指定情況或狀態執行某個動作之後來探索環境並取得回饋。訓練強化學習模型的生命週期是以**馬可夫決策流程**(*Markov Decision Process*)為基礎,它提供了決策建模所需的數學框架(圖 10.6)。藉由量化所做的各個決策與其結果,我們就能訓練模型來學會什麼是達成目標的最佳有利動作。

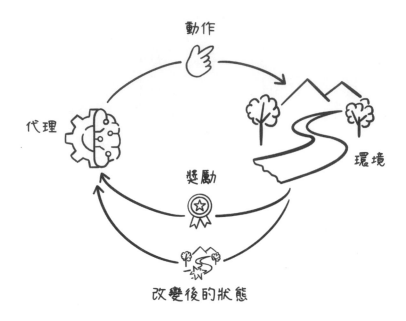

圖 10.6　用於強化學習的馬可夫決策流程

在使用強化學習來處理訓練模型的種種挑戰之前,首先需要一個環境來模擬我們所要處理的問題空間。在此的範例問題是讓一台自駕車導航通過充滿障礙物的停車場並順利抵達主人身邊,還要避免任何碰撞。這個問題需要被建模成一個模擬器,以便量測環境中的各個動作相較於目標的達成度。請注意,這個模擬環境並不是要學會執行哪些動作的模型。

模擬與資料:讓環境活過來

圖 10.7 是包含了多台其他車輛與行人的停車場情境。自駕車的起始位置與其主人的位置都以黑色表示。在本範例中,會對環境應用各種動作的自駕車也稱為**代理**(*agent*)。

自駕車(代理)可在環境中執行一些動作。在這個簡易範例中,動作就是朝著東西南北四個方向移動。選擇某個動作會讓代理朝著該方向移動一格。代理無法斜向移動。

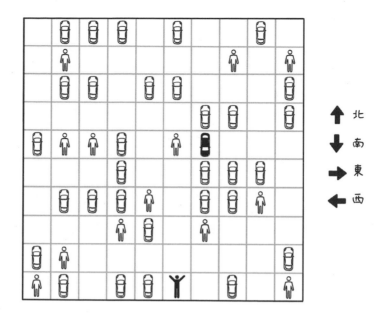

圖 10.7 代理在停車場環境中可執行的動作

在環境中執行某個動作之後,就會發生獎勵或懲罰。圖 10.8 是根據環境中的結果來給予代理的獎勵點數。與其他車輛發生碰撞很不好;但是撞到人就更是糟透了。移動到空地很好;找到自駕車的主人當然就更棒了。某些獎勵的目的是抑制與其他車輛與行人發生碰撞,並鼓勵移動到其他空地,最後抵達主人身邊。請注意這樣可能會對於造成出界的動作產生獎勵,但在此為了簡潔就直接禁止這個可能性。

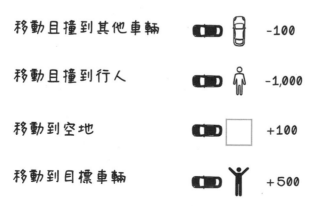

圖 10.8 在環境的指定事件中執行動作之後所收到的獎勵

NOTE 按照上述獎懲內容會發生一個有趣的結果，就是車子可能會在某個空地不斷前進後退來累積獎勵。本範例也同樣禁用了這個可能性，但這也強調了良好設計獎勵的重要性。

模擬器需要對環境、代理可執行的各動作，以及在執行各動作之後所收到的獎勵來建模。強化學習演算法會運用模擬器好在實作中學習，也就是在模擬環境執行各種動作並量測結果。模擬器至少要能提供以下功能與資訊：

- **初始化環境**。本功能中會把環境（包括代理）重置為起始狀態。

- **取得環境的當下狀態**。本功能需提供環境的當前狀態，這會在每次執行動作之後改變。

- **對環境應用一個動作**。本功能會讓代理對環境做出一個動作。環境會受到動作所影響而產生一個獎勵。

- **計算動作的獎勵**。本功能與對環境所應用的動作有關，並需要算出該動作的獎勵以及對環境的影響。

- **判斷是否達到目標**。本功能可判斷代理是否達到目標。目標有時候可由是否完成來表示。在一個無法達到目標的環境中，模擬器需要在其認為有必要的時候，將目標標示為已完成。

圖 10.9 與圖 10.10 是自駕車範例的可能路徑。在圖 10.9 中，代理會往南移動直到碰到邊界；接著往東移動直到抵達目標。雖然順利抵達了目標，但情境顯示共發生了五次撞車，還有一次撞到行人 —— 這絕非理想結果。圖 10.10 則可看到代理沿著一條比較複雜的路徑移動來抵達目標，結果沒有發生任何碰撞，非常好。值得一提的是，在我們指定了獎勵之後，代理就無法保證能做到路徑最短；因為我們極度鼓勵它去避開障礙物，使得代理會去尋找沒有障礙物的路徑。

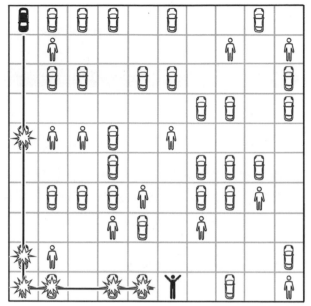

圖 10.9 停車場問題的差勁解

範例解法 A

損害
－1 行人
－5 車輛

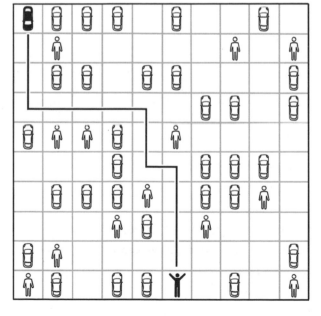

圖 10.10 停車場問題的良好解

範例解法 B

損害
－0 行人
－0 車輛

到目前為止，把動作送入模擬器的流程還不是自動的。這好比是用真人來對遊戲進行輸入，而非用 AI 來提供輸入。下一段會介紹如何訓練一個自動化代理。

偽代碼

模擬器的偽代碼包含了本段所介紹的各個函式。模擬器類別會根據與環境起始狀態的相關資訊來初始化。

move_agent 函式會根據動作來讓代理朝著東西南北方向移動。它負責會判斷動作是否在邊界之內、調整代理的座標、判斷是否發生碰撞，並根據結果來回傳一個獎勵分數。

```
Simulator(road, road_size_x, road_size_y,
          agent_start_x, agent_start_y, goal_x, goal_y):

  move_agent(action):
    if action equals COMMAND_NORTH:
      let next_x equal agent_x - 1
      let next_y equal agent_y
    else if action equals COMMAND_SOUTH:
      let next_x equal agent_x + 1
      let next_y equal agent_y
    else if action equals COMMAND_EAST:
      let next_x equal agent_x
      let next_y equal agent_y + 1
    else if action equals COMMAND_WEST:
      let next_x equal agent_x
      let next_y equal agent_y - 1
    if is_within_bounds(next_x, next_y) equals True:
      let reward_update equal cost_movement(next_x, next_y)
      let agent_x equal next_x
      let agent_y equal next_y
    else:
      let reward_update equal ROAD_OUT_OF_BOUNDS_REWARD
    return reward_update
```

以下是偽代碼中其他函式的相關說明：

- cost_movement 函式負責判斷代理要前往之目的座標中的物體，並回傳相關的獎勵分數。

- is_within_bounds 函式是一個工具函式，用於檢查目的座標是否位於道路邊界之內。

- is_goal_achieved 函式可判斷是否已找到目標，如果找到了就結束模擬。

- get_state 函式會根據代理的位置來決定一個用於列舉當前狀態的數字。每個狀態都必須是唯一的。在其他的問題空間中，狀態也可能由其自身實際狀態來表示。

```
cost_movement(next_x, next_y):
  if road[next_x][next_y] equals ROAD_OBSTACLE_PERSON:
    return ROAD_OBSTACLE_PERSON_REWARD
  else if road[next_x][next_y] equals ROAD_OBSTACLE_CAR:
    return ROAD_OBSTACLE_CAR_REWARD
  else if road[next_x][next_y] equals ROAD_GOAL:
    return ROAD_GOAL_REWARD
  else:
    return ROAD_EMPTY_REWARD


is_within_bounds(next_x, next_y):
  if road_size_x > next_x >= 0 and road_size_y > next_y >= 0:
    return True
  return False


is_goal_achieved():
  if agent_x equals goal_x and agent_y equals goal_y:
    return True
  return False


get_state():
  return (road_size_x * agent_x) + agent_y
```

使用 Q- 學習並搭配模擬來訓練

Q- 學習（*Q-learning*）是一種強化學習方法，會用到環境中的狀態與動作來產生一個表格，其中包含了根據特定狀態來描述有利動作的資訊。你可以把 Q- 學習看作字典，其中鍵為環境狀態，而值則是該狀態所採取的最佳動作。

搭配 Q- 學習的強化學習運用了稱為 *Q-* 表的獎勵表。Q- 表中的各欄代表了所有的可能動作，而各列則代表環境中的所有的可能狀態。Q- 表的重點在於描述代理在搜索目標時的最有利動作，用於表示有利動作的值是藉由在環境中模擬各種可能的動作，再由其結果與狀態改變來學習的。值得注意的是，代理可以選擇一個隨機動作或從 Q- 表中挑選一個動作，如後續的圖 10.13 所示。Q 這個字母代表在環境中對某個動作提供獎勵，或品質（Quality），的函式。

圖 10.11 是一個訓練好的 Q- 表，以及兩個由各狀態動作值來表示的可能狀態。這些狀態當然與我們所要解決的問題有關；其他問題就有可能讓代理斜向移動了。請注意，狀態的數量會根據環境而不同，也會在探索的過程中加入新的狀態。在狀態 1 中，代理位於左上角，而到了狀態 2，代理就跑到前一個狀態的下方位置了。Q- 表會根據每個對應的狀態來編碼最佳動作，數字最大的動作就是效益最高的動作。在此圖中，Q- 表中的所有值已透過訓練來完成了。我們很快就會介紹計算方式。

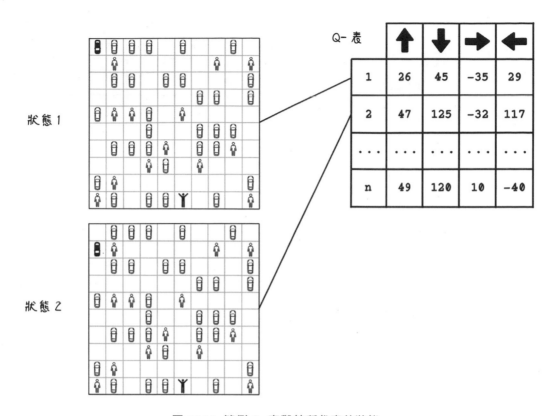

圖 10.11 範例 Q- 表與其所代表的狀態

使用整張地圖來表示狀態會碰到一個大問題，就是其他車輛與行人的設定只適用於這個問題。Q- 表只能針對這個地圖來學習最佳選擇。

在這個範例問題中表示各種狀態有一個更好的做法，就是去檢視代理附近的物體。這個做法可讓 Q- 表能夠適應其他的停車場設定，因為狀態已不再高度專屬於它所在的那個範例停車場了。這個做法看起來可能相當瑣碎，但一個區塊可能包含其他車輛或行人，也可能是空的或出界了，這會讓每個區塊共有四種可能性，而總共有 65,536 種可能的狀態。具備這麼大量的變化之後，就需要在許多不同的停車場設定中反覆訓練代理，好讓它學會如何選擇好的短期動作（圖 10.12）。

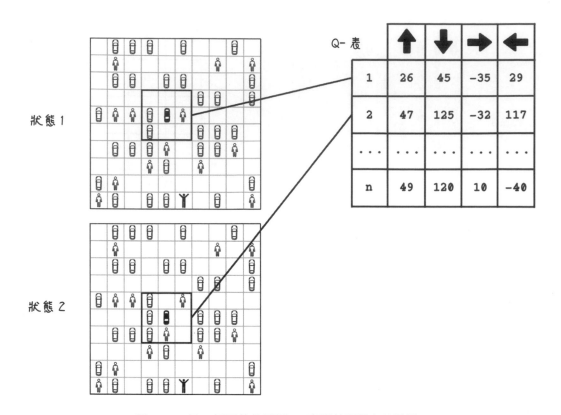

圖 10.12 另一個更佳的範例 Q- 表與其所代表的狀態

在使用強化學習搭配 Q- 學習來探索訓練模型的生命週期時，請時時記得獎勵表的概念。它代表了代理會在環境執行之各種動作所構成的模型。

來看看 Q- 學習演算法的生命週期，包含了訓練過程所需的各個步驟。在此共有兩大階段：初始化，以及演算法學習了數次迭代之後所發生的事情（圖 10.13）：

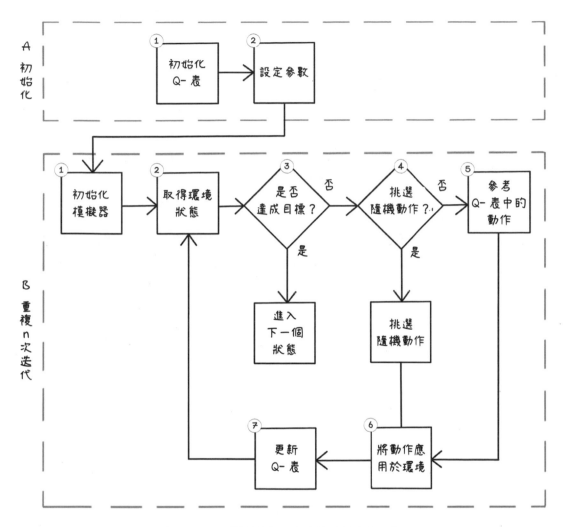

圖 10.13 Q- 學習強化學習演算法的生命週期

- 初始化。初始化步驟會設定相關參數與 Q- 表的初始值：

1. 初始化 Q- 表。初始化 Q- 表,使其每一欄都是一個動作,每一列則代表一個可能的狀態。請注意,如果遇到了新狀態,就可能將其加入表中,因為一開始就要得知環境中的狀態數量相當困難。每個狀態的初始動作值都會被初始化為 0。

2. **設定參數**。本步驟需要設定 Q- 學習演算法的各個超參數，包含以下：

   * **選擇隨機動作的機率** —— 是決定要選擇隨機動作或從 Q- 表中挑選某個動作的門檻值。

   * **學習率** —— 在此的學習率類似於監督式學習中的學習率，用於描述演算法在不同狀態中透過獎勵來學習的快慢。學習率如果較高，Q- 表中的值會劇烈變化，但如果學習率較低，這些值會慢慢改變，但通常也會需要更多次迭代才能找到良好值。

   * **折扣因子** —— 折扣因子說明未來可能獎勵的價值，代表要偏好立即性滿足或長期性獎勵。較小的值代表偏好立即性獎勵；較大的值則代表偏好長期性獎勵。

* **重複 *n* 次迭代**。以下步驟會不斷重複，藉由多次評估狀態來找出相同狀態中的最佳動作。同一份 Q- 表會在所有迭代的過程中一直被更新。關鍵在於我們已經知道動作的順序對代理來說非常重要，因此在某個動作在任何狀態中的獎勵可能會根據先前的動作而改變。為此，多次迭代是必要的。你可以把一次迭代當成為了達成目標的一次嘗試：

  1. **初始化模擬器**。本步驟會把環境重置回起始狀態，代理也會回到中立狀態。

  2. **取得環境狀態**。本函式會提供環境的當前狀態。環境狀態會在每次執行動作之後改變。

  3. **是否達成目標？**判斷是否已達成目標（或模擬器認為已完成探索）。在本範例中，目標就是找到自駕車的主人。如果已達成目標，演算法就會結束。

4. **挑選隨機動作**。決定是否要選擇一個隨機動作。如果是,就會選出一個隨機動作(還是東南西北)。相較於從較侷限的子集中學習,隨機動作更有助於探索環境中的可能性。

5. **參考 Q- 表中的動作**。如果先前的決定不是選擇隨機動作的話,當前的環境狀態會被代入 Q- 表中,並根據表中的值來選出對應的動作。接下來會深入介紹 Q- 表。

6. **將動作應用於環境**。不論是隨機動作或是從 Q- 表中選一個動作,本步驟都會把選定的動作應用於環境。動作會在環境中產生一個結果,並得到一個獎勵。

7. **更新 Q- 表**。以下內容說明了更新 Q- 表與其各步驟所包含的概念。

Q- 學習的關鍵在於用來更新 Q- 表中所有值的那個方程式。該方程式是以**貝爾曼方程式**(*Bellman equation*)為基礎,在給定做出該決策的獎勵或懲罰之後,用於決定某個時間點所做決策的價值。Q- 學習方程式是由貝爾曼方程式延伸而來。在 Q- 學習方程式中,用來更新 Q- 表各值的最重要的東西就是當前狀態、動作、執行動作後的下一個狀態與獎勵結果。學習率與監督式學習中的概念類似,用於決定 Q- 表的更新程度。折扣代表了可能發生之未來獎勵的重要性,可用於平衡立即性獎勵與長期性獎勵:

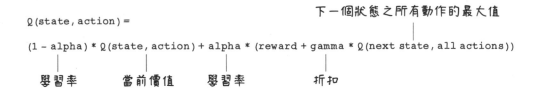

由於 Q- 表已被初始化為 0，其環境初始狀態看起來會類似圖 10.14。

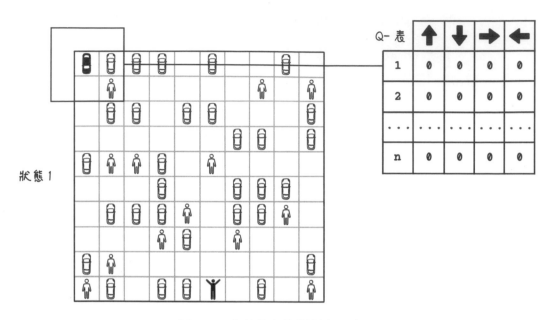

圖 10.14 初始化之後的範例 Q- 表

接著，我們要介紹如何根據不同的動作與其對應的獎勵值，並運用 Q- 學習方程式來更新 Q- 表。這些數值會用作學習率（alpha）與折扣（gamma）：

- 學習率：0.1

- 折扣：0.6

圖 10.15 說明了當代理在第一次迭代的初始狀態中選擇了向東（East）的動作之後，使用 Q- 學習方程式的 Q- 表更新過程。別忘了，初始的 Q- 表中全部都是 0。學習率、折扣、當前動作值、獎勵與下一個最佳狀態會代入方程式，來決定所執行動作的新值。在此的動作為向東，會撞到另一台車並產生 -100 的獎勵。新值計算完成之後，狀態 1 中向東動作的價值為 -10。

動作 ➡️   獎勵 🚗 🚙 -100

```
Q(1, east) =
(1 - alpha) * Q(1, east) + alpha * (reward + gamma * max of Q(2, all actions))

Q(1, east) = (1 - 0.1) * 0 + 0.1 * (-100 + 0.6 * 0)

Q(1, east) = -10
```

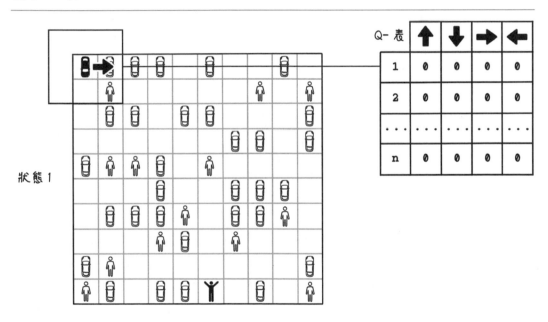

圖 10.15 狀態 1 的 Q- 表更新計算範例

接著要計算環境在執行了上述動作之後的下一個狀態。動作為向南（South），結果是撞到行人，產生了 -1,000 的獎勵。計算完成之後，狀態 2 中向南動作的價值為 -100（圖 10.16）。

```
Q(2, south) =
(1 – alpha) * Q(2, south) + alpha * (reward + gamma * max of Q(3, all actions))

Q(2, south) = (1 – 0.1) * 0 + 0.1 * (–1000 + 0.6 * 0)

Q(2, south) = –100
```

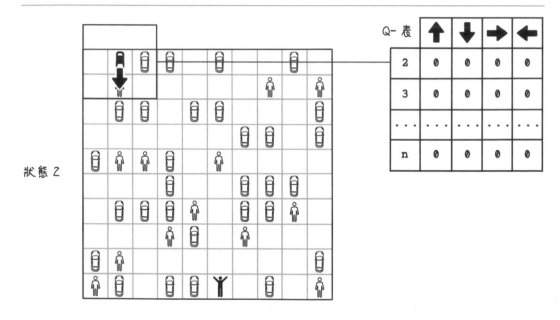

圖 10.16 狀態 2 的 Q- 表更新計算範例

因為我們所操作的 Q- 表已被初始化為 0，可由圖 10.17 來理解當 Q- 表被填入相關數值之後，其計算結果的差異。該圖是由初始狀態經過多次迭代來更新之後的 Q- 學習方程式範例。模擬可以多次執行來從不同的嘗試中學習。所以，這次迭代繼承了先前多次的成果，其表格數值都已更新了。向東的動作會與其他車輛發生碰撞並產生 -100 的獎勵。計算完成之後，狀態 1 中向東動作的價值就變成了 -34。

動作 ➡️   獎勵 🚗 🧍 -100

Q(1, east) =
(1 – alpha) * Q(1, east) + alpha * (reward + gamma * max of Q(2, all actions))

Q(1, east) = (1 – 0.1) * –35 + 0.1 * (–100 + 0.6 * 125)

Q(1, east) = –34

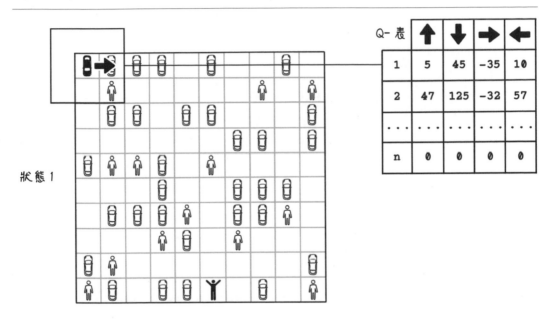

圖 10.17 多次迭代之後，狀態 1 在 Q- 表中的更新計算過程

練習：計算 Q- 表中的數值變化

使用 Q- 學習來更新方程式與以下情境，就能算出所執行動作的新值。

假設最後一個動作為向東（East），且值為 -67：

下一個狀態之所有動作的最大值

Q(state, action) =

(1 – alpha) * Q(state, action) + alpha * (reward + gamma * Q(next state, all actions))

學習率   當前價值   學習率   折扣

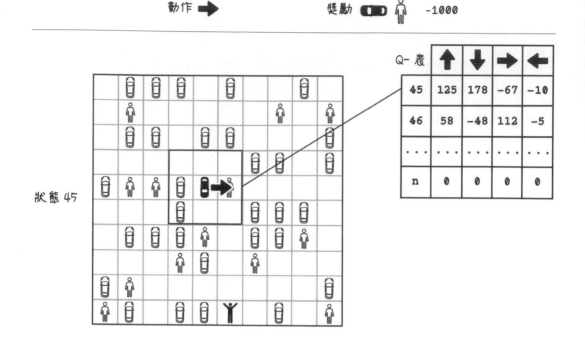

解法：計算 **Q-** 表中的數值變化

超參數與狀態值會被代入 Q- 學習方程式中來求出 Q(1, east) 的新值：

- 學習率 (alpha): 0.1

- 折扣 (gamma): 0.6

- Q(1, east): -67

- Max of Q(2, all actions): 112

```
Q(1, east) =
(1 - alpha) * Q(1, east) + alpha * (reward + gamma * max of Q(2, all actions))

Q(1, east) = (1 - 0.1) * -67 + 0.1 * (-100 + 0.6 * 112)

Q(1, east) = -64
```

偽代碼

這份偽代碼是一個可透過 Q- 學習來訓練 Q- 表的函式。它可被拆分為多個更簡易的小函式，但為了可讀性我們就不這麼做了。本函式遵循了先前所述的步驟。

Q- 表已被初始化為 0；接著會在多次迭代中執行學習邏輯。別忘了，一次迭代就代表為了達成目標的一次嘗試。

當目標尚未達成時，執行以下這一段邏輯：

1. 決定是否要挑選隨機動作來探索環境中的可能性。如果不採取隨機動作，就會從 Q- 表針對當前狀態選取數值最高的動作。

2. 執行所選定的動作，並將其應用於模擬器。

3. 收集模擬器的資訊，包含獎勵、給定動作後的下一個狀態以及是否達成目標。

4. 根據所收集到的資訊與超參數來更新 Q- 表。請注意在本偽代碼中，超參數會以本函式引數的形式來傳遞。

5. 把當前狀態設定為方才執行動作的狀態結果。

這些步驟會不斷執行下去直到達成目標為止。在達成目標以及滿足指定的迭代次數之後，結果就是一個訓練好的 Q- 表，可在其他環境中進行測試了。下一段會說明如何測試 Q- 表：

```
train_with_q_learning(observation_space, action_space,
                      number_of_iterations, learning_rate,
                      discount, chance_of_random_move):
  let q_table equal a matrix of zeros [observation_space, action_space]
  for i in range(number_of_iterations):
    let simulator equal Simulator(DEFAULT_ROAD, DEFAULT_ROAD_SIZE_X,
                                  DEFAULT_ROAD_SIZE_Y, DEFAULT_START_X,
                                  DEFAULT_START_Y, DEFAULT_GOAL_X,
                                  DEFAULT_GOAL_Y)
    let state equal simulator.get_state()
    let done equal False
    while not done:
      if random.uniform(0, 1) > chance_of_random_move:
        let action equal get_random_move()
      else:
        let action max(q_table[state])

      let reward equal simulator.move_agent(action)
      let next_state equal simulator.get_state()
      let done equal simulator.is_goal_achieved()

      let current_value equal q_table[state, action]
      let next_state_max_value equal max(q_table[next_state])

      let new_value equal (1 - learning_rate) * current_value + learning_rate *
                     (reward + discount * next_state_max_value)

      let q_table[state, action] equal new_value
      let state equal next_state

  return q_table
```

使用模擬與 Q- 表來測試

在操作 Q- 學習時，Q- 表就是包含了學習成果的模型。只要給予新的環境不同的狀態，演算法就會去參考 Q- 表中的對應狀態並選擇數值最高的動作。由於 Q- 表已被訓練完成，這個流程就只包含了取得環境的當前狀態，並參考 Q- 表中的對應狀態來找出某個動作，直到達成目標為止（圖 10.18）。

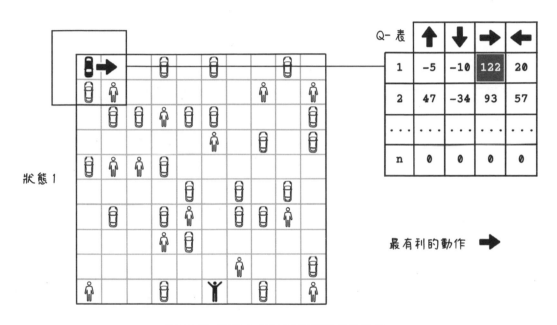

圖 10.18 參考 Q- 表來決定要執行的動作

由於 Q- 表中已對狀態學習完成，也考慮到了代理當前位置臨近物體，代表 Q- 表已學會了對於短期獎勵的移動方式好壞了，因此這份 Q- 表就可以被用於如圖 10.18 這樣的不同停車場設定了。但這樣做的壞處是相較於長期獎勵，代理會更為偏好短期獎勵，因為它在執行每個動作時並不理解地圖的其他部分。

在進一步學習強化學習的過程中，一個很可能會碰到的名詞就是**回合**（*episode*）。一個回合包含了初始狀態與達成目標時狀態之間的所有狀態。如果達成某個目標需要執行 14 個動作，那就等於 14 個回合。如果永遠無法達成目標，則回合稱為**無限**（*infinite*）。

評估訓練成效

強化學習演算法一般來說都難以衡量。在特定環境與目標之下，懲罰與獎勵也可能不同，其中某些獎懲可能相較於其他會對於問題脈絡有更大的影響。停車場範例中對於撞到行人的懲罰特別重。但如果換成另一個範例，我們可能用代理去呈現一個人類，試著學會要使用哪些肌肉來自然行走愈遠愈好。在這情境下，懲罰可能是跌倒或一些更明確的東西，例如步伐過大。為了精準量測成效，就一定需要了解問題的脈絡。

量測效能的普遍性方法之一是去計算在指定嘗試次數中的懲罰次數。懲罰可能是在環境中因為做了某個動作之後，且我們想要避免的某個事件。

另一個強化學習的效能量測方式是計算每個動作的平均獎勵。藉由把每個動作的獎勵最大化，那麼不論是否達成目標，我們都可以避開那些差勁的動作。這可透過把累計獎勵除以動作總數來求出。

無模型學習與基於模型之學習

為了幫助你在日後進一步理解強化學習，請注意以下兩種強化學習方法：**基於模型**（*model-based*）與**無模型**（*model-free*），它們與本書先前所討論的機器學習模型不同。在此的模型可看作是代理在其所身處環境中的抽象化代表。

我們在腦中可能會具備關於地標位置、對方向的直覺以及附近幾條路的大致樣貌的模型。這個模型是藉由探索幾條道路而成形的，但我們不需要嘗試所有選項就能在腦中模擬情境並做出決策。例如要決定如何上班時，我們就能運用這個模型來做決定；這個方法就是基於模型法。無模型學習則類似於本章所介紹的 Q- 學習法；透過試誤來探索與環境的多種互動方式，並藉此判斷在不同情境中的有利動作。

圖 10.19 是兩種不同的道路導航方法。有多種演算法都可用來實作基於模型的強化學習。

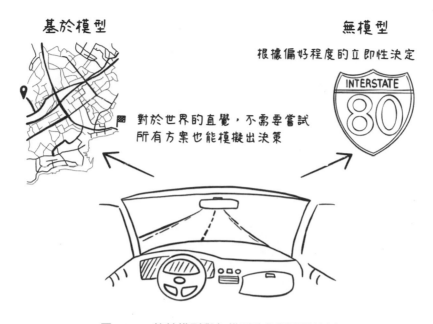

基於模型

無模型

根據偏好程度的立即性決定

INTERSTATE 80

對於世界的直覺，不需要嘗試
所有方案也能模擬出決策

圖 10.19 基於模型與無模型強化學習的範例

用於強化學習的深度學習方法

Q- 學習是一種強化學習方法。徹底理解其運作方式之後，你就能把相同的推論過程與一般性方法應用於其他強化學習演算法了。根據所要解決的問題，還有多種替代性方法呢。其中一個熱門替代方案就是**深度強化學習**，對於機器人、電玩遊戲以及與影像 / 影片有關的問題等應用來說相當有效。

深度強化學習運用了類神經網路（ANN）來處理環境的各種狀態並產生一個動作。動作則是藉由調整 ANN 權重來學習的，並且一樣會用到獎勵回饋與環境中的變化。強化學習也可運用卷積神經網路（CNN）與其他為了特定目的所建置的 ANN 架構來解決不同領域與使用案例問題。

圖 10.20 用較高的層次來說明如何使用 ANN 來解決本章的停車場問題。神經網路的輸入就是各個狀態；輸出則是代理在選擇最佳動作時的機率；獎勵以及對環境的影響則可透過反向傳播來回送並調整神經網路的權重。

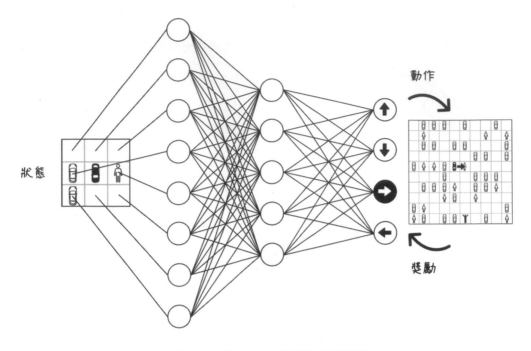

圖 10.20 將 ANN 應用於停車場問題

下一段要介紹強化學習在現實生活中的一些常見用途。

強化學習的使用案例

當幾乎或完全沒有歷史資料可供學習時,強化學習的用處多多。學習是透過與能夠啟發良好效能的環境進行*互動*所產生的。這個方法的用途可說是無限,本段僅說明數個強化學習的知名使用案例。

機器人

機器人需要製作一台機器來與真實世界中的環境互動來達成目標。有些機器人可以通過各種不同地表、障礙物與斜坡的高難度地形。有些機器人則是被用於實驗室助理、從科學家接收各種指令、遞送正確的工具或操作儀器。當無法對大型動態環境中的所有動作之所有結果來建模時，強化學習就能派上用場了。藉由在環境中定義一個更遠大的目標並導入獎勵與懲罰作為啟發機制，我們就能在動態環境運用強化學習來訓練機器人了。例如，地形導航機器人可學會要把動力傳送到哪一個輪子以及如何調整自身的懸吊系統來成功穿過高難度地形。經過多次嘗試之後就能達到這些目標。

如果環境的關鍵點可在電腦程式中建模時，這些情境就可透過虛擬方式來模擬。在自駕車可在真實世界的道路中進行訓練時，部分專案可先透過電腦遊戲作為訓練的底線。透過強化學習來訓練機器人的目標是建立可適應不同的新環境且更為一般化的模型，還能學會更為一般化的互動方式，正如我們人類一樣。

推薦引擎

推薦引擎已被用於許多我們周遭的數位產品中。影片串流平台運用推薦引擎來學習個人對於影片內容的喜好，並試著推薦給觀看者最適合的內容。這個方法已被應用於各種音樂串流平台與電子商店。當觀看者決定是否觀看被推薦的影片時，可透過其行為來訓練強化學習模型。這樣做的前提在於，如果觀看者選擇了某隻推薦的影片並全部看完的話，對強化學習模型來說是很強的獎勵，因為它已假設該影片很值得推薦。反之，如果某部影片從未被選擇或其內容只有被看了部分，可合理推論觀看者對這支影片不太感興趣。結果會產生較弱的獎勵或懲罰。

金融交易

用於交易的金融工具涵蓋了公司股票、加密貨幣或其他套裝投資產品。交易是個極度困難的問題。分析師會觀察價格變化的樣式以及全球新聞，並運用自身判斷來決定要持有自身投資、賣出一部分或買進更多。透過收入與損失所產生的獎勵或懲罰，強化學習就可訓練出能做出這類決策的模型。開發一個善於進行交易的強化學習模型需要大量試誤，代表訓練代理可能會造成鉅額損失。幸好，多數歷史的公開金融資料都可免費取得，也有一些投資平台提供了可進行各種試驗的沙箱。

雖然強化學習模型可能有助於產生不錯的投資回報，但也產生了一個有趣的問題：如果所有投資者都已自動化且完全理性，並排除了交易時的所有人性元素，市場又會變成什麼樣子呢？

遊戲

熱門的策略型電腦遊戲多年來不斷在壓榨玩家的腦汁。這類遊戲通常需要管理多種類型的資源，同時還要規劃短期與長期策略才能勝過對手。這類遊戲應用已多不勝數，且即便是最微不足道的失誤也會讓頂尖玩家痛失江山。強化學習已被用於遊玩這類遊戲，並已超越職業水準。這些強化學習在實作上通常會有一個代理比照人類去盯著遊戲畫面、學習各種樣式並採取動作。

獎勵與懲罰當然會與遊戲直接相關。在不同情境下與不同對手進行多次遊戲之後，強化學習代理就能學會何種策略對於贏得遊戲這個長期目標是最有效的。對於這個領域的研究目標也關聯到更一般化模型的研究，可由抽象狀態與環境中取得相關脈絡，並理解無法邏輯性安排的事情。例如在孩提時代，我們在學會很燙的物體可能會有危險之前，其實從未被什麼東西燙傷過。我們發展出了某種直覺並在長大之後來測試。這些測試會加強我們對於高溫物體的理解，以及它們可能造成的損害或效益。

最後要說的是，各種對於 AI 的研究與開發都是致力於讓電腦學會以我們人類已經很擅長的方式來解決問題：以一般化的說法就是，在腦中把各種抽象的目標 /概念與某個目標串起來，並找到針對問題的良好解答。

總結
強化學習適用於目標已知但可學習的案例未知的狀況

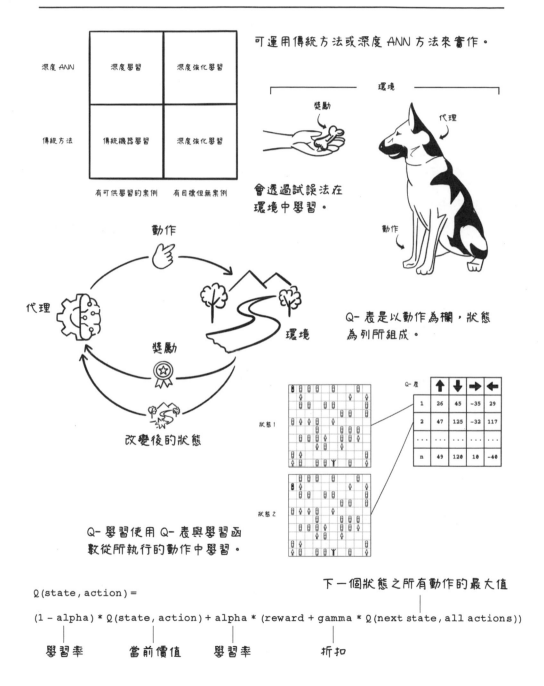

	有可供學習的案例	有目標但無案例
深度 ANN	深度學習	深度強化學習
傳統方法	傳統機器學習	深度強化學習

可運用傳統方法或深度 ANN 方法來實作。

會透過試誤法在環境中學習。

Q- 表是以動作為欄，狀態為列所組成。

Q- 學習使用 Q- 表與學習函數從所執行的動作中學習。

下一個狀態之所有動作的最大值

$$Q(state, action) =$$
$$(1 - alpha) * Q(state, action) + alpha * (reward + gamma * Q(next state, all actions))$$

學習率　　當前價值　　學習率　　折扣

各種人工智慧演算法的用途

深度優先搜尋

適用於樹中的解已知位於搜尋空間較深處，且搜尋樹的所有分支在運算上可行的時候。

廣度優先搜尋

適用於樹中的解已知位於搜尋空間較淺處，且搜尋樹的所有分支在運算上可行的時候。

A* 搜尋

當可建立啟發來引導搜尋過程並最佳化運算時，適合用本方法在樹中尋找解。

極小－極大搜尋

適用於解決對抗性問題，其中有另一個會透過競爭來找到良好解的代理。

基因演算法

適用於能以染色體的形式來編碼可能的解，並可建立適應性函數對各個解的成效準確評分。

蟻群最佳化

當問題的解是由一連串動作或選擇所組成，且可接受 "足佳" 解的時候，適合用本方法來處理。

粒子群體最佳化

當需要在多維度解空間的大型搜尋空間中進行搜尋，且不需要絕對最佳解的時候，適合用本方法來處理。

線性迴歸

當需要根據資料集中的兩個（或更多）特徵之間相關性來進行預測的時候，適合用本方法來處理。

決策樹

當需要根據資料集中各個案例的特徵來進行分類，且當特徵與案例所屬類別直接相關的時候，適合用本方法來處理。

類神經網路

當需要處理未結構化資料且對於資料的深層相關性理解不多時，適合用本方法來根據資料集進行預測。

Q- 學習

當問題牽涉到一個會在環境中採取各種行動的代理，且必須透過試誤而非歷史資料才能學習的時候，適合用本方法來處理。